# PEPMAC AWARDS 2012
## IDEENWETTBEWERB ZUR FEINSTAUBREDUKTION

HERAUSGEGEBEN VON FRANZ PRETTENTHALER

T0133210

Franz Prettenthaler (Hg.)

# PEPMAC Awards 2012

## Ideenwettbewerb
## zur Feinstaubreduktion

# VORWORT

Im Rahmen der Bürgerbefragung im Juli 2012 entschieden sich die Grazer für ein klares ‚Nein' zur geplanten Umweltzone. Um dem Feinstaubproblem begegnen zu können, bedarf es demnach innovativer und effizienter anderer Lösungen. So wird etwa ein umfassender Maßnahmenkatalog – das Luftreinhalteprogramm Steiermark – bereits seit 2011 konsequent umgesetzt. In acht Arbeitsgruppen mit 50 Experten sind im Rahmen dieses Luftreinhalteprogramms zehn Kernmaßnahmen und zahlreiche flankierende Maßnahmen erarbeitet worden. Der Erfolg: Massive Feinstaubreduktion und teilweise eine Halbierung der Überschreitungstage. Im internationalen Vergleich mit Städten ähnlichen Charakters ist dieses Programm als durchwegs sehr gut einzustufen.

Dennoch muss es unser Bemühen sein, immer neue Ideen und Lösungsansätze zum Thema der Feinstaubbekämpfung zu finden. Es darf keine Denkverbote geben! JOANNEUM RESEARCH und das Land Steiermark starteten aus diesem Grund einen Ideenwettbewerb, wie das Feinstaubproblem nachhaltig und kosteneffizient zu lösen ist. Es freut mich daher ganz besonders, Ihnen die Früchte dieser Zusammenarbeit – nämlich alle jurierten, eingereichten Ideen – in diesem Band zu präsentieren.

Viele Ideen sind noch in einem sehr frühen Stadium ihrer Entwicklung, doch jeder noch so kleine Ansatz wird vermutlich gebraucht werden, damit wir das Ziel einer dauerhaften Einhaltung der Feinstaubgrenzwerte in einem sich dynamisch entwickelnden Kernraum der Steiermark erreichen. Bleiben wir am Ball, gemeinsam können wir es schaffen!

Dr. Gerhard Kurzmann

Landesrat für Umwelt und Verkehr

JOANNEUM RESEARCH - POLICIES bedankt sich beim Auftraggeber Land Steiermark sowie bei allen weiteren Preisstiftern und Partnern herzlich für die Unterstützung der PEPMAC Awards 2012:

Preisstifter:

Partner:

# INHALTSVERZEICHNIS

* PreisträgerInnen

# I  PEPMAC AWARDS 2012 – DER IDEENWETTBEWERB ZUR FEINSTAUBREDUKTION

*Franz Prettenthaler*

> **„Alles, was man erfinden kann, wurde erfunden.**
> **Das Patentamt kann geschlossen werden."**
> *Charles Duell, Chef des amerikanischen Patentamts,*
> *1899 zu US-Präsident McKinley*

Um eine Verbesserung der Feinstaubproblematik in Österreich und insbesondere im stark wachsenden Zentralraum der Steiermark zu erzielen, bedarf es definitiv noch neuer Lösungsansätze. Eine Haltung, wie sie etwa aus dem obigen Zitat spricht, wäre insbesondere für die Steiermark als eine führende F&E-Region Europas blamabel.

Unter diesem Motto organisierte JOANNEUM RESEARCH – POLICIES im Auftrag des Landes Steiermark 2012 zum ersten Mal die Verleihung der PEPMAC Awards. Die Post Emission Particulate Matter Abatement Competition (PEPMAC) prämierte innovative Ansätze zur nachhaltigen Reduktion der Feinstaubimmissionen in Feinstaubsanierungsgebieten, wo aus Gründen der (klein)klimatischen Besonderheiten eine Reduktion der Emissionen an ihre Grenzen stößt (z.B. Graz) oder eine sehr hohe Hintergrundbelastung durch Fernverfrachtung existiert (z.B. Leibnitz). Bewertungskriterien waren unter anderem das Feinstaubreduktions- und Umsetzungspotential, die technische Funktionalität, ökonomische Effizienz sowie die ökologische und gesundheitliche Unbedenklichkeit der eingereichten Technologien und Konzepte.

Im Rahmen des Wettbewerbs wurden fünf innovative Technologien und systemische Ansätze in insgesamt drei der vier Kategorien prämiert. Die vier **Wettbewerbskategorien** waren:

1. **Air-to-Air-PEPMAT** (Post Emission Particulate Matter Abatement Technology)

2. **Air-to-Surface-PEPMAT**

3. **Air-to-Water-PEPMAT**

4. **MEDAB** (MEchanism Design for Adaptive Behavior)

*Post Emission Particulate Matter Abatement Technologies (PEPMAT)* bezeichnen nach der Definition des Wettbewerbs Feinstaubreduktionstechnologien, welche die Feinstaubkonzentration nach Freisetzung der Feinstaubpartikel durch den jeweiligen Verbrennungsprozess durch Abscheidung senken oder welche die existierende Feinstaubkonzentration in einem definierten Luftvolumen (z.B. in einer geografischen Beckenlage) durch andere technische Maßnahmen reduzieren.

Die Wettbewerbskategorie *MEchanism Design for Adaptive Behavior* bezeichnet hingegen systemische Ansätze der Feinstaubreduktion, die insbesondere die notwendige Partizipation der lokalen Nutzer eines feinstaubbelasteten Gebietes (Bewohner, Pendler, Kunden, Betriebe) zum Ziel haben und nachhaltige Feinstaubvermeidungsstrategien forcieren.

### Jurierung und Beurteilungskriterien

Die Entscheidung über die Preisvergabe erfolgte in zwei Bewertungsrunden. Eine unabhängige Fachjury sowie eine Umsetzungsjury, die durch die Juryvorsitzende Frau Univ.-Prof.[in] Dr.[in] Marianne Popp (Österreichische Akademie der Wissenschaften) koordiniert wurden, ermittelte anhand festgelegter Bewertungskriterien ein Ranking der eingereichten Technologien bzw. systemischen Ansätze.

Die Beurteilungskriterien waren:

1. Nachvollziehbarkeit des Wirkprinzips
2. Feinstaubreduktionspotential
3. Kosteneffizienz
4. Energieeffizienz
5. ökologische Unbedenklichkeit und Sicherheit

Insgesamt wurden 55 Projektideen zum Ideenwettbewerb eingereicht. Die online eingereichten Unterlagen wurden im Vorfeld auf die Erfüllung der formalen Wettbewerbskriterien hin überprüft, womit insgesamt 41 Einreichungen der Wettbewerbsjury zur Beurteilung vorgelegt wurden. Im Zuge zweier Beurteilungsrunden wurden fünf PreisträgerInnen nominiert, welche im Rahmen einer Preisverleihung am 13. Dezember 2012 in der Orangerie im Grazer Burggarten feierlich prämiert wurden.

**Die fünf PreisträgerInnen in drei der vier Wettbewerbskategorien sind:**

| | | |
|---|---|---|
| Dipl.-Ing. Dr. Heribert Summer | *Elektrostatischer Feinstaubfilter zur Vermeidung bzw. Reduzierung von Feinstaub von Holzfeuerungen* | Air-to-Air-PEPMAT |
| ORTLOS Space Engineering & formingrün | *F.U.T.U.R. in Graz From dUst Till 'Urban Regeneration'* | Air-to-Surface-PEPMAT |
| Dipl.-Ing. Dr. Felix Pfister und Hofrichter-Ritter Architekten ZT GmbH | *Green Graz* | Air-to-Surface-PEPMAT |
| Mag.ª Hemma Opis-Pieber und Dr.ⁱⁿ Michaela Ziegler (Autofasten – Heilsam in Bewegung kommen) | *Autofasten das ganze Jahr – Ein freiwilliger autofreier Tag pro Woche* | MEDAB |
| flinc AG und Steirische Pendlerinitiative | *Mitfahrnetzwerk flinc.org* | MEDAB |

**Auszug aus der Jurybeurteilung:**

*„Eines zeigen die Ergebnisse des Ideenwettbewerbs ganz deutlich: Die Lösung des Feinstaubproblems kann nicht durch wenige große Maßnahmen erfolgen. So stellen sowohl die Fachjury als auch die Umsetzungsjury fest, dass eine Strategie der Vielheit zu entwickeln ist – um eine Vielzahl von Initiativen und Projekten zu fördern, die uns dem Ziel – eine gering belastete Luft zum Schutz der Gesundheit – näherbringen.“ So die Juryvorsitzende, Univ.-Prof.ⁱⁿ Dr.ⁱⁿ Marianne Popp. „Die hier ausgezeichneten Projekte zeigen diesbezüglich Potential, dürfen aber nicht nur Projektskizzen auf dem Papier bleiben, sondern müssen sich in der Anwendung beweisen. Sie liefern Vorschläge, die viele Verursacherquellen betreffen, und bieten Anregung zur individuellen Umsetzung.“*

Die Jury hat deswegen beschlossen, den Umsetzungsprozess und die Weiterentwicklung der Projektideen durch die Art der Preisvergabe zu unterstützen: Die € 6.000 Preisgeld pro PreisträgerIn wurden in zwei Phasen ausbezahlt. Die erste Teilsumme wurde unmittelbar im Zuge der Prämierung vergeben, der zweite Teilbetrag nach Vorlage eines Berichtes über die Projektentwicklung innerhalb einer Jahresfrist.

Allen Jurymitgliedern, der Vorsitzenden sowie Univ.-Prof. DI (FH) Klaus K. Loenhart, der mit seiner Publikation eines Beitrages in diesem Band die Anonymität der Juryrunde zu verlassen bereit war, sei noch einmal herzlich gedankt.

# II STAUB ZU STAUB

*Marianne Popp*

Bezüglich der anthropogenen Erhöhung der Feinstaubbelastung in der Luft ist die Sachlage aufgrund zahlreicher wissenschaftlich fundierter Publikationen (für Österreich z.B. 'Interdisciplinary Perspectives, No. 2 (2012), Hans Puxbaum & Wilfried Winiwarter (Eds.), Advances of Atmospheric Aerosol Research in Austria, Verlag der Österreichischen Akademie der Wissenschaften, ISBN 978-3-7001-7364-9' und Literaturangaben darin) sehr eindeutig und klar. Es gibt keine 'Staubskeptiker / -skeptikerinnen' wie dies im Falle der $CO_2$-Erhöhung bzw. des Klimawandels der Fall ist. Dank einer immer mehr verfeinerten chemischen Analytik ist es möglich die Herkunft der Stäube im PM10 bzw. PM2,5-Bereich immer genauer auf die entsprechenden Quellen zurückzuführen.

Schwieriger wird die Sache bezüglich der Auswirkungen, da speziell die Einflüsse auf die menschliche Gesundheit nur mit Untersuchungen mit sehr großem Probenumfang und statistisch aufwendigen Verfahren möglich sind. Dennoch steht zweifelsfrei fest, dass Dieselruß oder Tabakrauch zu besonders gesundheitsgefährdenden Feinstaubsorten gehören, was aber die politischen Entscheidungsträger keineswegs zu zielgerichteten Maßnahmen veranlasst.

Wie viele wissenschaftliche Erkenntnisse brauchen wir denn noch, damit politische Entscheidungen im Sinne der Gesundheit und der Umwelt getroffen werden?

Nachdem also wenig Aussicht besteht, dass sich kurzfristig eine entscheidende Verbesserung bezüglich der diversen Feinstaub-Emissionen ergeben wird, war der von JOANNEUM RESEARCH initiierte Ideenwettbewerb zur Eliminierung von Feinstaub – im Speziellen im Großraum Graz – eine begrüßenswerte und förderungswürdige Aktion.

# III  SMART GREEN

*Klaus K. Loenhart*

Wenn die Beckenlage und die topographische Situation südlich der Alpen einst für moderate Wetterverhältnisse geschätzt waren und die Siedlungsbedingungen begünstigten, haben sich diese landschaftlichen Vorzüge im Großraum Graz teilweise zum Handicap entwickelt. Das vergangene Jahrzehnt gilt in Mitteleuropa bereits als das wärmste seit Beginn der Temperaturaufzeichnungen 1906. In den kommenden Jahren bis 2050 wird die Temperatur in Bodennähe gemäß regionaler Klimaprognosen in der Steiermark nochmals um ca. 1,3 bis 1,7 °C zunehmen. Die tatsächlichen Auswirkungen auf das Stadtklima in Graz werden möglicherweise noch deutlicher sein (Gobiet 2012, Zuvela-Aloise et al. 2011).

Graz ist auch deutlicher als viele andere Städte von Windarmut und Inversionswetterlagen mit Feinstaubbelastung (der Grenzwert von 50 µg/m³ wird regelmäßig überschritten) und Hitzeinseln betroffen. Auch die im österreichischen Vergleich eigentlich schätzenswerten vielen Sonnenstunden (>2100 h/a) tragen zu klimatischen Spitzenwerten bei (Lazar 1999). So liegen die innerstädtischen Durchschnittstemperaturen um etwa 2 °C höher als am Stadtrand, denn Bebauungsdichte, unterschiedliche Bautypologien und Materialitäten beeinflussen das Umgebungsklima innerhalb der Stadt (Rosenzweig et al. 2009, Walz and Hwang 2007).

Die Stadtplanung ist deshalb aufgerufen, diesem Trend entgegenzuwirken – mit Grün. Denn innerstädtisches Grün kann einen deutlichen Beitrag zur Moderation des urbanen Klimas beitragen. Schon eine flächenanteilige Zunahme der Green Infrastructure, wie wir sie heute im Stadtgebiet von Graz vorfinden, um etwa 10 %, kann den mittelfristig zusätzlich erwarteten Temperaturanstieg von ca. 2 °C kompensieren. Grünflächen müssten dann versiegelte bzw. Strahlung reflektierende und emittierende Oberflächen ersetzten. Sie sollten hierfür idealer Weise gleichmäßig innerhalb eines bestimmten Stadtgebiets vorhanden sein. So können Klimaräume gezielt erzeugt werden.

## EINE KOMPAKTE ODER GRÜNE STADT?

Welche Wege der Umsetzung sind nun zu wählen? Die innerstädtische Bebauungsdichte, bauliche Typologien und Materialitäten, die topographische Situation oder der Umgang mit Gewässern, folgen meist kulturellen, rechtlichen oder sozialpraktischen Konditionierungen. Abgesehen von funktionalen und ökonomischen Zusammenhängen stehen auch historisch wertvolle Strukturen, insbesondere im Innenstadtbereich häufig unter besonderem Schutz. Größere bauliche Eingriffe sind hier nur sehr begrenzt möglich. Auf den ersten Blick scheint es tatsächlich wenig Interventionsmöglichkeiten für Green Infrastructure zu geben.

Steht somit auch der Diskurs um zusätzliche bauliche Nachverdichtung im Widerspruch zur Erhöhung der Vegetationsdichte? Unsere These ist, dass es möglicherweise genau diese zunehmende räumliche Dichte ist, die mit ihren vielfältig nutz- und aktivierbaren Oberflächen zusätzliches Potential birgt.

## SMART GREEN

Um in diesem Kontext eine deutliche Zunahme von innerstädtischem Grün umzusetzen, werden wir Vegetation neu denken müssen. Grün wird vielfältige Funktionen aufnehmen und heterogenen, teilweise widersprüchlichen Bedürfnissen gerecht werden müssen. In Folge muss der Umgang mit Grün intelligenter werden – wie auch das Grün selbst „intelligent" werden muss. Smart Green wird Bestandteil unserer Alltagspraxis werden.

Die Klimawirksamkeit von Green Infrastructure ist mittlerweile technisch weitgehend ausgemessen und erwiesen. Darüber hinausreichende Funktionen und Eigenschaften haben jedoch bisher kaum Eingang in den Stadtplanungs- und Architekturdiskurs gefunden. Grünräume in der Stadt werden allzu oft als Räume der Erholung und Freizeitgestaltung pauschalisiert und es werden ihnen lediglich ästhetische bzw. pittoreske Qualitäten zuerkannt. Auch mit Bauteilbegrünungen verhält es sich ähnlich, insbesondere seit sie in jüngster Zeit vermehrt als Kunstwerk, dekoratives Bauteil oder Ornament entdeckt werden.

Dabei hat Grün deutlich mehr Fähigkeiten. Mit Urban Farming beispielsweise, oder auch nur dem Ernten vorhandener städtischer Früchte, können saisonal Nahrungsmittel erzeugt werden. In größerem Umfang kann die Bewirtschaftung bzw. städtische Bereitstellung solcher Flächen neue ökonomische und soziale Perspektiven und eigenständige Alltagspraktiken ermöglichen. Auch die Stadtökologie und Biodiversität werden hiervon stark profitieren. Technologien in diesem Bereich, insbesondere im Rahmen von Bauwerksbegrünungen, die zu einem großen Teil bereits ausgereift und voll erprobt sind, können dabei im umfassenden Wechselspiel mit unterschiedlichen Praktiken vielfältigen Entwicklungsbedarf und neue Möglichkeiten aufzeigen.

## INNOVATION STATT PROBLEMLÖSUNG

Es ist abschätzbar, dass die reine Förderung von urbanem Grün – als Problemlösung, welche die Aufwertung des lokalen Klimas zum Ziel hat, kaum ausreichende Ergebnisse erzielen wird.

Stadt, Architektur und die systemischen urbanen Zusammenhänge, beispielsweise die Warenmobilität müssen zukünftig bereits umfassend "smart green" gedacht werden. Große wie auch kleine Interventionen sind gefragt, die in der Summe eine heterogene Stadtlandschaft erzeugen. Green Infrastructure, Grünräume und Architekturen mit vegetationsintegrierenden Bauteil- und Klimakonzepten, großflächiges Urban Farming und winzige Balkongärten bergen vielschichtige soziale, ökonomische wie auch ökologische Potentiale. Sie sind schon heute ein wichtiger Ort urbaner Innovationen und müssen zukünftig ein zentrales Anliegen unserer Auseinandersetzung mit Stadt und Architektur werden. Smart Green hat das Potential, unsere Gesellschaft nachhaltig zu verändern. Hitzeinseln und Feinstaubbelastung werden dann quasi als Nebeneffekt der Vergangenheit angehören.

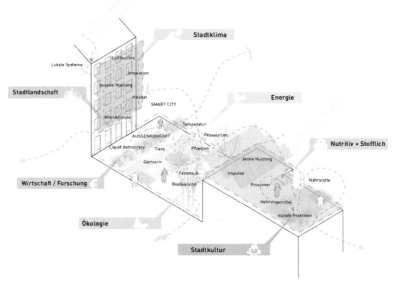

*Abbildung 1: Smart Green (Quelle: Andreas Goritschnig, Institut für Architektur und Landschaft, TU Graz, LANDLAB i_a&l.)*

# IV EINREICHUNGEN IN DER KATEGORIE „AIR-TO-AIR-PEPMAT"

In der Kategorie „Air-to-Air" wurden insgesamt zehn Projektideen eingereicht, davon wurde eine Projektidee von der Wettbewerbsjury prämiert. Die Zuteilung der Projekte in die jeweiligen Wettbewerbskategorien erfolgte durch die WettbewerbsteilnehmerInnen selbst. Auch wenn die eine oder andere Idee thematisch einer anderen Wettbewerbskategorie als der gewählten zugeordnet werden hätte können, wurden nachträglich keine Änderungen der kategorischen Zuteilung vorgenommen. Die im vorliegenden Band vorgenommene Reihung der Beiträge in den einzelnen Wettbewerbskategorien nennt zu Beginn einer jeden Kategorie die Siegerprojekte. Alle weiteren Beiträge sind alphabetisch nach dem Namen der EinreicherInnen gereiht.

Die Wahl des Siegerprojektes in der Kategorie „Air-to-Air" wurde durch die Wettbewerbsjury wie folgt begründet:

**Dipl.-Ing. Dr. Heribert Summer:**
***Elektrostatischer Feinstaubfilter zur Vermeidung bzw. Reduzierung von Feinstaub von Holzfeuerungen.***

> *„Der Einsatz erneuerbarer Energien stellt eine wichtige Maßnahme im Kampf gegen den Klimawandel dar. Die Verwendung von Holz als $CO_2$-neutraler Brennstoff erfreut sich auch in städtischen Haushalten zunehmender Beliebtheit. Allerdings leisten Holzheizungen einen nicht unwesentlichen Feinstaub-Beitrag. Der Projektvorschlag setzt Elektrofilter ein, um die Emissionen dieser Anlagen deutlich zu reduzieren.*

> *Grundsätzlich ist dieser Vorschlag nicht neu, Elektrofilter sind in Großanlagen seit Jahrzehnten Stand der Technik. Die spezielle Herausforderung besteht nun darin, auch für kleine Anlagen im Privatbereich betriebssichere und handhabbare Lösungen zu finden.*

> *Bereits im Jahr 2007 wurde die Praxistauglichkeit dieser Abscheider untersucht. Damals war das Ergebnis, dass derartige Geräte zwar grundsätzlich ihren Zweck erfüllen, dass aber der nachträgliche Einbau aufwendig und teuer ist und eine gute Wartung für den erfolgreichen Betrieb unbedingt nötig ist.*

> *Ein Elektrofilter erfordert hohe Spannungen und bringt damit ein Sicherheitsrisiko in den Haushalt.*

> *Mit der Prämierung des Vorschlags soll eine Maßnahme, die Emissionsreduktionen bei den Hausheizungen bringt, ausgezeichnet werden. Damit verbunden ist auch der Anreiz, das System praxistauglich zu machen (Nachweis der Wartungsfreundlichkeit, CE-Kennzeichnung).*

> *Der prämierte Beitrag in der Kategorie „Air-to-Air" betrifft einen elektrostatischen Filter zur Reinigung von Rauchgasen aus der Verfeuerung von Holzmassen. Dabei werden die Abgase durch ein im Kamin eingesetztes Rohr, welches zugleich die Abscheideelektrode darstellt, eingeleitet. Durch das Anlegen einer Hochspannung über eine sogenannte Koronaelektrode wird in diesem Rohr ein elektrostatisches Feld aufgebaut, wodurch es zur Ionisierung der Rauchgaspartikel kommt. Diese scheiden sich an der Abscheideelektrode (Rohrinnenwand) ab und geben dort ihre Ladung weiter, die über eine Erdung abgeleitet wird."* (Jurybegründung, November 2012)

Die weiteren Projekte in dieser Wettbewerbskategorie sind, gereiht nach dem Namen der Projekteinreicher:

- ***Dipl.-Ing. Dipl.-Ök. Joachim Falkenhagen:*** Windturbinenähnliche Ventilatoren zur Mischung von Luftschichten und Verstärkung des Luftaustausches.
- ***Dipl.-Ing. Dipl.-Ök. Joachim Falkenhagen:*** Beschneiungsanlagen zur Förderung des vertikalen Luftaustausches.
- ***Dipl.-Ing. Dipl.-Ök. Joachim Falkenhagen:*** Ventilatoren mit luftumlenkender Tuchumhüllung zum vertikalen Abtransport belasteter Luft.
- ***Ing. Franz Führer (Human Technics GmbH & Co KG):*** Memon

- *Ing. Christian Hoffmann:* Förderung und Anreiz von Einspeisung von überschüssiger Wärmeenergie von Grazer Haussolarkollektoren in das Grazer Fernwärmenetz.

- *Anton Kluge (Better Air GmbH):* Greenbox – Innovative mobile Feinstaubtechnologie zur Filterung der (wieder)aufgewirbelten Feinstaubpartikel aus der Umgebungsluft im Straßenverkehr.

- *Peter Kölsch (LARIX Lärmschutz GmbH):* „NOxBOX": PM10 Reduktion, Luftreinhaltung und Stickoxidabbau in einer Lärmschutzwand.

- *Dipl.-Ing. Christian Kussmann (qpunkt GmbH):* Feinstaubbekämpfung RDC – Das Konzept.

- *Dipl.-Ing. Dr. med.h.c. Andreas Mayer und Dr. Markus Kasper:* Saubere Luft im Auto-Innenraum mit dem nachrüstbaren Kabinenfilter.

# 1. Elektrostatischer Feinstaubfilter zur Vermeidung bzw. Reduzierung von Feinstaub von Holzfeuerungsanlagen

*Heribert Summer*

## 1.1 KURZBESCHREIBUNG

Die vorliegende Technologie betrifft einen elektrostatischen Filter zur Reinigung von Rauchgasen aus der Verfeuerung von Holzmassen. Dabei werden die Abgase durch ein im Kamin eingesetztes Rohr, welches zugleich die Abscheideelektrode darstellt, eingeleitet. Durch das Anlegen einer Hochspannung über eine sogenannte Koronarelektrode wird in diesem Rohr ein elektrostatisches Feld aufgebaut, wodurch es zur Ionisierung der Rauchgaspartikel kommt. Diese scheiden sich an der Abscheideelektrode (Rohrinnenwand) ab und geben dort ihre Ladung weiter, die über eine Erdung abgeleitet wird.

## 1.2 PROBLEMSTELLUNG

Das Heizen mit erneuerbarer Energie gilt als Beitrag zum Klimaschutz. An die Gesundheit der Bevölkerung wird dabei wenig gedacht, warnen Umweltmediziner. Seit vielen Jahren ist bekannt, dass Holzrauch negative Auswirkungen speziell auf die Atemwege haben kann. So zeigte beispielsweise die Salzburger ISAAC – Untersuchung (International Study of Asthma and Allergies in Childhood, vgl. Oberfeld et al. 1997), dass die Exposition gegenüber Holzrauch aus Heizungen in der Nachbarschaft zu einer Erhöhung des Risikos für Asthmasymptome führt. Dementsprechend hat der Umweltmedizin-Referent der Österreichischen Ärztekammer, Dr. Gerd Oberfeld, immer wieder betont, dass Holzheizungen eines der wichtigsten umweltmedizinischen Probleme in Österreich darstellen.

Durch Holzheizungen entsteht zellgiftiger und erbgutschädigender Feinstaub, der auch bei geschlossenen Fenstern in die Häuser eindringt. Durchblutungsstörungen des Herzens, Asthma, Bronchitis, ein Anstieg von Atemwegsinfektionen und eine Verschlechterung der Lungenfunktion sind, lt. Ärztebericht, die Folgen. Schon heute betrage der Anteil von Hausbrand an den Feinstaubemissionen etwa 16 %.

Zieht man eine am Institut für Chemie der Karl-Franzens-Universität Graz durchgeführte Studie heran (vgl. Hartl 2009) , dann präzisiert sich hier die Erkenntnis, dass die Feinstaubbelastung durch Hausbrand im Raum Graz mit 30-40 % der Gesamtemission sogar noch höher ist, als die in den letzten Jahren vorgelegten Studien im Schnitt ermittelt haben (ca. 30 %).

Auch das Umweltbundesamt stellte in seiner umfassenden Publikation „Schwebestaub in Österreich" fest, dass Holzheizungen bedeutende Feinstaubquellen sind. Hinzu kommt, dass die Öfen nicht selten als private Müllverbrennungsanlagen missbraucht werden.

Insgesamt kommt es durch eine Zunahme von Holzheizungen zu einer deutlichen Reduktion der $CO_2$. Emissionen aus Heizungen, auf der anderen Seite jedoch zu einer gefährlichen steigenden Feinstaubbelastung.

Genau auf diesen Effekt zielt diese Technologie ab. Dadurch gelingt es, das Feinstaubaufkommen aus Holzheizungen entsprechend zu reduzieren.

## 1.3 LÖSUNGSANSATZ

### 1.3.1 Wirkprinzip

Die Technologie entspricht einem elektrostatischen Feinstaubfilter zur Reinigung von Rauchgasen von Holzfeuerungen. Elektrostatische Feinstaubfilter werden allgemein zur Abscheidung von Partikeln aus

Rauchgasen eingesetzt. Dabei wird das zu reinigende Gas in den elektrostatischen Filter eingeleitet, der eine Sprühelektrode zur Ionisierung der Partikel und eine Abscheideelektrode der Partikel enthält. Während der sogenannten Ionisierung durchströmt das Gas ein elektrisches Feld zwischen einer Hochspannungselektrode und einer Abscheideelektrode, die am Erdpotential anliegt. Die Partikel werden dabei elektrisch geladen und wandern mit hoher Geschwindigkeit zur Abscheideelektrode, wo sie ihre Ladung wieder abgeben.

Der entwickelte Filter zur Vermeidung bzw. Verringerung der Feinstaubemissionen aus Holzheizungen ist daher als elektrostatischer Filter, der die Möglichkeit einer schwenkbaren Koronaelektrode besitzt, ausgebildet. Diese Elektrode ist viergeteilt und hat einen händischen Schwenkmechanismus, der die gesamte Elektrode an den äußeren Rand des Blechzylinders oder Blechkanals heranschwenkt. Dadurch wird der Rauchgaskanal frei, um so mit Hilfe eines einfachen Rauchfangkehrerbesens gereinigt zu werden. Es sind daher keinerlei Ausbauten des Gerätes oder sonstige Hilfen notwendig.

Darüber hinaus enthält der elektrostatische Filter einen Hochspannungsisolator, der von den Gasen dadurch abgeschirmt ist, dass dieser sich nicht im Bereich des Schornsteins befindet, sondern im Einschubkasten, welcher in die Maueröffnung eingeschoben wird. Dadurch werden Spannungsüberschläge vermieden.

Eine entscheidende Verbesserung der Homogenität des elektrischen Feldes stellt die Ausbildung der Koronaelektrode dar. Diese ist vierteilig aufgebaut d.h., dass die Elektrode in vier gleiche Abschnitte eingeteilt ist, die wiederum getrennt voneinander mit einer Hochspannung beaufschlagt werden können. Die Elektroden bestehen aus leitenden Metallplatten, deren Geometrie so gestaltet ist, dass sich ein entsprechender Abstandswert zur Erzeugung des Feldes ergibt. Diese sind auch noch senkrecht zueinander angeordnet. Um einen entsprechenden Sprühmechanismus auszulösen, sind an den Enden gewinkelte Platten angebracht. Durch das senkrechte Aufeinanderstehen der Elektrodenplatten kommt es auch zu einem dichten Gitter an Feldlinien, wodurch sich ein hoher Abscheidegrad (80-90 %) der Staubpartikel einstellt.

Um ein entsprechendes elektrostatisches Feld zu erzeugen, wird über eine Hochspannungsquelle eine Spannung erzeugt, die wiederum über ein Potentiometer in der Hochspannungsquelle gesteuert wird. In den nun vorherrschenden elektrostatischen Feldern werden die Partikel ionisiert und wandern mit hoher Geschwindigkeit zur Abscheideelektrode (Innenseite des Rohres), wo diese sich niederschlagen und durch die Erdung dieser Elektrode ihre Ladung wieder verlieren, sodass diese wieder elektrisch neutral sind. Aufgrund der Dichtheit des Feldes wird gewährleistet, dass ein hoher Prozentsatz (80-90 %) an Partikeln abgeschieden werden kann. Auf Grund der dielektrischen Eigenschaft der nun neutralen Partikel beginnt entsprechend der sich bildenden Schichtstärke ein nach oben wachsender Ring aus Partikeln so lange zu wachsen, bis die Spannung infolge der dielektrischen Wirkung immer geringer wird und die Feldstärke zu sinken beginnt. Diesen Zeitpunkt nennt man „Zuwachsen" des Filters. Über eine entsprechende Messeinheit wird dieser Zeitpunkt erkannt und über ein optisches Signal nach außen vermittelt. Dadurch wird der Zeitpunkt der Reinigung angezeigt.

Einen wichtigen Punkt betreffend der Montage und Demontage der gesamten Filtereinheit stellt der Einsatz von Stahlseilen dar. Dadurch kann die vormontierte Filtereinheit auf jeden Punkt innerhalb des Kamins oder Abgasrohrs eingestellt werden. Dadurch ist ein Nachrüsten für jegliche Art von Kaminen leicht möglich.

Durch den Einsatz eines Thermofühlers wird permanent die Abgastemperatur gemessen. Wenn diese einen gewissen Wert unterschreitet, schaltet die Filteranlage die Hochspannung ab. Bei Überschreiten dieser Grenztemperatur schaltet sie sich wieder ein und der elektrostatische Filter ist wieder einsatzbereit.

Zum besseren Verständnis der Technologie ist eine schematische Darstellung nachstehend vorgestellt. Erwähnt werden soll auch, dass für diese Technologie bereits ein Patent eingereicht wurde.

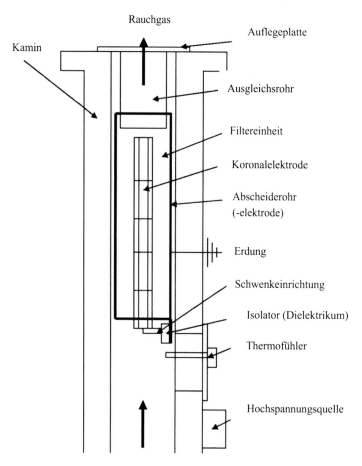

*Abbildung 2: Feinstaubfilter für Hausbrand (Quelle: Einreichunterlagen)*

### 1.3.2 Kapazität

Anhand von Berechnungen über die Stärke des elektrostatischen Feldes und bei einer Ausgangsbasis einer alten Holzheizung (gebaut vor dem Jahr 2000) von 148 mg/m³ Feinstaub im Abgas ist bei einer Hochspannungsquelle mit bis zu 80 KV mit einer Reduzierung des Feinstaubes zwischen 80-90 % zu rechnen. Dies bedeutet bei einem Ansatz von 50µg PM10/m³ eine Senkung der Konzentration auf 5-10 µg PM10/m³.

### 1.3.3 Methodik

Als Methodik bzw. Wirkweise wird auf die Grundlage von elektrostatischen Filtern hingewiesen. Diese wurden bzw. werden in Kohlekraftwerken eingesetzt, wobei die Bauhöhe der Filterwände und Sprühelektroden einige 10 m hoch betragen kann. Dabei werden Gesamtabscheidungsgrade bis zu 99,9 % erreicht, was bei einem mittleren Kraftwerk die Emission von bis zu 10 t Staub pro Tag verhindert.

## 1.4    KOSTEN- UND ENERGIEEFFIZIENZ

Die kalkulierten Anschaffungskosten für solch einen Filtereinsatz liegen zwischen € 1.500 bis € 2.000. Die Kosten zur Reduktion eines kg Feinstaubs ergeben sich aus 6,8 g/h Feinstaubabscheidung während des

Heizbetriebes bei 90 % Abscheidegrad. Bei einem Energieverbrauch für die Hochspannungsquelle von ca. 50 Watt pro Stunde ergibt dies einen Energieaufwand von ca. 7,35 Watt pro Gramm Feinstaub und Stunde oder von 7,35 kWh pro kg Feinstaub, der im Filter abgeschieden wird.

Während einer Heizperiode von sechs Monaten fallen ca. 7,309 kg Feinstaub am Filter an, dies ergibt einen Stromverbrauch im Jahr von 53,72 kWh.

## 1.5 ÖKOLOGISCHE UNBEDENKLICHKEIT UND SICHERHEIT

Vom Gerät her gibt es keinerlei Bedenken hinsichtlich Sicherheit. Durch den Einbau im Kamin und durch die angebrachte Erdung wird die Spannung stets abgebaut. Bei Öffnen des Deckels des seitlichen Einschubkasten des Filters schaltet sich die Anlage von selbst ab, sodass ohne Gefahr im Inneren hantiert werden kann. Von der Umweltseite her fällt natürlich Feinstaub an, der vom Rauchfangkehrer entsorgt werden muss.

## 2. Windturbinenähnliche Ventilatoren zur Mischung von Luftschichten und Verstärkung des Luftaustausches

*Joachim Falkenhagen*

### 2.1 KURZBESCHREIBUNG

Zu hohen Immissionsbelastungen kommt es vor allem bei geringen Windstärken und insbesondere bei Inversionslagen.

Vorschlagsgemäß soll mit Hilfe von umfunktionierten Windturbinen, die als Ventilatoren betrieben werden, eine zunächst horizontale Luftströmung erzeugt werden. Grundsätzlich erzeugt eine Windturbine auch Turbulenzen und damit vermehrten vertikalen Luftaustausch.

Die Windturbinen sind um ihre Achse drehbar, und je nach Situation sind verschiedene Betriebsweisen und Ausrichtungen möglich:

- Ventilation **mit** der natürlichen Windrichtung, dadurch Verstärkung derselben;
- Ventilation **gegen** die natürliche Windrichtung, dadurch Erzeugung eines Staueffekts, der zu Ausweichbewegungen und damit auch zu vermehrter Strömung in Bodennähe führt;
- Ausrichtung der Luftströmung mehrerer Windturbinen auf einen Innenbereich (oder von dort weg) oder zu einem „Brennpunkt", dadurch Erzeugung eines Staueffektes und somit vertikale Ausweichbewegungen;
- Bei genügenden Windstärken: Betrieb zur Stromerzeugung.
- Drei Effekte tragen zur Minderung der Immissionen bei:
  - o die unmittelbare aktive Abfuhr belasteter Luft;
  - o die Auflösung bzw. Abschwächung von Inversionslagen und dadurch verbesserter Luftaustausch;
  - o der geminderte Staubeintrag durch Hausbrand.

### 2.2 PROBLEMSTELLUNG

**Eingeschränkter Luftaustausch**

Bei Windstille bzw. geringer Windgeschwindigkeit kommt es zu wenig Luftaustausch, Schadstoffe konzentrieren sich in der Luft. Auch die vertikale Durchmischung wird eingeschränkt.

Verstärkt zeigt sich diese Problematik bei einer stabilen Inversionslage, bei der sich eine horizontale Luftbewegung in oberen Luftschichten weniger in Luftbewegungen im Tal übersetzt. An anderen Tagen kann zwar die Schichtung thermisch angetriebene Luftströmungen ermöglichen, diese benötigen jedoch einige Zeit, um sich voll auszubilden.

Zielstellung ist es, durch vermehrten Luftaustausch die Feinstaubkonzentration insgesamt zu mindern.

### 2.3 LÖSUNGSANSATZ

#### 2.3.1 Wirkprinzip

Errichtet werden große Lüfter bzw. Ventilatoren mit horizontaler Drehachse des Rotors, die einen im Grundsatz horizontalen Luftstrom erzeugen. Die Bauform entspricht im Wesentlichen derjenigen von modernen Windkraftanlagen, da auch auf derartige Serienanlagen zurückgegriffen werden soll. Für die Umkehrung der Wirkrichtung besonders geeignet erscheinen Anlagen mit Direktantrieb, also ohne Getriebe. Vergleichsweise kleinen Anlagen ist der Vorzug zu geben, um in den unteren Luftschichten zu wirken und überhaupt ausreichend große und städtebaulich verträgliche Standorte zu finden. Gedacht wird an einen Rotordurchmesser zwischen etwa 20 m und 53 m.

Bei Windturbinen gehen solche Rotordurchmesser mit installierten Leistungen von etwa 100 kW bis 800 kW einher, die in der Stromproduktion bei kräftigen Windstärken von etwa 10 bis 12 m/s erreicht werden. Für den Einsatz als Gebläse werden allerdings wesentlich geringere Windgeschwindigkeiten angestrebt. Die Windgeschwindigkeit geht mit der dritten Potenz in die Leistung ein, sodass z.B. ein Drittel der Windgeschwindigkeit einem 27-tel der Leistung entspricht. Auch unter Berücksichtigung der höheren Leistungsaufnahme beim Ventilatorbetrieb im Vergleich zur Stromproduktion bei gleicher Geschwindigkeit der Luftbewegung sind also die installierten Leistungen von Serienanlagen ausreichend bzw. müssen nur teilweise ausgenutzt werden.

Ein gleich starker Effekt kann mit mehreren kleineren Rotoren oder mit wenigen großen Rotoren erreicht werden. Für ein Pilotvorhaben können ggf. Serienanlagen mit ihren auf den Antrieb des Rotors optimierten Rotoren verwendet werden. Für einen Regelbetrieb sollten jedoch optimierte, auf die Schuberzeugung hin ausgelegte Rotorblätter entwickelt und verwendet werden. Die dafür erforderlichen Entwicklungsarbeiten und Formen sind bei kleineren Anlagen preiswerter und können bei größerer Anzahl wirtschaftlicher genutzt werden. Zudem haben kleinere Rotoren üblicherweise eine größere Drehzahl, sodass jede Stelle der Kreisfläche öfters durchlaufen wird. Dies könnte gerade im Ventilatorbetrieb vorteilhaft sein.

Exemplarische Prospekte von zwei Herstellern von Anlagen mit ca. 20 m Rotordurchmesser und 100 kW Nennleistung mit Direktantrieb sind im Anhang (Ghrepower, Northern Power Systems Wind, zum Vergleich auch eine Produktankündigung von Enercon). Die üblichen Nabenhöhen betragen 20 bis 40 m. Bei innerstädtischem Einsatz würden wohl niedrige Varianten bevorzugt.

Anlagen mit 800 kW vertreibt u.a. der deutsche Marktführer Enercon mit Nabenhöhen ab 44 m. Unmittelbares Wirkprinzip wäre die Schuberzeugung und damit eine vermehrte horizontale Luftströmung im Stadtgebiet und damit der Abtransport (auch) von Feinstaub über die Stadtgrenzen hinweg. Die Windanlagen erzeugen aber infolge der Drehbewegung stets auch Aufwärtskräfte auf der einen Seite und Abwärtskräfte auf der anderen Seite des Rotorkreises, übertragen mithin Drehmomente an die umgebende Luft und führen zu turbulenten Strömungskomponenten. Zudem trifft die aktiv angetriebene Luft auf ruhende bzw. anders bewegte Luftmassen, sodass es zu Ausweichbewegungen u.a. in vertikaler Richtung kommt.

Bei vorher stabiler Schichtung mit weitgehend horizontaler Grenzschicht zwischen kalter Luft unten und warmer oben, würde diese sich „verformen". Bereits dies kann zu einer verstärkten Wechselwirkung zwischen einer natürlichen Luftbewegung oberhalb der Grenzschicht und der zuvor nahezu ruhenden Luft unterhalb der Grenzschicht führen: Sobald die Grenzschicht sich als unebene, raue Fläche darstellt, wird also weitere kühle Luft in Bewegung gesetzt und mitgerissen. Somit kommt ein gewisser selbstverstärkender Effekt zustande.

Vorteile gegenüber vertikal orientierten Ventilatoren:

- Die Rotoren können gedreht werden und damit gezielter gesteuerte Luftbewegungen initiieren, wie:
- Ventilation mit der natürlichen Windrichtung, dadurch Verstärkung derselben – dies führt unabhängig von Inversionslagen in jedem Fall zu einer Verbesserung des Luftaustausches; die zusätzliche Turbulenz kann aber zusätzlich zur Auslösung einer Inversion beitragen;
- Ventilation in eine Richtung, in der sich eine natürliche Luftbewegung infolge thermischer Effekte erst noch ausbilden würde, damit beschleunigtes Einsetzen des natürlichen Effekts;

- Ventilation gegen die natürliche Windrichtung, dadurch Erzeugung eines Staueffekts, der zu Ausweichbewegungen und damit auch zu vermehrter Strömung in Bodennähe führt – dies wäre insbesondere während Inversionslagen in Betracht zu ziehen, bei denen in mäßiger Höhe eine an sich ausreichende Windgeschwindigkeit vorliegt, die aber über die bodennahe Schicht hinweg streicht, und setzt genügend große bzw. hohe Windturbinen voraus;

- Ausrichtung der Luftströmung mehrerer Windturbinen auf einen Zwischenbereich (oder von dort weg), dadurch Erzeugung eines Staueffektes und somit vertikale Ausweichbewegungen; dies kann vor allem bei einer Inversionslage zu einer lokalen Nebelauflösung und zur Initiierung einer positiven Rückkoppelung durch einfallende Sonne und Erwärmung führen.

- Prinzipiell könnten die Rotorblätter auch quer zu ihrer Rotorebene gestellt werden und insofern eine rührende Bewegung ausüben, um Luft entlang der Kreisbahn zwischen oberen und unteren Schichten zu vermischen, ggf. verbunden mit einer allmählichen Drehung der Rotorebene, um die Turmachse (bei dieser Wirkweise wird allerdings weniger Wirkung erwartet).

- Es besteht weniger das Risiko der Rückströmung von Luft unter ihrem Eigengewicht.

- Bei genügenden natürlichen Windstärken ist ein Betrieb der Windturbinen zur Stromerzeugung möglich – auch wenn das in der Tallage nur einen sehr kleinen wirtschaftlichen Beitrag leistet, könnte es zur Akzeptanz der Anlagen beitragen.

Es ergeben sich folgende Effekte zur Minderung der Immissionen:

- die unmittelbare aktive Abfuhr belasteter Luft;

- die Auflösung von Inversionslagen und dadurch verbesserter Luftaustausch;

- der geminderte Staubeintrag durch Hausbrand.

### 2.3.2 Kapazität

Die Wirkungsstärke lässt sich nicht ohne weiteres vorhersagen. Man mag das mit dem Verrühren eines Teigs oder dem Schlagen von Sahne vergleichen: Die Wirkung ist analytisch nicht mit einfachen Formeln zu ermitteln. Der rein horizontale Bewegungseffekt kann noch am leichtesten in einer Wirkungsabschätzung quantifiziert werden.

Ein Pilotprojekt könnte beispielsweise aus fünf Windturbinen-Ventilatoren Anlagen mit 20 m Rotordurchmesser (100 kW Nennleistung) bestehen. Diese sollen beispielsweise eine Bewegungsgeschwindigkeit von 5 m/s in ihrem Rotorkreis bewirken. Damit würde eine Luftmenge von ca. 1.600 m³/s je Anlage in Bewegung gesetzt werden. Bei einem Gesamtwirkungsgrad von 50 % würde eine elektrische Leistung von je ca. 50 kW benötigt werden (bei 4 m/s etwa die Hälfte). Würde dieser Luftstrom durch eine vorliegende Inversion auf die unteren 50 m begrenzt bleiben und sich im Übrigen gleichmäßig über eine Breite von 1.000 m verteilen, ergäbe dies eine Bewegungsgeschwindigkeit von ca. 560 m pro Stunde. Damit ließe sich also theoretisch ein Gebiet der Innenstadt mit Abmessungen von 1.000 m x 1.500 m alle drei Stunden bis 50 m Höhe „durchlüften". Die horizontale Luftbewegung würde auch den vertikalen Luftaustausch verbessern, beispielsweise in Straßenräumen. Die Anlagen könnten beispielsweise entlang der Mur oder entlang der Bahnlinie westlich des Zentrums aufgestellt werden.

In einer genaueren Näherungsberechnung könnte der auf die Atmosphäre ausgeübte Schub mit der (ggf. zusätzlichen) Abbremsung der (schneller) bewegten Luft durch Gebäude und Hindernisse gleichgesetzt werden. Damit würde sich die Fläche bzw. Strecke, nach der eine Abbremsung erfolgt, als gesuchte Variable ergeben.

Eine ähnliche Berechnung mit drei größeren Anlagen mit 53 m Rotordurchmesser (analog Enercon E53) und bezogen auf eine angenommene Wirkhöhe von 70 m und Breite von 1.500 m ergibt bei 4 m/s im Rotorkreis eine Bewegungsgeschwindigkeit von 800 m pro Sekunde. Damit könnte nach diesen Annahmen also eine

Fläche von 1.500 m x 2.400 m alle drei Stunden durchgelüftet werden. Standorte wären wiederum entlang der Bahnlinie südlich des Hauptbahnhofs denkbar, aber bei genügend weit reichender Wirkung der größeren Anlagen ggf. auch am südlichen Stadtrand. Die größere Anlagenhöhe wäre im Stadtbild wesentlich auffälliger, andererseits wäre die Anlagenzahl geringer und die Wirkung stärker.

Die (ggf. noch wertvolleren) Wirkungen auf Turbulenz und Durchmischung der Schichten lassen sich wesentlich schlechter quantifizieren. Über die Gewährleistung eines natürlichen Luftaustausches, etwa durch aktiven Abbau einer Inversionslage, kann möglicherweise ein wesentlich größerer Effekt erreicht werden als durch die rein horizontale Schubwirkung.

Im Vergleich zur Stromproduktion aus Windenergie könnte man die Anlagen relativ eng nebeneinander stellen. Die Gefahr von Rückströmungen in Anlagennähe wird durch das Impulserhaltungsprinzip begrenzt, sollte aber eingehend untersucht werden.

## 2.4    KOSTENEFFIZIENZ

Die Kosten für große Windturbinen liegen um die 1.000 €/kW. Bei den kleineren Anlagen mit 100 kW/20 m Durchmesser ist mit etwas höheren Kosten zu rechnen, die sich aber bei Abnahme genügender Stückzahlen wieder reduzieren könnten. Dazu kommen Mehrkosten für den Fall besonderer Rotorblätter. Kosten für eine Umhüllung fallen nicht an.

Somit könnten die Kosten für das Pilotprojekt mit fünf kleinen Anlagen um die 750.000 € betragen, gegenüber einem drei- bis vierfachen Betrag für die drei größeren Anlagen mit einer Nennleistung von je 800 kW.

Die Angabe von Kosten je kg Feinstaubreduktion ist nicht möglich, da der Feinstaub ja im Wesentlichen nicht reduziert, sondern nur wegbewegt wird. Absolute Feinstaubreduktionen durch die Emissionsminderung beim Hausbrand sind nicht Gegenstand einer Post-Emission-Sichtweise.

## 2.5    ENERGIEEFFIZIENZ

Die fünf kleinen Anlagen des als Beispiel gewählten Pilotprojektes würden während eines Betriebs mit 5 m/s bei 50 % Wirkungsgrad zusammen 254 kW elektrische Leistung benötigen. Die drei größeren Anlagen würden bei 4 m/s eine elektrische Leistung von insgesamt ca. 550 kW benötigen, also etwa das Doppelte der fünf kleinen Anlagen. Bei einer denkbaren Betriebsdauer von beispielsweise 1.000 Stunden im Jahr würde das einen Energieeinsatz von 550.000 kWh bedeuten. Das ist etwa ein Drittel der Stromproduktion einer Windturbine dieser Größe an einem mittleren mitteleuropäischen Standort.

Da die Wirkungsintensität erst mit genaueren Modellrechnungen ermittelt werden kann, kann auch die Energieeffizienz noch nicht angegeben werden. Eine Abschätzung der Anlagenzahl, die für einen bestimmten reinigenden Effekt benötigt wird, setzt zusätzliche Berechnungen voraus.

Auch bei Ventilatoren auf Basis von Windturbinen führt im Fall der Auflösung einer Inversion die Veränderung des Lokalklimas zu einer Minderung des Energiebedarfs der Heizungen, senkt die Emissionen aus Heizungen und führt damit zu zusätzlichen Immissionsminderungen. Die Energiebilanz wird durch zeitweilige Energieproduktion der Windturbinen verbessert.

Diese energetischen Gewinne sind für eine Funktionsweise mit zunächst horizontalem Luftantrieb noch schwieriger abzuschätzen.

## 2.6 ÖKOLOGISCHE UNBEDENKLICHKEIT UND SICHERHEIT

Die Windturbinen erzeugen Schallemissionen, die allerdings bei einem Teillastbetrieb mit geringeren Umlaufgeschwindigkeiten wesentlich niedriger sind als bei Nennlastbedingungen. Die Türme und Rotoren erzeugen Schattenwurf und verändern das Stadt-und Landschaftsbild.

Es handelt sich um feste, aufrecht stehende Bauten und insoweit um eine stärkere Beeinträchtigung des Stadtbilds. Andererseits sind die Windturbinen offen und die Rotorblätter nehmen nur einen kleinen Teil des Rotorkreises ein.

Für Länder mit Taifun-Gefahr wurden Windturbinen in Erwägung gezogen, deren Turm nebst Rotor in eine horizontale Lage umgeklappt werden kann. Eine Kippvorrichtung würde die Beeinträchtigung der Grazer „Skyline" auf die Tage mit aktivem Einsatz der Anlagen beschränken. Praktische Erfahrungen mit Klappvorrichtungen sind allerdings nicht bekannt, die Eignung der Anlagen für derartige Bewegungen müsste gesondert geprüft werden und auf jeden Fall würden erhebliche Mehrkosten eintreten.

Würde der Energiebedarf für den Antrieb der Rotoren größer sein als die Energiegewinne an anderer Stelle, würde die Schadstoffbelastung durch die Stromerzeugung zu berücksichtigen sein.

# 3. Beschneiungsanlagen zur Förderung des vertikalen Luftaustausches

*Joachim Falkenhagen*

## 3.1 KURZBESCHREIBUNG

Mit Beschneiungsanlagen (auch als Schneekanonen oder Schneelanzen bezeichnet) erfolgt bei Frostwetter die Zufuhr von Wasser, das dann gefriert und als Kunstschnee herabfällt. Dadurch wird das spezifische Gewicht der Luft geändert und damit vertikale Luftbewegungen ausgelöst. Mehrere Ansätze sind denkbar:

- Zugeführtes Wasser wandelt sich zu Schnee, dadurch wird Wärme freigesetzt und die erwärmte Luft steigt schließlich nach oben bzw. die Inversion wird aufgelöst.

- Die Zufuhr von Wasser, etwa in Form kleiner Wassertröpfchen, das die flüssige Form beibehält, erhöht das spezifische Gewicht der sich ergebenden, neblig-feuchten Luft-Wasser-Mischung und zieht diese nach unten.

- Zugeführtes Wasser verdunstet, dadurch kommt es zu einer Abkühlung der Luft, sie wird schwerer und sinkt nach unten.

- Die Zufuhr von Wasser zielt darauf ab, zunächst zusätzliche „Wolkenwände" zu bilden, deren Schatten und Sonnenreflektion dann die Einstrahlungsverhältnisse in der Umgebung ändern, was wiederum die Homogenität der ursprünglichen, stabilen Schichtung aufhebt.

## 3.2 PROBLEMSTELLUNG

Die Problemstellung liegt in einem eingeschränkten Luftaustausch bei Inversionswetterlagen. Verkehr und Hausbrand haben beide einen hohen Anteil an den Grazer Emissionen im Winter (November bis März je 39 %), während insgesamt, im Jahresmittel der Verkehr deutlich überwiegt. Insbesondere die Tallage von Graz führt dazu, dass sich die Emissionen in besonders hohen Immissionswerten widerspiegeln. Daher sind übliche Maßnahmen zur Emissionsminderung nicht ausreichend.

## 3.3 LÖSUNGSANSATZ

Im Grundsatz entspricht die Bauweise dem aus Skigebieten bekannten, die Schneeerzeugung würde jedoch in größerer Höhe erfolgen. Zusätzlich zu der Auswirkung auf die Luftschichtung (Mobilisierung von Luftmassen) kommt es durch die Beschneiung zu einer Reinigung der Luft. Diese dürfte aber wegen der Unterschiede zwischen Kunstschnee und Naturschnee wesentlich weniger ausgeprägt sein als bei Naturschnee.

Nach Beobachtungen führte eine Erhöhung der monatlichen Niederschlagssumme um 1mm zu einer Veränderung des $PM_{10}$-Monatsmittelwerts um -1,13 µg und zu einer Verminderung der Anzahl an Überschreitungstagen von 0,23.

Dabei handelt es sich jedoch um empirische Mittelwerte. Eine gezielte Steigerung der Niederschläge in den emissionssensiblen Zeiten und Orten könnte einen stärkeren Effekt haben. Andererseits könnte der vorstehende Zusammenhang zwischen monatlicher Niederschlagssumme und Immissionen weniger durch die Reinigungswirkung der Niederschläge bewirkt worden sein, sondern durch den mit dem regenreichen Wetter assoziierten Luftaustausch. Bei einem künstlich hervorgerufenen Niederschlag muss kein vergleichbarer Effekt stattfinden.

## 3.4    KOSTENEFFIZIENZ

Für ein Skigebiet wurden die folgenden Angaben veröffentlicht:[1]

- Pistenfläche 498 Hektar (5 km$^2$)

- Schneekanonen 288 St.

- Kunstschnee-Produktion 980 000 m³

Die Kosten für einen Kubikmeter Kunstschnee liegen bei ca. € 3. Die Kosten für eine volle Kunstschneebeschneiung betrugen ca. € 3 Mio./Saison.

Eine ähnliche Größenordnung wäre wohl auch für ein System zu veranschlagen, das im Stadtgebiet von Graz zum Abbau von winterlichen Inversionslagen eingesetzt würde. Da ein größerer Anteil der Investitionskosten einer Beschneiungsanlage auf die Verlegung von Wasser- und Stromleitungen entfällt, die im Stadtgebiet grundsätzlich vorhanden sind, könnte dies etwas niedrigere Kosten zur Folge haben.

## 3.5    ENERGIEEFFIZIENZ

In benanntem Skigebiet wurde ein Stromverbrauch von 13 000 kWh/ha angegeben. Wegen der geringeren Förderhöhe sind die Werte aus Skigebieten jedoch grundsätzlich nicht übertragbar, d.h. im Stadtgebiet wäre der Antrieb für Wasserpumpen wesentlich geringer.

Der Verbrauch von Wasser betrug 100 m³/ha bzw. insgesamt 489 000 m³.

## 3.6    ÖKOLOGISCHE UNBEDENKLICHKEIT UND SICHERHEIT

Wie in Skigebieten verschlechtern der Wasser- und Stromverbrauch die Ökobilanz. Positiv sehen könnte man die zusätzliche Schneebedeckung, die im städtischen Raum sonst deutlich beeinträchtigt wird. Die Autofahrer werden das aber anders beurteilen. Geringerer Autoverkehr bei zusätzlichem Schnee könnte aber wiederum die Schadstoffemissionen reduzieren.

---

[1] Ski-Führer Alta Badia: http://www.altabadiaski.info/pages/mp.php?getpage=kschnee&se=D.

# 4. Ventilatoren mit luftlenkender Tuchumhüllung zum vertikalen Abtransport belasteter Luft

*Joachim Falkenhagen*

## 4.1 KURZBESCHREIBUNG

Die hohen Immissionsbelastungen konzentrieren sich in den unteren Luftschichten und verstärken sich insbesondere bei Inversionswetterlagen. Diese sind teilweise mit Bodennebel verbunden, mit stabilisierender Wirkung auf die Inversion.

Vorschlagsgemäß soll mit Hilfe von riesigen Ventilatoren eine vertikale Luftströmung erzeugt werden, mit der schadstoffbelastete und kühlere Luft nach oben gedrückt wird. Die Luftströmungen werden durch Umhüllungen, die am ehesten mit Kühltürmen vergleichbar sind, zusammengehalten. Die Umhüllungen werden jedoch aus leichtem Segeltuch gebildet und bei einsetzendem Wind eingeholt. Sie können abgestützt werden, tragen sich im Übrigen durch den Luftdruck.

Durch die Nachströmung von weniger belasteter und wärmerer Luft sowie durch erhöhte Sonneneinstrahlung nach Auflösung von Bodennebel mindert sich der Heizenergiebedarf im Stadtgebiet, womit der Energieaufwand für die Ventilatoren ausgeglichen werden soll.

Drei Effekte tragen zur Minderung der Immissionen bei:

- die unmittelbare aktive Abfuhr belasteter Luft;
- die Auflösung von Inversionslagen und der dadurch verbesserte Luftaustausch;
- der geminderte Staubeintrag durch Hausbrand.

## 4.2 PROBLEMSTELLUNG

Im Winter bildet sich häufig eine stabile Inversionslage. Dabei befindet sich kältere Luft mit höherer Dichte unten und wärmere Luft oben, sodass sich eine stabile Schichtung einstellt. Durch die Inversionslage verbleiben die Luftbelastungen in Bodennähe. Nebel und in geringerem Maß die Staubbelastung selbst verstärken die Dichteunterschiede und stabilisieren die Situation: Ist es im Tal neblig, wird Sonneneinstrahlung reflektiert und kann nicht zum Boden vordringen. Der Boden bleibt kalt und die Schichtung stabilisiert sich weiter. Im Tal reichern sich Abgase und Feinstaub in der Luft an.

Eine Durchbrechung der Inversion kann nur mit aktivem Energieeinsatz erreicht werden. Die gesamte Feinstaubkonzentration wird gezielt an Problemtagen vermindert.

## 4.3 LÖSUNGSANSATZ

### 4.3.1 Wirkprinzip

Benötigt werden Vorrichtungen, um diese stabile Schichtung aktiv zu durchbrechen und einen (auch) vertikalen Luftaustausch in Gang zu setzen.

Errichtet werden große Lüfter bzw. Ventilatoren, die einen aufwärtsgerichteten Luftstrom erzeugen.

Als unmittelbare Wirkungen des Luftaustausches soll erreicht werden:

- unmittelbarer aktiver Luftaustausch durch Verdrängung der schadstoffbelasteten Luft und Abtransport der Feinstäube mit den Luftströmungen in obere Schichten, horizontale oder vertikale Nachströmung weniger schadstoffbelasteter Luft.

- Werden die bodennahen Nebelschichten (früher am Tag) aufgelöst bzw. abgeführt, kommt es durch Sonneneinstrahlung zu einer Erwärmung des Bodens und damit der Umgebungsluft, dies kann zur Auflösung der Inversion beitragen.

- Nach Auflösung der Inversionslage kommt dadurch die „natürliche" Konvektionsbewegung auch ohne weiteren aktiven Antrieb zu verbesserter Durchmischung der Luftschichten und Abfuhr der Feinstaub belasteten Luft.

Zusätzlich werden folgende Effekte erreicht:

- Die wärmere Luft (oben) vermischt sich mit kälterer (unten), damit wird es im Stadtgebiet wärmer, d.h. es liegen weniger Heizgradtage als Differenz zwischen Außentemperatur und Raumtemperatur vor. Wegen dem geminderten Heizwärmebedarf gibt es auch weniger Feinstaubemissionen von Heizungen.

- Geringe Häufigkeit von Talnebeln; wird eine Auflösung des Nebels erreicht, führt der Durchbruch der Sonne zu solaren Wärmegewinnen in Häusern, dies mindert zusätzlich den Heizwärmebedarf und die zugehörigen Feinstaubemissionen von Heizungen;

- Die Ansaugung bei den Ventilatoren führt zum Nachströmen von Luft, und zwar infolge der Schichtung vorzugsweise in Bodennähe. Dadurch werden horizontale Luftströmungen induziert, was die Verteilung von Schadstoffen weg von Emissionsschwerpunkten (z.B. Straßen) verstärkt.

Die Lüfter werden einige Meter über dem Boden installiert. Dabei kann auf Erfahrungen und Anlagen aus dem Bau von Kühltürmen zurückgegriffen werden. Vorzugsweise sollten diese jedoch für einen geringeren Druck und geringere Betriebsgeschwindigkeit als in Kühltürmen ausgelegt werden, etwa durch Vergrößerung des Rotors. Die bodennah angesaugte Luft wird in Schächte bzw. Türme von etwa zehn bis dreißig Metern Durchmesser und bis zu hundert Metern Höhe gelenkt. Ggf. versorgen mehrere Lüfter einen Turm. Die Wand und die obere Abdeckung dieser Türme werden aus Segeltuch oder ähnlichem Material gebildet, sie werden durch den Überdruck aufgerichtet bzw. aufgewölbt. Im oberen Bereich, teilweise seitlich, enthalten sie Öffnungen mit insgesamt etwa dem Querschnitt der Türme. Die Öffnungen können durch besondere schlauchförmige Erweiterungen verlängert werden, die von der Ferne wie Noppen, „Nasen" bzw. Stacheln aussehen und ihrerseits mit Öffnungen versehen werden, um eine bessere Feinverteilung und Vermischung der ausströmenden Luft mit der Umgebungsluft zu erreichen. Am Schaft könnten ggf. Abrisskanten die Bildung einer abwärtsgerichteten Luftströmung erschweren. Die textile Membran wird vorschlagsgemäß in einer technisch zweckmäßigen und neutralen Form und Farbgebung ausgeführt.[2]

In der ersten Pilotphase (Demonstrationsprojekt) würde die Hülle ausschließlich vom Innendruck getragen. Bei Wind und insbesondere bei Sturmgefahr würde sie geborgen werden. Sie würde dann mit Bergeseilen zu einem Ring in Nähe des Umkreises des Ventilators gezogen werden. Der Ring mit dem Segeltuch könnte ggf. auf die Hälfte oder kleiner zusammengeklappt werden.

Bei einer Dauerlösung würde die Hülle ganz oder überwiegend von einer Stützkonstruktion getragen werden, um mit geringerem Innendruck auszukommen. Diese Stützkonstruktion könnte z.B. aus einer axialen Gittermastkonstruktion mit einem zusätzlich ausfahrbaren, zylindrischen Mastabschnitt bestehen, von der aus die Hülle schirmartig oder mit Zugseilen unterstützt wird. Bei Wind würde die Hülle dann zu dieser Achse zusammengezogen werden. Alternativ kann eine Abstützung durch vertikale Stäbe in der ungefähr

---

[2] Prinzipiell möglich wäre auch eine Nutzung der großflächigen Objekte zur Anbringung von Werbung oder eine besondere, etwa künstlerische oder nach Marketinggesichtspunkten orientierte Form-und Farbgebung. Solche Varianten sind allerdings nicht Gegenstand dieses Wettbewerbsbeitrags. Die Rechte an entsprechenden Ausführungsvarianten und entsprechenden Werbeeinnahmen bleiben ausdrücklich vorbehalten. Der Klarstellung halber wird auch betont, dass die Rechte an der praktischen Umsetzung der gemachten Vorschläge lediglich für eine Nutzung in Graz und im Bundesland Steiermark freigegeben werden, nicht aber für andere Orte.

zylindrischen Hüllfläche erfolgen. Ebenfalls möglich wäre eine Aussteifung durch Luftpolster ohne Öffnungen, die gesondert aufgepumpt werden.

Ebenfalls möglich wäre eine nach oben offene, kühlturmähnliche Ausführung. Damit würde eine Abstützung der Hüllfläche unabdingbar. Dabei könnte ggf. eine wesentlich geringere Höhe des Turmes ausreichen, sofern die aufströmende Luft genügend Schub aufweist, um auch ohne Umhüllung weiter nach oben zu gelangen. Andererseits bestünde dann eher die Sorge, dass die angehobenen Luftmassen sich unzureichend mit den wärmeren, oberen Luftschichten vermischen und alsbald wieder zu Boden sinken. Dieser Gesichtspunkt verhindert auch allzu große Abmessungen dieser Türme; stattdessen sind mehrere Türme im Stadtgebiet zu verteilen. Mit 25 Türmen mit einem Durchmesser von je 20 m könnte binnen drei Stunden auf einer Fläche von 100 km² ein kompletter Luftaustausch der unteren Schichten bis 50 m Höhe erreicht werden.

Denkbar wäre eine variable Höhe je nach Wetterverhältnissen. Mit einer variablen Höhe sollte auch in der ersten Pilotphase experimentiert werden, um ein optimales Verhältnis von Aufwand und Wirkung zu ermitteln.

Eine massive Ausführung aus Beton wie bei normalen Kühltürmen wird nicht benötigt, weil ein Dauerbetrieb auch bei Sturm und damit die Sturmfestigkeit keine Rolle spielen.

### 4.3.2  Kapazität

Als vorsichtige Schätzung gehe ich an den Einsatztagen bei vollständiger Verwirklichung und ohne Ansatz von Emissionsminderungen von einer Halbierung der lokalen Feinstaubimmissionen aus, soweit sie über die großräumige Grundbelastung hinausgeht. Die Berechnungen gehen von hundert Einsatztagen im Jahr aus. Dabei handelt es sich in der Regel um besonders schadstoffreiche Tage (Winterhalbjahr, kalt, wenig horizontaler und vertikaler Luftaustausch). Eine Minderung der Schadstoffbelastung im inneren Stadtgebiet um etwa ein Viertel im Jahresmittel wäre damit nach meiner Schätzung denkbar. Bei geringerer Zahl der Lüfter und Türme vermindert sich die Entlastungswirkung entsprechend, kann aber gezielt in den besonders belasteten oder dicht genutzten Gebieten zum Einsatz kommen. Eine genauere Wirkungsanalyse kann erst mit genaueren Ausbreitungsrechnungen erfolgen.

Die Minderung der Heizungsemissionen führt zu zusätzlichen Immissionsminderungen.

### 4.3.3  Methodik

Die Vorgehensweise kann mit allgemein gebräuchlichen Geräten verwirklicht werden. Mengen und Druckdifferenzen lassen sich leicht berechnen bzw. aus Werksangaben ablesen. Die einzige Unsicherheit bzgl. der Funktionsfähigkeit ist ein eventuelles Zurückströmen der hochgepumpten Luft ohne Vermischung. Erfahrungen mit der gezielten Vermischung von Luftströmen gibt es in Zellenhybridtürmen. Allerdings wird stattdessen eine einfachere Vorgehensweise vorgeschlagen. Für die Ausbreitung von Gasen aus Türmen (Schornsteinen) gibt es ebenfalls Erfahrungen und Berechnungsansätze, die in der weiteren Projektvorevaluierung verwendet werden können.

## 4.4  ENERGIEEFFIZIENZ

Der hierfür benötigte Energieeinsatz wird für folgende Beispieldaten abgeschätzt:

- Luftaustausch über 10 km² des Stadtgebiets
- Höhe der auszutauschenden Luftsäule 50 m
- Temperaturunterschied von zehn Grad bei Temperaturen um den Nullpunkt
- Dauer bis zum vollständigen Luftaustausch (täglich) drei Stunden
- zunächst Vernachlässigung jeglicher Energieverluste und Wirkungsgrade

Die Temperaturdifferenz ergibt eine Dichtedifferenz von 0,05 kg/m³. Insgesamt ist die auszutauschende Luftsäule 22.800 Tonnen schwerer als das gleiche Volumen der oberen, leichteren Luftschichten.

Sollte diese schwerere Luftsäule um eine Höhendifferenz von 100 m angehoben werden, muss eine Druckdifferenz von 44 Pa überwunden werden (bei einem Luftdruck von insgesamt rund 100.000 Pa). Dies würde einen Energieaufwand von 6.200 kWh (=6,2 MWh) erfordern, bzw. drei Stunden lang eine Leistung von 2,1 MW. Mit ähnlichem Energieaufwand wäre es auch möglich, warme Luft nach unten zu befördern.

Würde man erreichen, dass 100.000 Bewohner bzw. Innenstadtbesucher von dem Luftaustausch profitieren, so entspricht das einer Leistung von 21 Watt je Person. Multipliziert mit den drei Stunden Dauer des morgendlichen Energieeinsatzes sind das also 62 Wh bzw. 0,62 kWh. Bei einem Betrieb an 100 Tagen im Jahr würde die effektive Energiewirkung also 6,2 kWh pro Jahr und Person betragen. Die Energiekosten würden also (unter der Annahme eines verlustfreien Betriebes) weniger als 1 € pro Jahr und Person betragen.

Würde man den vertikalen Luftaustausch an 25 Stellen mit Türmen von je 20 m Radius ausführen, so würde die bewegte Luft eine Geschwindigkeit von 5,9 m/s und eine kinetische Leistung von 1 MW aufweisen. Bei Türmen mit je 30 m Radius würde sich dies auf 0,2 MW reduzieren. Die erforderliche Beschleunigung führt also nicht zwingend zu deutlich höheren Leistungsanforderungen. Zu einem größeren Leistungsbedarf käme es aber zwangsläufig, würde man mit wesentlich kleineren Querschnitten operieren wollen. Ein genügender Querschnitt und eine ausreichende Zahl der Ventilationsstellen in Verbindung mit einer mäßigen Strömungsgeschwindigkeit tragen also zu einer günstigen Energiebilanz bei.

Damit die angehobene (bzw. nach unten gebrachte) Luft nicht sofort wieder an ihren Ausgangsort zurücksinkt bzw. ansteigt, ist eine Durchmischung mit der jeweils anderen Luftschicht erforderlich, sodass sich eine Angleichung der Temperaturen zu einem Mittelwert ergibt. Eine solche Durchmischung ist aber aus physikalischer Sicht nicht zwingend mit einem Energieaufwand verbunden. Vielmehr wird hierbei sogar Energie freigesetzt. In der Praxis sind jedoch Strömungswiderstände zu überwinden.

Soll die turmartige Umhüllung allein vom Luftdruck getragen werden, wird zusätzlicher Druck benötigt. Bei 20 m Durchmesser, 100 m Höhe und einem leichten Segeltuch (verwendet für Spinnacker) mit einem Gewicht von 0,32 kg/m² müsste in der Versuchsphase ein zusätzlicher Druck von 56 Pa aufgebracht werden. Für die permanente Lösung wird daher eine Abstützung empfohlen.

Als Zwischenergebnis kann also festgehalten werden, dass ein Luftaustausch während einer Inversionslage prinzipiell einen physikalischen Energieeinsatz erfordert, der niedrig ist. Pro Kopf entspricht er dem Betrieb einer normalen Energiesparlampe oder eines sparsamen Kühlschranks in derselben Zeit.

Für den Luftantrieb könnten serienmäßig verfügbare Großlüfter von Kühltürmen verwendet werden. Beispielsweise würden 47 Stück des Modells ASPM-12500 die entsprechende Umwälzleistung erbringen und einen mehr als ausreichenden Druck von 130 Pa erzeugen. Ggf. würden mehr als ein Lüfter einen Turm versorgen. Der Leistungswert wäre dann 12 MW. Das wäre je Einwohner die Leistungsaufnahme von zwei Glühbirnen. Solche Industrieventilatoren könnten in der Versuchsphase unverändert verwendet werden. Für eine Dauerlösung erfolgt eine Anpassung an die Erfordernisse mit größeren Rotoren, niedrigerer und entsprechend der Temperaturdifferenz geregelter Drehzahl und Druckdifferenz und geringerer Anzahl der Lüfter bei gleicher Antriebsleistung je Lüfter.

**Energetische Gewinne bzw. negativer Energieaufwand je kg Feinstaubreduktion**

Als „Nebeneffekt" wird dann eine Veränderung des Lokalklimas erreicht, die zu mehr Sonnenscheinstunden und einer höheren Außenlufttemperatur führt. Dies führt schon für sich zu einer Steigerung der Lebensqualität der Stadtbewohner.

Im günstigsten Fall kommt es zu einer Erwärmung entsprechend der Temperaturdifferenz der beteiligten Luftschichten. Diese wurde eingangs „vorsichtig" mit 10 K angenommen. In der Praxis dürften zehn Grad Temperaturunterschied wohl an der oberen Grenze vorkommender Temperaturdifferenzen liegen, auch wird kein vollständiger Luftaustausch erreicht und es erfolgt eine neuerliche Abkühlung an der kühleren Bodenoberfläche. Einige Grad Unterschied in Folge des Luftaustausches für einige Stunden sind jedoch realistisch (weitere Abschätzungen siehe Anhang).

Diese energetischen Gewinne sind voraussichtlich größer als der energetische Aufwand für die Lüfter!

## 4.5    KOSTENEFFIZIENZ

Für die Hüllen aus Segeltuch werden Kosten von 30 €/m² veranschlagt, bei 20 m Durchmesser und 100 m Höhe ergibt das einen erstaunlich hohen Wert von ca. 170.000 € pro Stück. Die Industrielüfter dürften etwas billiger sein. Mit allen Planungs-, Bau-, Betriebs- und Nebenkosten wäre für ein Demonstrationsprojekt mit drei bis fünf Türmen weniger als eine Mio. € zu veranschlagen. Dies würde bereits auf mehreren km² des Stadtgebiets den gewünschten Luftaustausch bewirken. Für einen Vollausbau wären wohl zwischen 5 und 10 Mio. € zu veranschlagen, bzw. 50 € bis 100 € je Einwohner.

Die Angabe von Kosten je kg Feinstaubreduktion ist nicht möglich, da der Feinstaub ja im Wesentlichen nicht reduziert, sondern nur wegbewegt wird. Absolute Feinstaubreduktionen gibt es durch eine Emissionsminderung beim Hausbrand, diese sind aber nicht Gegenstand einer Post-Emission-Sichtweise.

## 4.6    ÖKOLOGISCHE UNBEDENKLICHKEIT UND SICHERHEIT

Die Ventilatoren erzeugen Schallemissionen, die im Dauerbetrieb durch eine teilweise Umhüllung, vor allem aber durch geringere Umlaufgeschwindigkeiten und Druckverhältnisse begrenzt werden können. Der Schall tritt nur im Winterhalbjahr auf, wenn die meisten Fenster geschlossen sind, und der Betrieb kann auf Tagesstunden beschränkt werden. Die Türme erzeugen einen gewissen Schattenwurf und verändern das Stadt- und Landschaftsbild. Dies relativiert sich dadurch, dass der Betrieb vorwiegend an nebligen Tagen erfolgt, also bei schlechter Sicht, und die Türme nur für wenige Stunden am Tag aufgebläht werden müssen.

Der vorrangige Wirkmechanismus ist nicht der aktive Luftaustausch, sondern die Gewährleistung eines natürlichen Luftaustausches, nachdem die Inversionslage abgebaut wurde.

# 5. Memon

*Franz Führer (Human Technics GmbH & Co KG)*

## 5.1 KURZBESCHREIBUNG

Es wird gerade in der heutigen Zeit sehr umfänglich darüber diskutiert, ob und in welchem Ausmaß negative Umwelteinflüsse, wie sie zum Beispiel von Elektrosmog oder belastetem Wasser ausgehen können, schädlich sind und unsere Lebensqualität belasten. Es wird sogar darüber gestritten, ob Elektrosmog oder Erdstrahlen überhaupt existieren und was sich hinter diesen Begriffen verbirgt.

Memon vertritt die Auffassung, dass die schulwissenschaftlich noch nicht umfänglich anerkannten Gefahren sehr wohl gesundheitliche Belastungen hervorrufen. Und dass insbesondere der feinstoffliche, energetische Einfluss wie Resonanz, Polarität und Information hierbei eine bedeutende Rolle für unsere Lebensqualität spielen.

Um den Segen der modernen Technik, wie Auto, Mobilfunk, Elektronik u.a.m. unbeschadet nutzen zu können und um seelisch und körperlich gesund zu bleiben, ist es aus der Sicht von memon daher unerlässlich, sich gegen diese allgegenwärtigen gesundheitlichen Belastungen zu schützen.

Die memon Technologie bietet hierfür Wege und Lösungen an, sich im direkten Lebensumfeld umfassend zu schützen. So neutralisieren memonizer u.a. die von Elektrosmog ausgehende, negative und schwächende Wirkung, mindern Stress und sorgen für mehr Lebensqualität. Memonizer optimieren das Raumklima. Der gefährliche Feinstaub in der Atemluft, welcher tief in die Lunge gelangt, wird reduziert. Die geringere Belastung in der Luft lässt einen frei und frisch durchatmen.

## 5.2 PROBLEMSTELLUNG

Wegen der zunehmenden Belastungen durch elektromagnetische Felder und aufgrund eines allgemein bekannten Anstieg der Feinstaubkonzentration, hier vor allem in Innenräumen, muss eine einfache praktikable Lösung zum Schutz vor möglichen Gesundheitsrisiken gefunden werden.

Staub bezeichnet alle Teilchen in der Luft, die so klein sind, dass sie eine Zeit lang schweben und sich dann am Boden absetzen. Feinstäube halten sich lange Zeit in der Luft und sind feinste in Mikrometern gemessene Schwebepartikel, die eingeatmet werden und in die Lunge gelangen. Besonders kritisch sind ultrafeine Partikel, die sogar ins Blut, in Organe, ins Gehirn gelangen.

## 5.3 LÖSUNGSANSATZ

Wer bei sich zu Hause einen memonizerCOMBI installiert hat, stellt fest, dass sich mehr Staub am Boden sammelt. Dieser Effekt ergibt sich dadurch, dass der memonizer einen natürlichen Ladungsausgleich in der Luft wiederherstellt. Dadurch ziehen sich die Partikel gegenseitig verstärkt an, sie werden schwerer und sinken schneller zu Boden. Auf diese Weise reduziert sich die Anzahlkonzentration feiner und ultrafeiner Partikel in der Raumluft bzw. im Atembereich. Es gelangen weniger dieser Partikel in die Lunge und über die Lungenbläschen in die Blutbahn.

Es liegen mittlerweile mehrere Vergleichsmessungen der Feinstaubkonzentration vor und nach der Installation von memonizern in unterschiedlichen Innenräumen vor (z.B. Pkw, Wohnungen, Geschäftsräume, Büros, Firmengebäude, Copy-shops). Die Ergebnisse sind alle ähnlich, unterscheiden sich aber bedingt durch Witterung, Gebäudegröße, Art und Stärke der Lüftung, Heizung und Nutzung. In einem konkreten Beispiel führt der Einbau eines memonizerCOMBI und eines memonizerHEATING in einem Bürogebäude zu einer

Verringerung der Feinstaubkonzentration $PM_{10}$ um ca. 20 %. Die feine Fraktion des Feinstaubs $PM_{2,5}$ verringert sich um 23 % und die $PM_1$ Fraktion mit den kleinsten Partikeln, die am tiefsten in die Lunge gelangen, verringert sich um 33 %. Diese Abnahmen sind signifikant. Zudem berichten die Nutzer über eine deutlich verminderte Geruchsbelastung. Nutzerverhalten und äußere Witterungseinflüsse waren für die Messdauer ohne und mit memonizer vergleichbar.

Memon verringert die Anzahlkonzentration kleinster Staubpartikel und führt zu Veränderungen der Größenverteilung der Staubpartikel. Daraus ergeben sich mögliche weitere positive Effekte auf gesundheitsrelevante Stoffe, die an den Partikeln gebunden sind, wie z.B. VOCs oder Gerüche.

Zu der Verminderung der Belastung durch elektromagnetische Felder gibt es zahlreiche äußerst positive Äußerungen von Kunden, Blutbilduntersuchungen und zellphysiologische Untersuchungen. Umfangreiche wissenschaftliche Studien mit doppelt verblindetem Versuchsdesign laufen derzeit.

## 5.4    KOSTENEFFIZIENZ

Beim Einsatz der memon-Technologie entstehen nur Investitionskosten für die Anschaffung der memonizer. Diese richten sich nach der Gebäudegröße und dem Stromverbrauch. Die Installation erfolgt am bestehenden Versorgungssystem für Strom, Heizung oder Wasser in Minutenschnelle. Es sind keinerlei bauliche Maßnahmen notwendig. Zudem entstehen keine Folgekosten durch Wartung, Service oder Verbrauchsmaterialien.

## 5.5    ENERGIEAUFWAND

Der Energieaufwand ist für alle memonizer Null bzw. nahe Null, wie beim memonizerCOMBI, der eine blaue LED mit einer Leistung von ca.0,02 Watt hat.

## 5.6    SICHERHEIT

Der memonizerCOMBI hat die Schutzklasse II (EN60335-1:2012) und den Schutzgrad IP2X (EN60335-1:2012). Für das Produkt liegt eine EG-Konformitätsbescheinigung vor. Das System erfüllt die Vorgaben entsprechend den Richtlinien EN 61000-6-2:2005 „Elektromagnetische Verträglichkeit (EMV) – Teil 6-2: Fachgrundnormen – Störfestigkeit für Industriebereiche (IEC 61000-6-2:2005)", EN 61000-6-3:2007 + A1:2011 „Elektromagnetische Verträglichkeit (EMV) – Teil 6-3: Fachgrundnormen – Störaussendung für Wohnbereich, Geschäfts- und Gewerbebereiche sowie Kleinbetriebe (IEC 61000-6-3:2006 + A1:2010)", EN61000-3-2:2006 + A1:2009 + A2:2009 „Elektromagnetische Verträglichkeit (EMV) – Teil 3-2: Grenzwerte – Grenzwerte für Oberschwingungsströme (Geräte-Eingangsstrom kleiner gleich 16 A je Leiter) (IEC 61000-3-2:2005 + A1:2008 + A2:2009)" und EN 60335-1:2012 „Sicherheit elektrischer Geräte für den Hausgebrauch und ähnliche Zwecke – Teil 1: Allgemeine Anforderungen (IEC 60335-1:2010, modifiziert)".

Zudem ist der memonizerCOMBI durch den TÜV Austria als zertifiziertes Produkt gelistet (Zertifikat TA-PZ-13026, Zertifikatsinhaber ist die human technics GmbH & Co KG).

# 6. Förderung und Anreiz von Einspeisung von überschüssiger Wärmeenergie von Grazer Haussolarkollektoren in das Grazer Fernwärmenetz

*Christian Hoffmann*

## 6.1 PROBLEMSTELLUNG

Verminderung des Feinstaubes und des $CO_2$-Ausstoßes in Graz durch Förderung und Anreiz von Einspeisung von überschüssiger Wärmeenergie von Grazer Haussolarkollektoren in das Grazer Fernwärmenetz.

## 6.2 LÖSUNGSANSATZ

Viele Grazer Privatpersonen oder Firmen haben schon Solarkollektoren zur Warmwassererzeugung und Heizungsunterstützung und sind oder sind nicht am Grazer Fernwärmenetz angeschlossen. Die Sonne ist immer verfügbar und wir brauchen zur Erzeugung der Wärme fast keine Brennstoffe wie Öl, Gas, Holz, Strom etc., sie funktioniert mit einem Solarkollektor, Pumpe, Wärmetauscher, Wasserpufferspeicher und einer simplen elektrischen Steuerung.

Wenn der Pufferspeicher im Hause voll ist, z.B. 85 °C erreicht hat, kann die Energie nicht mehr gespeichert werden und die Steuerung schaltet die Solarpumpe ab, die Flüssigkeit im Solarkollektor verdampft und es wird keine Wärme mehr vom Kollektor in den Pufferspeicher transportiert.

Diese verfügbare Wärme könnte über den Wärmetauscher der Fernwärme in das Grazer Fernwärmenetz gespeist werden. Am Wärmetauscher wird ein Wärmezähler installiert, der dies in beiden Richtungen (zum und vom Verbraucher) anzeigt.

**Vorteil für Graz :**

- Fernwärmekraftwerk braucht weniger Energie zu produzieren (mehr Reserve für die Zukunft).
- Es fallen weniger Leitungsverluste im Fernwärmenetz an, da die Wege von der Erzeugung der Wärme zum Verbraucher sehr viel kürzer sind.
- Anreiz zur Installation von Solaranlagen für Grazer Firmen oder Privatpersonen und dadurch weniger Produktion von Feinstaub von lokalen Heizungsanlagen und Fernwärmekraftwerken durch Erhöhung des Anteiles von Solarenergie.
- Schaffung von Arbeitsplätzen und Steuereinnahmen durch diese Neuinvestitionen in Graz bzw. Graz-Umgebung.
- Reduktion des $CO_2$-Ausstoßes in Graz bzw. Graz-Umgebung.

**Vorteil für Fernwärmekunden :**

- Überschüssige Solarenergie kann nun genutzt werden und ins Fernwärmenetz eingespeichert werden.
- Rückvergütung der gelieferten Wärme ins Grazer Fernwärmenetz

### 6.2.1 Wirkprinzip

**Momentane Situation**

Viele Haushalte haben keinen Anschluss zur Fernwärme und betreiben Öl- oder Holz/Pelletsheizungen, wodurch Feinstaub verursacht wird. Sind Haushalte hingegen an das Fernwärmenetz angeschlossen, kann die überschüssige Wärmeenergie aus Sonnenkollektoren ins Fernwärmenetz eingespeist werde. Das heißt, Energie kann bezogen oder eingespeist werden.

## 6.3 KOSTENEFFIZIENZ

Die Kosten für einen Haushalt für die Installation eines Wärmezählers, der die Wärme von und zum Haus erfassen kann. Sonst fallen keine Kosten an, da diese Systeme im Haus und die Fernwärmeleitung bereits vorhanden sind.

## 6.4 ÖKOLOGISCHE UNBEDENKLICHKEIT UND SICHERHEIT

Standorte der Solarkollektoren am Dach oder Garage werden von der Baupolizei Graz geprüft via Einreichverfahren für einen Neu- oder Zubau und abgenommen.

# 7. GreenBox – Innovative *mobile* Feinstaubfiltertechnologie zur Filterung der (wieder)aufgewirbelten Feinstaubpartikel aus der Umgebungsluft im Straßenverkehr

*Anton Kluge (Better Air GmbH)*

## 7.1 KURZBESCHREIBUNG

Das forschungsorientierte Startup-Unternehmen „Better Air" mit Sitz in Spittal an der Drau hat auf Basis intensiver F&E-Tätigkeiten ein einzigartiges Feinstaubfiltersystem namens „GreenBox" entwickelt.

Dieses innovative Feinstaubfiltersystem wird mobil auf den Kabinendächern von Kraftfahrzeugen wie Bussen, Straßenbahnen sowie großen und kleinen LKWs montiert eingesetzt. Der Innovationsgrad dieser „GreenBox" liegt in der **erstmals möglichen Ansaugung und Filterung der durch den Verkehr (wieder)aufgewirbelten schädlichen Feinstaubpartikel direkt aus der Umgebungsluft im Straßenverkehr**. Die gefilterte Luft wird nach dem Filterungsprozess nahezu feinstaubfrei wieder an die Umgebung abgegeben.

Die Entwicklung dieser Umwelttechnologie erfolgte unter der wissenschaftlichen Begleitung der Technischen Universität Graz (Institut IVT). Ein erster Prototyp der GreenBox wurde bereits pilotmäßig auf einem Linienbus der Grazer Linien montiert, im Echtbetrieb getestet und durch die TU-Graz im Hinblick auf seine Funktions- und Leistungsfähigkeit evaluiert.

Dieser Prototyp erreichte eine Luftleistung von über 11.250 m³ Luft pro Stunde, wobei 98 % der sich in dieser Luft befindlichen $PM_{10}$-Partikel gefiltert werden.

*Abbildung 3:    Feinstaubfiltersystem GreenBox (Quelle: Einreichunterlagen)*

## 7.2 PROBLEMSTELLUNG

Hauptverursacher von Feinstaub ist (neben der Industrie, den Privathaushalten und der Landwirtschaft) vor allem der Verkehr – und zwar insbesondere wegen der durch ihn verursachten Wiederaufwirbelung des auf den Straßen abgelagerten bzw. akkumulierten Feinstaubs. Durch diese Wiederaufwirbelung steigt der Anteil des Verkehrs an der Feinstaubbelastung von ca. 23 % (ohne Wiederaufwirbelung) auf über 60 % (bei Berücksichtigung der Wiederaufwirbelung), wodurch der Verkehr den maßgeblichen Verursacher überhöhter Feinstaubkonzentrationen im städtischen Bereich darstellt.

**OHNE** Wiederaufwirbelung                    **MIT** Wiederaufwirbelung

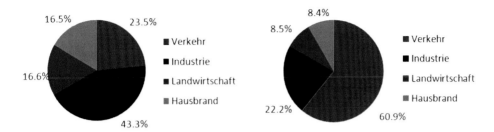

*Abbildung 4: Feinstaubemissionen in Österreich, Anteile der Verursacher (OHNE und MIT Wiederaufwirbelung)[3] (Quelle: Einreichunterlagen)*

Vor dem Hintergrund der sich verschärfenden Feinstaubproblematik (insbesondere in den Ballungsräumen), der gesundheitsschädlichen Auswirkungen des Feinstaubs und der damit verbundenen Herausforderungen im Bereich der Luftreinhaltung und der umweltfreundlichen Mobilität arbeitet Better Air intensiv an der Entwicklung einer mobilen Feinstaubfiltertechnologie zur nachhaltigen Minderung der Feinstaubproblematik eben dieser verkehrsbedingten (Wieder)Aufwirbelung. Dieses innovative mobile „GreenBox"-Feinstaubfiltersystem erlaubt erstmals die Reduzierung dieser verkehrsbedingt aufgewirbelten Feinstaubpartikel direkt am Entstehungsort im Straßenverkehr – und zwar durch die Ansaugung und wirkungsvolle Filterung der feinstaubbeladenen Außen- bzw. Umgebungsluft.

Das patentierte GreenBox-Feinstaubfiltersystem, das montiert auf den Kabinendächern von Kraftfahrzeugen eingesetzt wird, filtert dabei nicht nur den durch den Verkehr verursachten Feinstaub in Form von Motoremissionen oder Abrieb von Reifen, Bremsbelägen, Kupplung und Straßenasphalt, sondern auch alle anderen transportierten Feinstäube, die u.a. durch Hausbrand, Industrie und Baustellen verursacht und je nach Wetterlage und Windsituation mit den Luftmassen vom Ort ihrer Entstehung weitertransportiert, auf den Straßen abgelagert und durch den Verkehr wieder aufgewirbelt werden.

Der Hauptunterschied zu bisher verfügbaren Maßnahmen gegen den Feinstaub liegt darin, dass das System **mobil** eingesetzt wird und somit imstande ist, die verkehrsbedingte Feinstaubbelastung infolge von Wiederaufwirbelung zu senken – und zwar nicht lokal begrenzt, sondern entlang sämtlicher Fahrtrouten der mit dieser Filtertechnologie ausgestatteten Fahrzeuge. Zudem schränkt diese Innovation die Mobilität nicht ein, sondern nützt den Verkehr zur Feinstaubbekämpfung und setzt direkt am Entstehungsort im Straßenverkehr an.

Durch den flächendeckenden Einsatz dieser Umwelttechnologie auf einer Vielzahl von Fahrzeugen im städtischen Straßenverkehr wird es erstmals möglich sein, die Feinstaubbelastung infolge von (Wieder)Aufwirbelung wesentlich zu reduzieren und die Luftqualität in den Städten nachhaltig zu verbessern, da durch die flächendeckende Implementierung ein großes Potential sowohl zur Senkung der Gesamtbelastung an Feinstaub als auch der Grenzwertüberschreitungen gegeben ist.

---

[3] in Anlehnung an Land Steiermark (2003): Statuserhebungen gemäß §8 Immissionsschutzgesetz Luft BGBl. I Nr. 115/1997 i.d.g.F. Lu 04-03, FA 17 C, Graz:
http://www.umwelt.steiermark.at/cms/dokumente/10434851_12429602/0ba25a74/Statuserhebung_IGL.pdf.

## 7.3 LÖSUNGSANSATZ

### 7.3.1 Wirkprinzip

Die vorne auf einem Fahrzeugdach montierte GreenBox-Technologie saugt die mit Feinstaub belastete Umgebungsluft quasi wie ein Staubsauger ein und filtert die gesundheitsgefährdenden Partikel mithilfe eines speziellen Filtersystems – bestehend aus Grob-, Fein- und speziellen Feinstaubfiltern im Inneren der Anlage – aus der Luft heraus. Die feinstaubbeladene Luft wird dabei zu 98 % vom gesundheitsgefährdenden Feinstaub gereinigt und somit nahezu feinstaubfrei wieder an die Umgebung abgegeben.

*Abbildung 5:      GreenBox   montiert    auf   einem   Bus   der   Grazer   Verkehrsbetriebe   (Quelle: Einreichunterlagen)*

Die Ansaugung erfolgt ab einer gewissen Geschwindigkeit durch die aerodynamische Konstruktion der Spoilerschlitze automatisch; bei geringeren Geschwindigkeiten sorgen spezielle Ventilatoren für die notwendige Lufteinsaugung. Auf diese Weise gewährleistet die GreenBox nicht nur beim Fahren, sondern auch bei Stehzeiten des Fahrzeugs (z.B. vor rot-geschalteten Ampelanlagen oder bei Stop-and-go-Verkehr) sowie beim verkehrsbedingten Langsamfahren den notwendigen Luftdurchsatz zur Filterung einer größtmöglichen Feinstaubmenge.

Die GreenBox kann auf sämtlichen öffentlich und privat genutzten Kraftfahrzeugen montiert werden – so etwa auf großen und kleinen LKWs, öffentlichen Verkehrsmitteln wie Bussen und Straßenbahnen sowie auf Spezialfahrzeugen des öffentlichen Diensts wie etwa auf Müllsammelfahrzeugen; aber auch der Einsatz auf PKWs ist möglich. Durch die flächendeckende Implementierung des Systems insbesondere bei einer Vielzahl von Fahrzeugen, die vorwiegend in städtischen Bereichen eingesetzt werden, wird somit eine signifikante Verbesserung der Luftqualität auf Straßenniveau sowie insbesondere in Straßenschluchten erreicht und die Feinstaubbelastung in den Städten nachhaltig gesenkt werden können.

### 7.3.2 Kapazität

Da sich keine Konzentrationsgrenze ableiten lässt, unterhalb der negative gesundheitliche Auswirkungen ausgeschlossen werden können, ist aus umweltmedizinischer Sicht jede Verringerung der Feinstaubbelastung eine Verbesserung der Gesundheitssituation für die Bevölkerung. Wir bieten mit der GreenBox eine Technologie, mit der 98 % der gesundheitsschädlichen $PM_{10}$-Partikel aus der eingesaugten Umgebungsluft herausgefiltert und somit die Feinstaubbelastung reduziert werden kann.

Basierend auf den wissenschaftlichen Untersuchungen filtert ein erster getesteter GreenBox-Prototyp etwas mehr als 11.250 m³/h Luft pro Stunde.

Wäre ein „GreenBox-Fahrzeug" (z.B. montiert auf einem öffentlichen Busfahrzeug) über die gesamte Winterperiode (von Anfang November bis Ende März) täglich durchschnittlich 16 h im Schichtbetrieb im Einsatz, könnten in diesen fünf Wintermonaten mit einer einzigen GreenBox allein über 27 Millionen Kubikmeter Umgebungsluft einer Feinstaubfilterung zugeführt werden.

Die von einer GreenBox gefilterte absolute Menge an Feinstaub ist dabei abhängig von der jeweiligen Feinstaub- bzw. Hintergrundbelastung, wobei mit steigender Feinstaubbelastung die absolute Filtermenge überproportional zunimmt.

An dieser Stelle soll darauf hingewiesen werden, dass die F&E-Tätigkeiten zum aktuellen Zeitpunkt (Feber 2013) noch nicht abgeschlossen sind; basierend auf den hervorragenden Funktions- und Wirkungsergebnissen der bisherigen Entwicklungsarbeiten und der weiteren technischen Optimierungspotentiale ist noch eine weitere Steigerung der Luftleistung zu erwarten, wodurch die Effizienz des Systems noch weiter verbessert werden wird.

Die nachgewiesene Funktions- und Wirkungsfähigkeit der GreenBox-Technologie lassen auf das enorme Feinstaubreduktionspotential schließen: Wenn dieses innovative GreenBox-Feinstaubfiltersystem flächendeckend auf einer Vielzahl von Fahrzeugen – insbesondere auf jenen des öffentlichen Personennahverkehrs (wie etwa auf Bussen und Straßenbahnen) sowie auf großen und kleinen LKWs und eventuell auch auf PKWs – eingesetzt werden würde, wäre eine Filterung von zig Milliarden Kubikmetern feinstaubbelasteter Luft bzw. mehreren Tonnen Feinstaub im Straßenbereich pro Jahr erreichbar.

Für diese nachhaltige Feinstaubreduktion durch unsere GreenBox-Technologie bedarf es keines einzigen „zusätzlichen" Fahrzeugs, sondern es werden lediglich bestehende Fahrzeugflotten, die u.a. dem öffentlichen Personentransport oder aber der Ver- und Entsorgung dienen, mit diesem Feinstaubfiltersystem ausgestattet. Es kommt somit zu absolut keinem zusätzlichen Verkehrsaufkommen: Der vorhandene Busverkehr und die Straßenbahnen, die täglich im Rahmen des Personentransports im Einsatz sind, sowie Fahrzeuge, die zur Abfallentsorgung oder aber für die Erfüllung anderer öffentlicher bzw. gewerblicher Aufgaben eingesetzt werden, können als Transportmedien für unsere GreenBox-Technologie genützt werden. Diese Fahrzeuge filtern dank der auf dem Kabinendach montierten GreenBox auf ihren täglichen Fahrtrouten den Feinstaub sozusagen nebenbei aus der Umgebungsluft und erlangen durch die GreenBox somit einen bedeutsamen ökologischen Zusatznutzen.

Wir haben mit der GreenBox eine Umwelttechnologie entwickelt, die nicht nur $PM_{10}$, sondern darüber hinaus auch noch kleinere, lungengängige und somit noch gesundheitsgefährdendere Feinstaubpartikel filtern kann: Derzeit filtert unsere GreenBox Feinstaubpartikel bis zu einer Größe von $PM_{2,5}$. Wir haben damit die geltenden Rechtsvorschriften der EU „überholt" und können Feinstäube filtern, für die bislang weder Grenzwerte definiert noch Überwachungsnetze implementiert worden sind.

### 7.3.3 Methodik

Wissenschaftliche Untersuchungen belegen die Effektivität und Effizienz der GreenBox-Feinstaubfiltertechnologie: Ein Prototyp der innovativen Green-Box-Feinstaubfiltertechnologie wurde (wie bereits erwähnt) pilotmäßig auf einem Bus der Grazer Linien aufgebaut, im Echtbetrieb getestet sowie von der TU Graz bzw. vom Institut für Verbrennungskraftmaschinen und Thermodynamik wissenschaftlich evaluiert.

Der getestete Green-Box-Prototyp war imstande, pro Stunde etwas mehr als 11.250 m³ feinstaubbeladene Luft anzusaugen und zu filtern. Hochgerechnet auf den Einsatz in einer Winterperiode werden dabei abhängig von den Betriebsstunden mit einer einzigen GreenBox mehrere Millionen Kubikmeter Luft einer Feinstaubfilterung zugeführt, wobei 98 % der Feinstaubpartikel an $PM_{10}$ aus der eingesaugten Umgebungsluft herausgefiltert werden. Diese Werte belegen die Wirksamkeit und das beachtliche Umweltpotential dieser Technologie.

## 7.4 KOSTENEFFIZIENZ

Als Grundlage für die Berechnung der Kosteneffizienz unseres GreenBox-Feinstaubfiltersystems wurde die gewöhnliche Nutzungsdauer eines Fahrzeugs nach der AfA-Tabelle herangezogen, da die Lebensdauer der GreenBox mindestens ebendieser Nutzungsdauer entspricht; diese beträgt für Busse und Lastkraftwagen neun Jahre.

Unter Berücksichtigung der in diesem Zeitraum anfallenden Anschaffungskosten sowie der allfälligen Wartungs- und zusätzlichen Kraftstoffkosten für den Einsatz der GreenBox an den Wintertagen mit Grenzwertüberschreitungen (Betrachtungszeitraum Winterperiode 2011/12) entfallen auf ein mit einer GreenBox ausgestattetes Fahrzeug Kosten in der Höhe von ca. € 1.130.- pro Jahr. Die Feinstaubreduktionskosten für einen Kilo Feinstaub sind abhängig von der jeweiligen Feinstaubbelastung und können daher nicht als fixer Wert angegeben werden. Je höher die Feinstaubbelastung, desto größer ist die absolut gefilterte Feinstaubmenge und die damit verbundene Kosteneffizienz. Zudem wird diese mit zunehmender Leistungssteigerung des Systems im Zuge der weiteren F&E-Tätigkeiten noch weiter verbessert werden können.

## 7.5 ENERGIEEFFIZIENZ

Bei der Technologieentwicklung lag das Hauptaugenmerk neben der technischen Optimierung der Wirkungsfähigkeit des GreenBox-Feinstaubfiltersystems insbesondere auf einer gleichermaßen ökonomischen wie ökologischen Gestaltung des Produktdesigns. Dabei spielte die Gewährleistung eines möglichst ökonomischen Betriebs der Filteranlage eine zentrale Rolle. Im Hinblick auf einen minimalen Sprit- und Stromverbrauch betraf dies sowohl das Gewicht der Filteranlage, die aerodynamische Gestaltung der Luftströmung sowie die Verwendung möglichst energiesparender und dennoch leistungsfähiger Ventilatoren. Die Ansteuerung der Ventilatoren ist zudem mit dem Fahrzeugtachometer gekoppelt, sodass die Ventilatoren ab einer gewissen Geschwindigkeit automatisch ausgeschaltet werden, da dann der aerodynamische Druck ausreicht, um den notwendigen Luftstrom durch das Filtersystem zu gewährleisten.

## 7.6 ÖKOLOGISCHE UNBEDENKLICHKEIT UND SICHERHEIT

Was die Entsorgung der Feinstaubfilter betrifft, so können diese – wenn sie ihre Kapazitätsgrenze erreicht haben – über den Gewerbemüll entsorgt werden.

An dieser Stelle soll darüber hinaus noch einmal betont werden, dass es für die Feinstaubreduktion durch unsere GreenBox-Technologie keiner „zusätzlichen" Fahrzeuge bedarf; vielmehr werden bestehende Fahrzeugflotten mit diesem Feinstaubfiltersystem ausgestattet, die im normalen Geschäftsbetrieb quasi nebenbei ihren Dienst an der Umwelt verrichten.

Was die Verkehrs- und Betriebssicherheit eines Fahrzeuges mit dem GreenBox-Dachspoileraufbau betrifft, so wurde diese sowohl in einem TÜV-Gutachten positiv bescheinigt als auch bei Ausrollversuchen durch die TU-Graz belegt: Dabei wurde der Einfluss des GreenBox-Spoilers auf die Fahreigenschaft des Fahrzeugs untersucht und festgestellt, dass der Unterschied im Fahrwiderstand durch den GreenBox-Spoiler kleiner als die Messtoleranz ist; das bedeutet, dass die Anbringung der GreenBox am Fahrzeug (Linienbus) die aerodynamische Charakteristik des Fahrzeugs nicht messbar verändert und somit keinerlei Verkehrs- bzw. Sicherheitsrisiko darstellt.

# 8. „NOxBOX": PM10-Reduktion, Luftreinhaltung und Stickoxidabbau in einer Lärmschutzwand

*Peter Kölsch (LARIX Lärmschutz GmbH)*

## 8.1    PROBLEMSTELLUNG

In den letzten Jahrzenten wurden in Europa große Anstrengungen unternommen, die direkten Emissionen von luftgetragenen Schadstoffen wie Feinstaubpartikel, Stickoxide zu verringern, da die zulässigen Grenzwerte überschritten werden. Bei Feinstaub wurden die zulässigen Tagesgrenzwerte an 42 % der verkehrsnahen Messstationen überschritten, bei Stickoxiden sogar an 57 %. Eine Maßnahme zur Reduzierung von Luftschadstoffen war zum Beispiel die Einführung der Umweltzonen in Großstädten.

Die Firma LARIX Lärmschutz GmbH produziert Lärmschutzwände (LSW) für Straße und Bahn. Daher lag es auf der Hand das Ingenieurbauwerk „Lärmschutzwand" weiter zu entwickeln. Diese neue LSW mit Filtereigenschaften sollte bestmöglich vor Lärm schützen, Feinstäube ($PM_{10}$) binden und NOx abbauen. Zudem sollte sie ökologisch sein, aus nachwachsenden Rohstoffen bestehen und eine 40-jährige Lebensdauer (lt. Gutachten Dipl.-Ing. Borimir Radovic, Akademischer Direktor i.R.) besitzen.

## 8.2    LÖSUNGSANSATZ

### 8.2.1    Wirkprinzip

Lärmschutzwände (LSW) stehen den Emittenten (Auto) von Lärm, Stickoxiden und Feinstaub sehr nahe. Sie sind generell geeignet, mit zusätzlichen Funktionen ausgestattet zu werden und Emissionen zu reduzieren. Feinstäube und Stickoxide sollen dort gefiltert werden, wo sie zum Großteil entstehen. Einer Verfrachtung durch Wind soll entgegengewirkt werden. Das neu entwickelte und patentierte Fischmaul-Prinzip sorgt für eine größere Luftzirkulation an und in der Wand, was die Absorption von Stäuben und Stickoxiden erhöht. Beim Fischmaul-Prinzip werden die einzelnen Elemente nicht direkt in Reihen, sondern leicht versetzt aufgebaut. Diese gewollten Luftverwirbelungen von einem zum anderen Element fördern zusätzlich die Filterwirkung der LSW. Hierbei sind Standort, Meteorologie und Fahrzeugbewegung wichtig.

Entscheidend ist, dass alle Ebenen der Filterwand durchströmt werden. Die Filterwirkung wird durch den Einsatz eines Lüftersystems wesentlich erhöht.

Es ist erstmals gelungen, große Mengen an Feinstaub zu filtern und dies wissenschaftlich durch die Bergische Universität, Wuppertal, nachzuweisen.

Die äußere, der Fahrbahn zugewandte Schicht, besteht aus Lavagestein. Diese ist in einem Spezialverfahren mit Titandioxid ($TiO_2$) beschichtet. Stickoxide (NOx) werden über eine chemische Reaktion mit der Luft und unter Licht durch Photokatalyse abgebaut.

Formel Photokatalyse:

$$TiO_2 + Licht$$
$$Stickstoffdioxide\ NO + NO_2 + H_2O \rightarrow 2\ HNO_3$$
$$(Netto\text{-}Reaktion)$$

Dabei dient das Titandioxid als Katalysator.

Feinstäube und Rußpartikel werden in den zahlreichen Hohlräumen des Lavagesteins sowie an zusätzlichen synthetischen Filtervorrichtungen gebunden.

In den folgenden Darstellungen sind der Aufbau und die Funktion der NOxBOX zu erkennen.

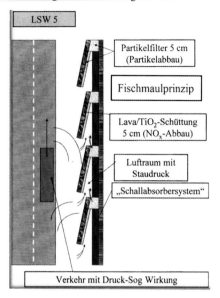

Abbildung 6:    Funktionsprinzip „NOxBOX" im Straßenverkehr (Quelle: Einreichunterlagen)

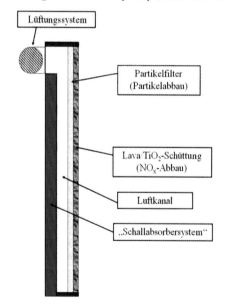

Abbildung 7:    Schematischer Querschnitt „NOxBOX" (Quelle: Einreichunterlagen)

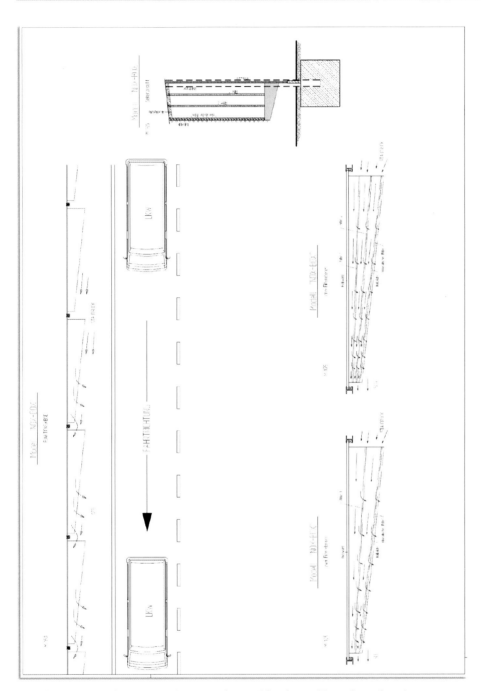

*Abbildung 8:      Funktion „NOxBOX" mit mehreren Filterebenen (Einreichunterlagen)*

### 8.2.2   Kapazität

Die Messungen an der NOxBOX in einem Freilandversuch über 16 Monate in der Stadt Wuppertal haben im Mittel eine **Abscheidung an $PM_{10}$ von $54 \pm 5$ %** ergeben. Das bedeutet, bei einer Belastung mit $PM_{10}$ **von 50 μg/m³ werden 27 μg/m³** Luft herausgefiltert. Die Ergebnisse wurden gemittelt und sind für das ganze Jahr gültig.

### 8.2.3   Methodik

Die Wirksamkeit dieser Technik belegen die Untersuchungen der Physikalischen Chemie der Bergischen Universität Wuppertal und sind unter anderem in der Zeitschrift: Lärmbekämpfung Bd. 7(2012) Nr. 1 Seite 19-23 veröffentlicht. Das (ZIM) Forschungsprojekt wurde durch das Ministerium für Wirtschaft und Technologie Deutschland gefördert. Weitere Auskünfte hierzu gibt Ihnen gerne Herr Dr. Ralf Kurtenbach (Tel: +49 152-29248866, od. +49 202-4393832)

### 8.3   ENERGIEEFFIZIENZ

Der Energieaufwand für die NOxBOX ist abhängig von:

1. passiver Durchlüftung,

2. aktiver Durchlüftung.

Um die Anlage wirtschaftlich zu betreiben, ist der Einsatz einer aktiven Durchlüftung sinnvoll. Kombiniert mit dem Einsatz von Photovoltaik zur Stromgewinnung können die Lärmschutzwände völlig autark betrieben werden.

### 8.4   ÖKOLOGISCHE UNBEDENKLICHKEIT UND SICHERHEIT

Die ökologische Unbedenklichkeit ergibt sich durch den Einsatz der Materialien (Vol.%):

1. Nachwachsendes, völlig unbehandeltes Lärchenkernholz (ca. 86 %),

2. Synthetisches Filtermedium (Klasse 15/500) (ca. 0,1 %),

3. Verbindungsmittel aus Stahl V4A; PE-Gitter, Thermoglas-Gewebe (ca. 1,9 %),

4. Holzfaserdämmplatten (ca. 2 %),

5. Lavagestein (dient auch als Grobfilter) (ca. 10 %).

Diese Materialien werden so verbaut eingesetzt, dass hierdurch keine Beeinträchtigungen für andere Umweltmedien oder Anrainerinteressen entstehen.

### 8.5   FAZIT

Bei den Freilandversuchen durch die Universität Wuppertal, wurde die Filterwirkung wissenschaftlich fundiert nachgewiesen. Die Leistung kann durch eine erweiterte Lüftertechnik gesteigert werden. Überschuss aus dem Einsatz von Photovoltaik lässt sich in das öffentliche Stromnetz einspeisen. Die NOxBOX ist marktreif entwickelt und ab sofort zum Einsatz für den Lärmschutz, den NOx-Abbau und die $PM_{10}$-Reduktion bereit. Die NOxBOX kann wesentlich zur Luftreinhaltung in Ballungsräumen beitragen.

# 9. Feinstaubbekämpfung RDC – Das Konzept

*Christian Kussmann (qpunkt GmbH)*

## 9.1 KURZBESCHREIBUNG

Das hier präsentierte Konzept „Respirable Dust Cleaner" (RDC) hat zum Ziel, einen aktiven Beitrag zu einer messbaren Verringerung der Feinstaubbelastung im „Sanierungsgebiet Großraum Graz" zu leisten.

Das RDC-Konzept setzt sich aus folgenden Maßnahmen zusammen:

- Feinstaubfahrzeug (mobile Einheit),
- Air-Cube (stationäre Einheit).

*Abbildung 9:    Feinstaubfahrzeug (mobile Einheit) und Air-Cube (stationäre Einheit)*
*(Quelle: Einreichunterlagen)*

Die mobile Einheit hat zur Aufgabe, die lokale Entstehung von Feinstaub zu verhindern sowie die Umgebungsluft zu filtern. Die stationäre Einheit wird hingegen an neuralgischen Punkten aufgestellt und an diesen Stellen dauerhaft betrieben.

## 9.2 PROBLEMSTELLUNG

Laut Luftqualitätsrichtlinie 2008/50/EG ist der max. Wert der Feinstaubbelastung (TMW) mit 50 µg/m³ begrenzt und 35 Überschreitungen pro Kalenderjahr sind erlaubt. In Graz hat es 2011 an vier Messstellen deutliche Überschreitungen von jeweils bis zu 73 Tagen gegeben. Bei Nichteinhaltung dieser Verordnung droht der Stadt Graz im Rahmen eines dreistufigen Verfahrens eine Klage und es drohen Strafen von bis zu € 160.000 pro Überschreitungstag[4]. Mit dem „RDC" Konzept bietet sich die Möglichkeit, die Anzahl der Überschreitungstage zu verringern, um so evtl. einer kostspieligen Klage entgehen zu können.

## 9.3 LÖSUNGSANSATZ

### 9.3.1 Wie wirkt das RDC-Konzept?

Durch Aufbürsten (und Aufsaugen) des Staubes von den Straßenbelägen ist eine Verringerung der Anteile „winterlicher Straßenstaub" um ca. 80 % möglich, da sich die Fahrzeuge, trotz ihrer Größe, auf den Straßen bewegen können, auf denen anteilig die meiste Staubproduktion und Aufwirbelung zu erwarten ist (Hauptverkehrswege durch Graz). Weiters greift hier der Effekt der Luftsäuberung durch die Filteranlage.

Der Anteil der „Kfz/Offroad" verursachten Beiträge zur Feinstaubbelastung könnte um bis zu 50 % reduziert werden, wenn das Feinstaubfahrzeug entsprechend des geplanten Einsatzes vor allem an Stellen in Graz, bei

---

[4] Quelle: Rupp (2012)

denen eine hohe Belastung zu erwarten ist, in Betrieb ist. Die stationären Anlagen (Air-Cube) unterstützen den Einsatz der Fahrzeuge schwerpunktartig.

Bei den anderen drei PM$_{10}$-Quellen scheint eine realistische Reduktion um je 5 % möglich zu sein.

Aufgrund des Einsatzes des Feinstaubfahrzeugs wird einerseits die permanente Produktion von Feinstaub herabgesetzt, andererseits die Konzentration des Feinstaubs in der Luft verringert. In Kombination mit den stationären Air-Cubes führt dieses Konzept zu einer nachhaltigen Verbesserung der Luftsituation.

*Tabelle 1:     Feinstaubreduktionspotential (Quelle: Einreichunterlagen)*

| Quellen | Ist-Verteilung | Geschätzte Reduktion |
| --- | --- | --- |
| Holzrauch/Biomasse-Rauch | 27 % | -5 % |
| Ammoniumsulfat/-Nitrat | 24 % | -5 % |
| Straßenstaub | 16 % | -80 % |
| Kfz/Offroad/fossile Quellen | 12 % | -50 % |
| Andere Quellen | 21 % | -5 % |
| **Gesamtreduktion um** | | **ca. 22 %** |

Die blaue Kurve (Abbildung 10) zeigt einen Jahresverlauf von Monatsmittelwerten aus dem Jahr 2010 (Messstelle Graz-Don Bosco) mit mehrfachen Überschreitungen des zulässigen Grenzwertes. Das RDC-Konzept verringert nicht nur die aktuell in der Luft befindliche Feinstaubmenge, sondern kann durch Aufsaugen und Aufbürsten auch die Neuproduktion deutlich eindämmen, was zu einer tendenziellen Abnahme der Feinstaubbelastung über das Jahresmittel führt. Der Einsatz des RDC-Konzeptes beschränkt sich auf die Monate, in denen mit der höchsten Belastung zu rechnen ist (September bis April), und verhindert somit ein Überschreiten des Grenzwertes.

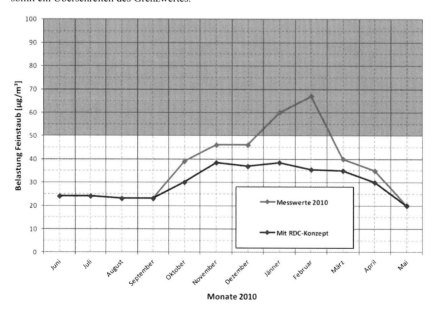

*Abbildung 10:     Messwerte 2010, Implementierung des RDC-Konzepts (Quelle: Einreichunterlagen)*

### 9.3.2 Wo wirkt das RDC-Konzept?

Die nachfolgende Abbildung 11 zeigt die am häufigsten befahrenen Straßen im Grazer Stadtgebiet (blaue bzw. gelbe Markierung), in deren näheren Umgebung auch mit der stärksten Feinstaubbelastung (verursacht durch Verkehr) zu rechnen ist. Der geplante Einsatz der Feinstaubfahrzeuge soll sich anhand dieser Karte orientieren. Weiters sieht das RDC-Konzept vor, dass der Einsatz bzw. der Betrieb der Air-Cubes die Fahrzeuge schwerpunktartig unterstützt. Mögliche Standorte werden durch die roten Punkte auf der Karte dargestellt (Graz-Nord „Gösting", Graz-Mitte „Eggenberg", Graz-Süd „Murauen", Graz-West „Seiersberg", Graz-Ost „Mariatrost").

*Abbildung 11:     Am häufigsten befahrene Straßen im Grazer Stadtgebiet*
*(Quelle: GIS Digitaler Atlas Steiermark; 11.10.2012)*

**Erweitertes Sanierungsgebiet\*\*:**

Fläche: ca. 1500 km²

Luft-Volumen\*: ca. 450 km³

\*gerechnet bis zu einer Höhe von 300 m über der Erdoberfläche. Diese Distanz entspricht ca. der Höhenlage einer typischen Inversionsschicht.

\*\*entspricht der rot schraffierten Fläche auf der rechten Grafik.

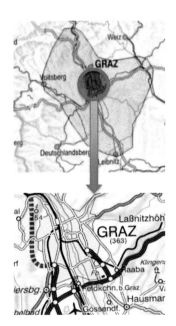

**Sanierungsgebiet Großraum Graz:**

Fläche: ca. 196 km²

Luft-Volumen\*: ca. 59 km³

\*gerechnet bis zu einer Höhe von 300 m über der Erdoberfläche. Diese Distanz entspricht ca. der Höhenlage einer typischen Inversionsschicht.

*Abbildung 12:     Sanierungsgebiet (Quelle: BEV, „AMAP")*

### 9.3.3  Das Feinstaubfahrzeug

Das Fahrzeug ist durch den Einsatz von speziellen Luftumlenkungs- und Filtersystemen dazu in der Lage, den in der Luft vorhandenen Feinstaub zu sammeln und zu speichern. Durch die vorhandene Filterfläche (>1.200 m²) werden selbst bei großen Luftdurchsätzen (>70.000 m³/h) moderate Strömungsgeschwindigkeiten erreicht und dies garantiert somit die einwandfreie Funktion des Filtersystems.

Das Filtersystem wird elektrisch angetrieben. Der dafür erforderliche Strom wird durch einen von einer Verbrennungskraftmaschine angetriebenen Generator erzeugt. Die bei der Verbrennung entstehenden Abgase werden ebenfalls durch das fahrzeugeigene Filtersystem geleitet und dabei gereinigt.

**Die technischen Daten des Feinstaubfahrzeugs:**

- **Fahrzeugbasis:** 3-Achs LKW (z.B.: Actros)

- **Gewicht:** bis zu 12 t

- **Besatzung:** 1 Person

- **Aufbau/Fahrerhaus:** Verbundwerkstoffe

- **Antriebsart Filtersystem:** elektrisch

- **Luftdurchsatz:** 20 m³/s

- **Filterkategorie:** F9 (1-10µm)

- **Betriebsmodus:** Bodenreinigung und/oder Luftfilterung

**Das Funktionsprinzip/Der Luftpfad**

**Radialumlenker**

Die Luft wird im vorderen Teil des Fahrzeuges angesaugt und während des Passierens der Radialumlenkung in eine so starke Drehung versetzt, dass sich durch den Einfluss der Fliehkraft die gröberen bzw. schweren Partikel und Schmutzteilchen radial nach außen bewegen, um im nachfolgenden Zyklonabscheider schließlich in einem Behälter am Fahrzeugboden aufgefangen und gesammelt werden zu können.

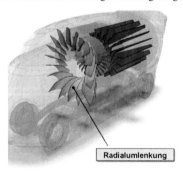

*Abbildung 13:    Radialumlenker (Quelle: Einreichunterlagen)*

**Gebläse**

Das Gebläse ähnelt dem Fan eines Triebwerks, welches zum Antrieb für Flugzeuge verwendet wird. Im Feinstaubfahrzeug sorgt dieses für einen Luftdurchsatz von ca. 72.000 m³/h.

Der Antrieb dieses Gebläses erfordert ca. 60 kW Leistung.

*Abbildung 14:     Gebläse (Quelle: Einreichunterlagen)*

**Leitgitter**

Die in Drehung versetzte Luft wird durch das Leitgitter wieder begradigt und ermöglicht somit ein besonders effektives Durchströmen des nachfolgenden Filters.

*Abbildung 15:     Leitgitter (Quelle: Einreichunterlagen)*

**Bürste**

Die rotierende Bürste kehrt während der Fahrt den unter dem Fahrzeug befindlichen Schmutz und Staub von der Straße auf, der in weiterer Folge durch den vom Gebläse erzeugten Luftstrom in das Fahrzeug transportiert wird.

**Grobschmutzbehälter**

Durch ein Grobpartikelsieb, welches in Strömungsrichtung installiert ist, werden die größeren Schmutzteilchen in den Grobschmutzbehälter hineingeleitet. Ein Fördersystem übernimmt das Entleeren.

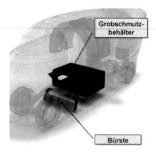

*Abbildung 16:    Bürste und Grobschmutzbehälter (Quelle: Einreichunterlagen)*

**Der Zyklonabscheider**

Durch den stark rotierenden Luftstrom werden die Schmutzpartikel infolge der Fliehkraft und mit Hilfe eines Filtersystems seitlich aus dem Luftstrom in einen Auffangbehälter befördert, wo der Schmutz während des Betriebs gesammelt wird. Nach dem Betrieb werden durch Öffnen der seitlichen Luke die Partikel durch ein Fördersystem automatisch aus dem Fahrzeug transportiert und entsorgt.

*Abbildung 17:    Zyklonabscheider (Quelle: Einreichunterlagen)*

**Filtersystem**

Der Filter entspricht der Klasse F9[5] und sorgt für die eigentliche Reinigung der Luft von Feinstaub. Es sind 64 Filterelemente zu je 19 m² Fläche verbaut – das entspricht einer Gesamtfilterfläche von ca. 1.230 m² (diese Fläche entspricht ca. 20.000 DIN A4 Blättern).

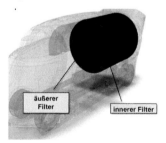

*Abbildung 18:    Filtersystem (Quelle: Einreichunterlagen)*

---

[5] F10: Filter (Feinstaub-)Partikel der Größe 1-10 µm (Blütenstaub, Zementstaub, Pollen, Ruß, Metaalloxidrauch,...)

**Ausströmersystem**

Der Ausströmer ist so ausgelegt, dass die im Fahrzeug herrschenden hohen Luftgeschwindigkeiten reduziert werden und so die gefilterte Luft gefahrlos in die Umgebung entweichen kann.

**PremAir®-Beschichtung**

Die Innenflächen der Luftführungskanäle sind mit einer katalytischen Beschichtung namens PremAir® beschichtet, welche die Eigenschaften besitzt, in der Luft befindliches bodennahes Ozon ($O_3$) mit einer hohen Effizienz (bis zu 75 %) in Sauerstoff ($O_2$) umzuwandeln.

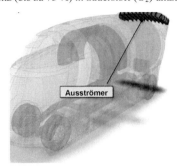

*Abbildung 19:    Ausströmersystem (Quelle: Einreichunterlagen)*

**Funktionsdarstellung**

Mittels moderner Computersimulation wurde die Funktionsweise des Luftpfades sichergestellt. Mit Hilfe der numerischen Strömungssimulation (CFD) wurden sämtliche Luftpfade hinsichtlich Funktion analysiert und optimiert.

Somit ist gewährleistet, dass der Luftpfad einen optimalen Wirkungsgrad durch die Minimierung von Strömungsverlusten erreicht.

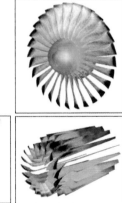

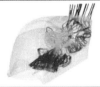
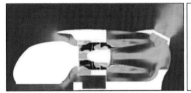

*Abbildung 20:    Funktionsweise des Luftpfades (Quelle: Einreichunterlagen)*

### 9.3.4 Der Air-Cube

Der Air Cube filtert die Luft nach demselben Prinzip wie auch das Fahrzeug. In der großen Ausführung verfügt der Air-Cube über neun Antriebsaggregate, welche die Gebläse für den Lufttransport mit Energie versorgen. Die Luft wird über die Lamellen in Bodennähe angesaugt, über das Filtersystem nach oben in einen Beruhigungsraum transportiert und von dort gereinigt wieder ins Freie ausgeblasen. Das Ziel der großen Air-Cubes ist das nachhaltige Reinigen der Luft im Großen. Innerhalb des Stadtbereichs wird sich kaum Platz für diese Strukturen finden. Da sich Feinstaub jedoch wie ideales Gas verhält, kann aber auch ein lokales Konzentrationsgefälle ein großes Volumen bedienen. Intelligent platziert können die Air-Cubes bei einem Durchsatz von bis zu 700.000 m³/h ein großes Einzugsgebiet bedienen. Die kleinere Version eignet sich vor allem zum Aufstellen im innerstädtischen Bereich.

**Die technischen Daten des Air-Cubes:**

**Kleine Version**

- **Abmessungen:** 8x8x5 [m]
- **Antriebsart Filtersystem**: elektrisch
- **Luftdurchsatz:** bis zu 20 m³/s
- **Filterkategorie:** F9 (1-10μm)
- **Betriebsmodus:** Luftfilterung

**Große Version**

- **Abmessungen:** 30x30x20 [m]
- **Antriebsart Filtersystem**: elektrisch
- **Luftdurchsatz:** bis zu 20 m³/s
- **Filterkategorie:** F9 (1-10μm)
- **Betriebsmodus:** Luftfilterung

*Abbildung 21: Darstellung Air-Cube klein und Air-Cube groß (Quelle: Einreichunterlagen)*

## 9.4 KAPAZITÄT

Wir schätzen das mögliche Reduktionspotential auf ca. 22 % ein, was letztendlich zu keinem Überschreiten des Feinstaubgrenzwertes mehr führen sollte. Sollte dieses Projekt in eine Feasibility-Study übergehen, müssen die Annahmen aus dieser Konzeptstudie konsolidiert werden.

## 9.5    KOSTENEFFIZIENZ

Ein real umsetzbares Konzept baut auf einer existierenden Plattform auf. Die hohen Anschaffungskosten relativieren sich, wenn man die lange Betriebsdauer der Fahrzeuge und stationären Anlagen in Betracht zieht. Laufende Kosten fallen durch Service und Wartung der Fahrzeuge und Anlagen an sowie durch den Wechsel der Filtereinsätze.

## 9.6    ÖKOLOGISCHE UNBEDENKLICHKEIT UND SICHERHEIT

Der Betrieb eines Feinstaubfahrzeuges erzeugt weniger Emissionen als ein vergleichbarer, handelsüblicher LKW. Durch die luftsäubernde Wirkung des Fahrzeuges ist die ökologische Bilanz sogar weit positiv. Der Kubus wird rein elektrisch betrieben. Der Einsatz des Feinstaubfahrzeuges stellt kein erhöhtes Risiko dar.

# 10. Saubere Luft im Auto-Innenraum mit dem nachrüstbaren Kabinenfilter

*Andreas Mayer und Markus Kasper*

## 10.1 PROBLEMSTELLUNG

Alle wissen, dass die Luft im Straßenverkehr von Abgasen und Feinstaub belastet ist, dass Feinstaub als „air contaminant Nr. 1" bewertet wird und seit Juni 2012 durch die WHO als nachweislich krebserzeugend in die höchste Gefahrenklasse eingestuft wurde [1]. Je näher an einer Straße wir uns befinden, desto höher sind die Schadstoffkonzentrationen. Diese steigen in der Straßenmitte schnell auf den 100-fachen Wert von normal sauberer Luft oder sogar höher. Messungen in Los Angeles [2] zeigen, dass die Feinpartikelkonzentration in Fahrzeugkabinen bis zu 15-mal höher ist als am Straßenrand.

Warum? Weil man immer den Auspuffrohren von high-pollutern hinterherfährt. Ähnliche Resultate wurden durch Airparif publiziert [3] und in München und Zürich nachgemessen. Gerne retten wir uns dann ins Fahrzeuginnere, schalten die Klimaanlage ein, vielleicht sogar Umluft und fühlen uns geschützt. Tatsächlich ist die Exposition dort höher als irgendwo sonst, was auch erklärt, warum professionelle Kraftfahrer die höchsten Lungenkrebsraten aufweisen – von zahlreichen anderen Krankheiten, die durch Feinstaubpartikel ausgelöst werden, wie kardiovaskulären Erkrankungen, Herzinfarkt, vielleicht sogar schwerwiegenden Erkrankungen des Zentralnervensystems, da die Partikel ins Gehirn eindringen, ganz zu schweigen.

Warum ist das auch bei unseren modernen Autos so und muss das so bleiben? Bis heute sind Lüftungssysteme und Klimaanlagen moderner Fahrzeuge so ausgelegt, dass sie lediglich die größeren Partikel aus der einströmenden Luft (z.B. Pollen) ausfiltern. Mehr verlangen die bestehenden Normen nicht. Die in sehr viel höheren Konzentrationen anfallenden kleinen und ultrafeinen Partikel werden von herkömmlichen Filtern durchgelassen. Nach wenigen Minuten herrschen bei eingeschalteter Klimaanlage oder Lüftung im Fahrzeuginnern deshalb die gleich hohen Konzentrationen der schädlichen Nanopartikel wie auf der Straße.

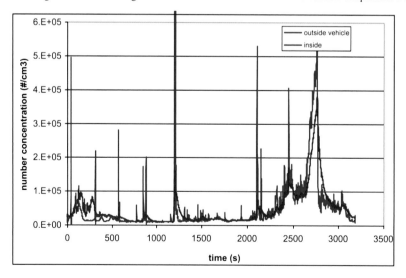

*Abbildung 22:*   *Standard Cabin Air Filtration for Particles < 500 nm of a modern passenger car; blau = Außenluft/rot = Innenluft (Quelle: Einreichunterlagen)*

*Abbildung 23:    Fahrzeug ohne Nanocleaner (Quelle: Einreichunterlagen)*

Was lässt sich dagegen tun?

Mit einem neuartigen Filtersystem, welches die Luft im Auto-Innenraum auf technisch völlig andere Art und Weise reinigt, als dies die serienmäßig installierten Luftfilter tun, sinken die Schadstoffkonzentrationen im Fahrgastraum bereits nach wenigen Minuten:

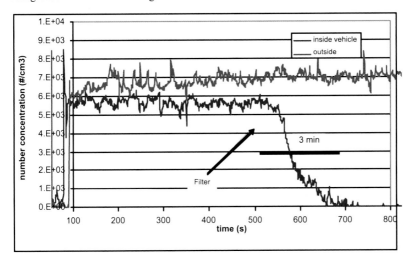

*Abbildung 24:    violett = Innenluft/rosa = Außenluft (Quelle: Einreichunterlagen)*

Nach etwa drei Minuten bleibt die Luft konstant sauber – unabhängig davon, wie schmutzig die Luft auf der Straße auch sein mag

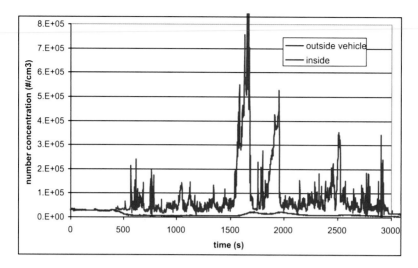

*Abbildung 25:    blau = Außenluft/rot = Innenluft (Quelle: Einreichunterlagen)*

Ein solch neuartiger Filter, der auch die ultrafeinen Partikel aus der Atemluft entfernt, könnte sicher für Fahrzeuge kommender Generationen entwickelt werden, denn die physikalischen Prinzipien sind bekannt und werden heute in großer Breite in der Reinraumfiltration sowie bei der Abgasfiltration von Dieselmotoren mit sogenannten Partikelfiltern DPF angewandt.

Was aber können wir tun mit den bestehenden Fahrzeugen? Wir haben uns daher die Aufgabe gestellt, einen kostengünstigen Filter zu entwickeln, der in bestehenden Fahrzeugen nachgerüstet werden kann. Das Ergebnis ist der Nanocleaner [4] [5].

 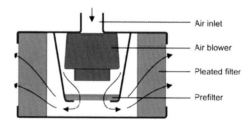

*Abbildung 26:    Nanocleaner Aufbau (Quelle: Einreichunterlagen)*

Für einen PKW hat das Gerät die Größe einer Schuhschachtel, wird an den Zigarettenanzünder angeschlossen, hat einen Energieverbrauch von weniger als 50 Watt und weist die folgenden technischen Daten auf

| | |
|---|---|
| **Abscheidegrad** | > 95 % (Partikelgröße 20 ... 500 nm) |
| **Luftdurchsatz** | 20 m³/h |
| **Austrittsgeschwindigkeit** | 10 cm/s |
| **Gegendruck** | max. 20 mbar |
| **Spannung** | 12 Volt |
| **Strom** | 4.1 Ampere |
| **Filteraustausch** | nach 100 000 km |

Die Komponenten sind high-tech: eine zweistufige Filtration, die gemäß der folgenden Messung Abscheidegrade von 99 % bei vernachlässigbaren Drücken erreicht, ein schnelllaufender elektronisch kommutierter und geregelter Antriebsmotor und eine elektronische Steuerung, die vielerlei Wünsche des Fahrers berücksichtigen kann.

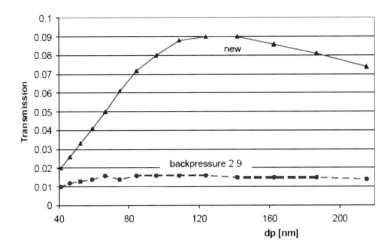

*Abbildung 27:    Abscheidegrad und Gegendruck (Quelle: Einreichunterlagen)*

Bei der Nachrüstung wird der Nanocleaner im Kofferraum eingebaut und an die Stromversorgung (nach Zündung) angeschlossen. Während das Fahrzeug mit Umluft betrieben wird, sodass die Klimatisierung unverändert möglich ist, saugt nun der Nanocleaner die Luft von außen an, filtriert sie auf ein Niveau, das einem städtischen Park entspricht und liefert sie in die Fahrzeugkabine. Die Kabine wird so unter einem geringen Druck gehalten, sodass durch die immer vorhandenen kleinen Leckagen die reine Luft hinausströmt und nicht etwa die verschmutzte hinein.

*Abbildung 28:    Die Anordnung des Nanocleaners bei der Nachrüstung (Quelle: Einreichunterlagen)*

Fenster und Türen müssen natürlich geschlossen bleiben. Die Luftmenge ist so bemessen, dass sie nicht nur die Luftreinheit gewährleistet, sondern ausreichend Sauerstoff nachliefert, um die $CO_2$-Anreicherung durch die Atmung der Passagiere zu kompensieren.

### 10.1.1 Erprobung

Der Nanocleaner wurde in PKWs, Bussen, LKWs und Baumaschinenkabinen getestet, unter Tunnelluft auf Dauerbetrieb untersucht und kürzlich in einem Taxitest in Zusammenarbeit mit der Lungenliga Zürich erprobt, wobei die Taxifahrer vor allem zu Protokoll gaben, dass sie weniger Kopfschmerzen haben, seit die Filter eingebaut sind.

## 10.2 KOSTENEFFIZIENZ

Geht man davon aus, dass ein Fahrzeug 200.000 km im gemischten Verkehr betrieben wird, so läuft es etwa 5.000 Betriebsstunden. Der Filter reinigt dabei 20 $m^3$/h von einer Partikelbelastung von ca. 0.2 mg/$m^3$ – insgesamt werden also ca. 20 g Ruß der Atemluft entnommen, also etwa 1.017 Nanopartikel. Gleichzeitig werden zahlreiche andere Schadstoffe, die an die Rußpartikel gebunden sind, wie die ebenfalls kanzerogenen PAH ausgefiltert und Geruchsstoffe gebunden.

Die Kosten dürften in der Serienfertigung unter € 500 liegen – ein bescheidener Betrag für eine große Leistung zur Verminderung der Gesundheitsrisiken.

## 10.3 LITERATUR

[1] World Health Organization (2012): IARC: DIESEL ENGINE EXHAUST CARCINOGENIC, Press Release N° 213: http://press.iarc.fr/pr213_E.pdf; http://www.who.int/en/.

[2] Fruin, S. (2004): "The Importance of In-Vehicle Exposures." California Air Resources Board meeting presentation, Sacramento, California, December 9, 2004: ftp.arb.ca.gov/carbis/research/seminars/fruin/fruin.pdf.

[3] Airparif (2007): Mesures dans le flux de circulations; Airparif, surveillance de la qualité de l'air en ile de France; rapport 1, Sept. 2007.

[4] Burtscher, H., Loretz, S., Keller, A., Mayer, A., Kasper, M., Czerwinsiki, R.J. (2008): Nanoparticle Filtration for Vehicle Cabins. SAE 2008-01-0827. In proceeding of: SAE World Congress & Exhibition, April 2008, At Detroit, MI, USA.

[5] Mayer, A. et al. (2012): Clean Air in Vehicle Cabins by retrofitting Nanocleaner; Ventilation-Conference, Paris, 18. Sept. 2012.

# V Einreichungen in der Kategorie „Air-to-Surface-PEPMAT"

Insgesamt wurden in der Kategorie „Air-to-Surface" neun Projektideen eingereicht, davon wurden zwei Projektideen von der Wettbewerbsjury prämiert. Die beiden Siegerprojekte in dieser Kategorie sind:

**Eine Kooperation von ORTLOS Space Engineering &formingrün:**
*F.U.T.U.R. in Graz – From dUst Till ‚Urban Regeneration'*

> *„F.U.T.U.R. nimmt sich vorrangig der vertikalen Flächen der Stadt an und deren Potential, einen positiven Beitrag zur Feinstaubproblematik zu leisten. So werden die Brandwände oder Feuermauern, Innenhoffassaden und Flachdächer als mögliche Orte zur Begrünung identifiziert. Denn Pflanzen können Schadstoffe an ihren Blattoberflächen binden und die Präsenz von Feinstaubpartikeln in der Atemluft reduzieren. Die Auszeichnung goutiert den Ansatz der stärkeren Einbindung von städtischem Grün in die historische Substanz der innerstädtischen Bereiche. Rechtliche wie technische Belange sollen geklärt werden, um die initiative Umsetzung durch öffentliche wie private Hauseigentümer zu unterstützen. Eine praktische Umsetzung an einem Gebäude soll entsprechendes Anschauungsmaterial liefern."* (Jurybegründung, November 2012).

**Dipl.-Ing. Dr. Felix Pfister und HOFRICHTER-RITTER Architekten ZT GmbH: *Green Graz***

> *„Das Projekt fokussiert sich auf das Potential der begrünten Fassade zur Feinstaubreduktion an beispielhaften Neubauten im städtischen Kontext. Auch hier wird argumentiert, dass Pflanzen Schadstoffe an ihren Blattoberflächen binden und die Präsenz von Feinstaubpartikeln in der Atemluft reduzieren. Auch wird mit dem Imagepotential geworben, mit dem die Stadt Graz sich als „grüne", also ökologische Stadt international positionieren könnte. Mit diesem Vorschlag wird auf das gestalterische Potential der Fassadenbegrünung verwiesen und somit vertikales Grün für künftige Bauaufgaben im Stadtraum Graz thematisiert. Mit der verliehenen Auszeichnung wird diese thematische Initiative honoriert. Mit der Anregung zur Umsetzung soll eine Dokumentation der vielseitigen Vorteile des vertikalen Grüns künftigen Bauherren zugänglich gemacht werden und zu weiteren Initiativen anregen."* (Jurybegründung, November 2012)

Die weiteren Projekte in der Kategorie „Air-to-Surface", alphabetisch nach den EinreicherInnen gereiht, sind:

- *Dr. Gerald Burgeth (STO AG):* Abbau von luftgetragenen Schadstoffen an photokatalytisch aktiven Oberflächen sowie der Einfluss auf die Minderung der Bildung von sekundärem Feinstaub.
- *Dr.-Ing. Elke Deux (FILTRONtec GmbH):* Innovativer Luftfilter schafft saubere Luft in geschlossenen Verkehrsräumen.
- *Valentina Graf:* noise & dust Blocker der Lärm- und Feinstaubschild.
- *Martin Klug:* Staubabsaugung an Fahrwerken von Schienenfahrzeugen.
- *Florian Leregger (GREEN WALL TEC):* Frische und saubere Luft mit Moos – die ökologische Lösung gegen Feinstaub.
- *Dipl.-Ing. (FH) Peter Sandor-Guggi:* Rollierende Schadstofffiltrierung – Kamin (Hausbrand).
- *Ing. Stefan Siegl, BSc. M.A.:* Müllautos als Staubmagnet.

# 11.   F.U.T.U.R. in Graz – From dUst Till "Urban Regeneration"

*ORTLOS Space Engineering: Andrea Redi, Ivan Redi mit Dragan Danicic und*
*formingrün: Johannes Leitner*

## 11.1   KURZBESCHREIBUNG

Die Stadt als Hydroponic Living/Structure – städtisches Grün, Kohabitat von Mensch, Flora und Fauna. Wohltuend für das Stadtklima, Verringerung von Feinstaub, aber auch Senkung hochsommerlicher Temperaturen, $CO_2$-Bindung und Verzögerung von Regenwasserabfluss. Gut für die Gesundheit und das Gemüt. Die Idee ist, leerstehende Gebäudeflächen wie Feuermauern, aber auch Fassaden, die weder historisch wertvoll noch baukünstlerisch qualitätsvoll sind, in zentralen Bezirken der Stadt Graz mit vertikalem Grün auszustatten und auf diese Weise die durch Feinstaub belasteten Zonen durch "Urbanes Grün" in eine gesunde, sauerstoffreiche, feinstaubreduzierte Zone zu transformieren. Die vertikalen Gärten, die über das Modul "Urban Green" gebildet werden, werden vor der Fassade installiert und sind sofort wirksam. Die Module sind einzeln demontierbar, an anderen Orten wiederverwendbar und werden anfänglich zwei Mal im Jahr gewartet. Die Bewässerung ist sensorgesteuert und damit komplett automatisch.

## 11.2   PROBLEMSTELLUNG

F.U.T.U.R. in Graz widmet sich der Problematik, dass in innerstädtischen Bereichen die bodennahe Luftverschmutzung und Feinstaubbelastung extrem hoch sind. Grund dafür ist die fehlende thermische Zirkulation und die Abschottung des Windes durch die hohen Gebäude. Dadurch bleiben die Schadstoffe auch besonders lange in diesen innerstädtischen Zonen. Durch Temperaturunterschiede zwischen bebauten Gebieten und dazwischen liegenden Grünbereichen entsteht eine ständige Luftbewegung. Die erwärmte verschmutzte Luft steigt auf und die kühlere Luft strömt nach. Dieser Prozess ist auch ein wirksames Mittel gegen die starke Überwärmung der Städte. Durch den Einsatz unseres Systems könnten wir die Feinstaubbelastung in diesen Zonen um bis zu 60 % reduzieren, neben den anderen positiven Effekten, die durch vertikale Grünflächen erzielt werden könnten, wie Kühlung, $CO_2$-Reduktion, Dämmung der Fassade und angenehme Lebensatmosphäre.

## 11.3 LÖSUNGSANSATZ

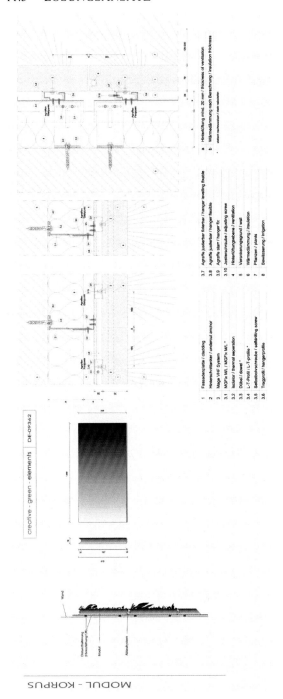

*Abbildung 29: Darstellung des Wirkprinzips (Quelle: Einreichunterlagen)*

### 11.3.1 Kapazität

Richtwerte nach Laborversuch von Prof. Frahm/Universität Bonn: Bindung von Feinstaub pro m² begrünter Fläche:

- Moosflächen = 20 g
- Pflanzen wie Heder Helix = 12 g

Zum Vergleich: An einer viel befahrenen Straße rieseln jährlich circa 14 Gramm pro Quadratmeter zu Boden!

Richtwerte für Filterung lt. Humboldt Universität Berlin: Filterleistung bei den Fassadenbegrünungen: Bei der Fassadenbegrünung spielt die Leistung von Kletterpflanzen eine entscheidende Rolle. Von Köhler (2007, zitiert in: Verein zur Förderung agrar- und stadtökologischer Projekte e.V. (A.S.P.) 2007) wurde festgestellt, dass die Staubpartikel stärker auf den hinteren Blättern einer Fassadenbegrünung abgesetzt werden als auf den vorderen. Zur optimalen Mächtigkeit der Fassadenbegrünung für die bessere Staubfilterung gibt es keine eindeutigen Empfehlungen. Auf jeden Fall soll die Fassadenbegrünung mindestens zwei Schichten von Blättern besitzen (Köhler 2007, zitiert in: Verein zur Förderung agrar- und stadtökologischer Projekte e.V. (A.S.P.) 2007). Konkrete Filterungsleistungen von Kletterpflanzen liegen nur vereinzelt vor (vgl. nachfolgende Tabelle). Der Beitrag der Fassadenbegrünung zur Feinstaubbindung wird als relevant eingeschätzt (Bartfelder und Köhler 1987; Köhler und Schmidt 1997, 1999; Thönnessen 2002, zitiert in: Verein zur Förderung agrar- und stadtökologischer Projekte e.V. (A.S.P.) 2007).

*Tabelle 2:*     *Filterleistung von Kletterpflanzen und Moosen (Quelle: Verein zur Förderung agrar- und stadtökologischer Projekte e.V. (A.S.P.) 2007)*

| Pflanzenart | Gefilterte Substanz | Menge | Bedingungen | Quelle |
|---|---|---|---|---|
| Dreispitzige Jungfernrebe *Parthenocissus tricusdidata* | Aerosolgebundene Schwermetalle im Grobstaub <br><br> -Al, As, Cd, Co, Cr, Fe, Pb, Pt, Sb <br><br> -Cu, Ni, Zn | <br><br><br> Bis zu 80 % <br><br><br> Bis zu 60 % können auf den Blattoberflächen deponiert werden. | Bis über 14.000 Autos/Tag in der Nähe der Fassade | THÖNNESSEN 2002 |
| Efeu *Hedera helix* | TSP | 4-8,4 % in der Vegetationsperiode, 1,8-3,6 % im Jahr, davon sind 71 % Partikel <15µm und nur 10 % <5µm. Noch unbekannt, Pflanze hat Eigenschaften der Selbstreiniger | Stark befahrene Straße, 90 % der Fassadenfläche begrünt | BARTFELDER und KÖHLER 1987 THÖNNESSEN 2007 |
| Unterschiedliche Laubmoosarten | Feinstaub | 100 % 13-22 g/m². | Wassersättigung von 4050 % | FRAHM 2007, in Press. |

| | | | | |
|---|---|---|---|---|
| Pleurozium schreberi | Marker-Elemente einer Industrie-emission, Aufnahme aus Luft und Boden | [mg/kg TS]:<br>Ag 0,103±0,014<br>Al 455±68<br>As 0,64±0,12<br>Be 0,033±0,005<br>Bi 0,113±0,018<br>Cd 0,63±0,06<br>Co 0,25±0,03<br>Cr 1,62±0,17<br>Cu 7,5±0,8 …<br>Pb 47,5±9,8 …<br>Zn 58,4±5,3 | Waldstandorte, Jahr 1975, Belastung maximal im Zeitraum von 1975-2000 | RÜHLING and TYLER 2004, nach EPEA 2004. |
| Hylocomium splendes Pleurozium schreberi | Marker-Elemente einer Industrieemission, Aufnahme aus Luft und Boden | Beispiele:<br>[mg/kg TS]<br>Ag 0,025<br>Al 355<br>As 0,22<br>Be 0,016<br>Cr 1,06<br>Fe 443<br>Hg 0,06<br>Pb 4,13 …<br>Zn34 | Waldstandorte:<br><br>Es werden größere Konzentrationen aufgenommen als bei den Gefäßpflanzen | REIMANN et. al. 2001, nach EPEA 2006. |
| Bazzania yoshinagana<br><br>Dicranum nipponense<br><br>Thuidium cymbifolium<br><br>Brotherella<br><br>Isothecium alopecuroides<br><br>Gollania robusta<br><br>Hypnum plumaeforme<br><br>Bryhnia trichomitria<br><br>Eurhychnium eustegium | Hg | 25,67 mg/g<br>25,42 mg/g<br>26,19 mg/g<br>26,27 mg/g<br>28,67 mg/g<br>29,25 mg/g<br>30,96 mg/g<br>30,92  mg/g<br>29,67 mg/g | Hohe Hg(II)-Aufnahme. Unterschiede in der Akkumulation (Sensibilität) von Quecksilber aufgrund von unterschiedlichen Morphologien und Höhenlagen | SUN et al. 2007a |

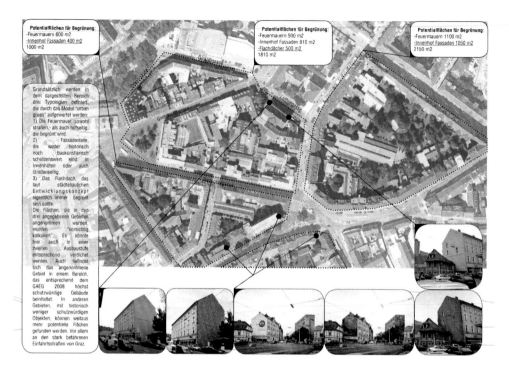

*Abbildung 30: Potentialfläche für Begrünung (Quelle: Einreichunterlagen)*

## 11.3.2 Methodik

### Pflanzen binden Schadstoffe

Eine Möglichkeit, Feinstaub zu binden, ist die Ablagerung z.B. auf Pflanzen – laut den Forschern um Thomas A.M. Pugh von der britischen University of Lancaster eine bisher zu wenig genützte Option, denn Grünflächen seien im Gegensatz zu anderen Oberflächen sehr viel besser geeignet, flüchtige Stoffe zu binden. Diese würden an den Blättern förmlich kleben bleiben. Durch Bepflanzung könnte man diesen Effekt gezielt nützen.

Bisherige Studien kamen zu dem Schluss, dass sich dadurch Stickoxide und Feinstaub um bis zu fünf Prozent reduzieren lassen. Die aktuelle Arbeit von Pughs Team legt nun aber nahe, dass das Potential von Pflanzen damit bei weitem nicht ausgeschöpft ist. Man müsste allerdings die speziellen räumlichen bzw. architektonischen Voraussetzungen berücksichtigen.

### Grüne Wände als Luftfilter

Bei unserem Modell zur Reduktion von Stickoxiden und Feinstaub konzentrierten wir uns daher auf einen städtischen Spezialfall, der jedoch für das Zentrum großer Städte typisch ist: die Straßenschlucht und den innerstädtischen Innenhof.

Diese von hohen Häusern begrenzten Zonen sind häufig besonders stark von bodennaher Luftverschmutzung betroffen. Fehlende thermische Zirkulation und wenig Wind führen zudem zu einer besonders langen Verweildauer der Schadstoffe in diesen städtischen Gebieten. Genau hier könnte man mit einer gezielten Begrünung ansetzen. Welche Art der Bepflanzung sich dafür am besten eignet, haben Forscher der University of Lancaster in einem Modell auf Basis der Strömungslehre berechnet.

Ein besonders großer Nutzen zeigte sich bei sogenannten grünen Wänden – Pflanzen wie Efeu Lonicera, Moose etc., die großflächig Mauern bewachsen. Sie könnten die bodennahe Konzentration von Stickoxiden um bis zu 40 Prozent reduzieren, jene von Feinstaub sogar um bis zu 60 %. Im Gegensatz zu den grünen Dächern wirkt diese Maßnahme direkt an der Quelle.

Das System von FORMINGRÜN sind vorkultivierte, begrünte Module, die auf ein herkömmliches Montagesystem von Fassaden mit Hinterlüftung montiert werden. Die Bewässerung erfolgt computergesteuert mit Sensoren. Sekundärnutzen: Die begrünten Wände hätten zudem noch andere positive Nebenwirkungen: Sie kühlen die Straßen, dämpfen den Lärm und machen die Stadt schöner.

## 11.4   KOSTENEFFIZIENZ

- 1 kg Feinstaub durch 50 m$^2$ vertikaler Moosbepflanzung: Kosten ca. € 15.000
- 1 kg Feinstaub durch 83 m$^2$ vertikaler Begrünung mit Hedera Sorten: Kosten ca. € 24.900
- Die beiden Bepflanzungsarten sind bei den ausgewiesenen Flächen je zu 50 % einsetzbar.

**Berechnung der Feinstaubabbindung:**

**Begrünte Flächen:**

1.   1.000 m²
2.   1.810 m²
3.   2.150 m²

**Bepflanzung: Moosarten/Hedera Helix i.S.**

**Durchschnittswert für Feinstaubabbindung pro m²: 16 g**

**Feinstaubabbindung bei Gesamtfläche von 4.960 m² = 79,36 kg**

## 11.5   ENERGIEEFFIZIENZ

- Wasserverbrauch für 50 m² vertikale Moosbepflanzung jährlich: ca. 9.000 l
- Wartungskosten: ca. € 1.100 /Jahr auf 50 m²
- Wasserverbrauch für 83 m² vertikale Moosbepflanzung jährlich: ca. 15.000 l
- Wartungskosten: ca. € 1.800 /Jahr auf 83 m²

## 11.6   ÖKOLOGISCHE UNBEDENKLICHKEIT UND SICHERHEIT

Die Reduktion des Feinstaubes, des Lärm, die Umwandlung von $CO_2$ in Sauerstoff und die Kühlung der Umgebungstemperatur vor allem im Sommer sind von öffentlichem Interesse.

Die Flächen, die für das "urbane Grün" vorgesehen sind, werden an Feuermauern, an Leerflächen und an Fassaden, die keine historische oder baukünstlerische Qualität aufweisen, angebracht. Die Eigentümer, die einen "vertikalen Garten" installieren, erhalten eine Förderung und natürlich auch die Aufwertung der Liegenschaft, durch die Verbesserung des Mikroklimas und der Umgebungstemperatur, die Reduktion der Feinstaubbelastung usw.

Die Anlage wird regelmäßig gewartet und erfordert keine permanente Pflege oder sonstigen Aufwand.

# 12. Green Graz

*Felix Pfister und HOFRICHTER-RITTER Architekten ZT GmbH*

## 12.1 LÖSUNGSANSATZ

### 12.1.1 Die Natur als Partikelfilter

Ein Baum filtert ~500 g $PM_{10}$ p.a. Die Filterleistung von Einzelbäumen ist von einer großen Anzahl von Parametern abhängig. Die Literaturangaben unterscheiden sich daher um mehrere Größenordnungen von 100 g bis 2 kg $PM_{10}$ pro Jahr.

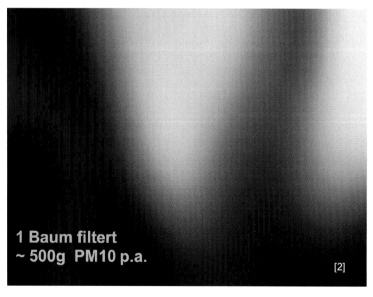

20.000 Bäume filtern
~10 Tonnen PM10 p.a.

[3]

1 Haus filtert ~ 1kg PM10 p.a.
20.000 Häuser filtern ~ 20t PM10 p.a.

Im Falle von engen Straßen wird auf die Anpflanzung von Kletter- und Schlingpflanzen an Häusern ausgewichen.
Beispiel: Efeu oder wilder Wein bietet pro Quadratmeter Fassade 3 bis 8 Quadratmeter Blattfläche und kann bis zu 6 Gramm Feinstaub pro Jahr binden.

[4]

### 12.1.2 Inversionswetterlage

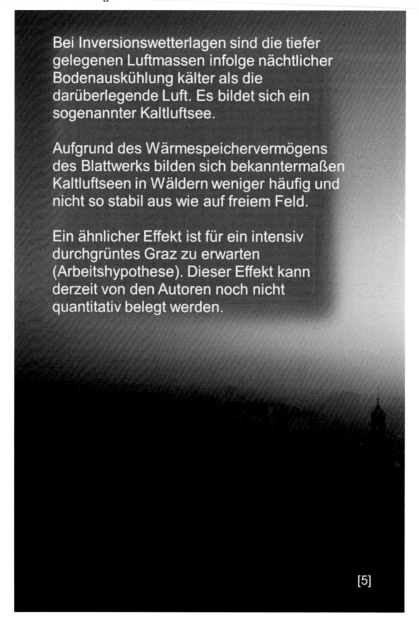

Bei Inversionswetterlagen sind die tiefer gelegenen Luftmassen infolge nächtlicher Bodenauskühlung kälter als die darüberlegende Luft. Es bildet sich ein sogenannter Kaltluftsee.

Aufgrund des Wärmespeichervermögens des Blattwerks bilden sich bekanntermaßen Kaltluftseen in Wäldern weniger häufig und nicht so stabil aus wie auf freiem Feld.

Ein ähnlicher Effekt ist für ein intensiv durchgrüntes Graz zu erwarten (Arbeitshypothese). Dieser Effekt kann derzeit von den Autoren noch nicht quantitativ belegt werden.

[5]

## 12.2 ARCHITEKTUR: GREEN WRAPPED HOUSE

### 12.2.1 Typologie

Die optimale Typologie eines Gebäudes in Bezug auf seine optimierte Nutzungsflexibilität ist eine in Geschoßen geschichtete und doppelt erschlossene Wohnfläche. Sie ermöglicht alle Varianten einer mehrfachen Nutzung. Wir benutzen eine zusätzliche „äußere Erschließung", in Form eines umlaufenden

Laubenganges, der auch zum Träger für Nutzflächen im Außenraum wird, und die bestehende innere Stiege, die die Schaltbarkeit der Kernzonen gewährleistet.

So wird es durch die Doppelerschließung theoretisch möglich, die innere Erschließung im Fall mehrgeschoßiger Wohneinheiten als wohnungsinterne Treppe zu nutzen und die primäre, externe Erschließung der Wohneinheiten über zusätzliche Außentreppen zu führen. Es ist damit auch denkbar, eine Wohneinheit aus Flächen im Erdgeschoß und im Dachgeschoß zu bilden, deren weit auseinander liegende Ebenen wieder über die innere Stiege wohnungsintern verbunden sind.

Auf diese Weise lassen sich die Ebenen, aber auch Teile von Ebenen fast beliebig zu Wohneinheiten verschiedener Art und Qualität kombinieren.

Es ergeben sich zusätzlich zum bestehenden Kern die „smart zone" und die „smart skin".

### 12.2.2 smart zone

Die Typologie der gestapelten Wohnflächen mit Doppelerschließung erfährt ihre Umsetzung in Form eines Laubenganges, der auch zur Nutzfläche wird – zu einer Art „smart Zone", die verschiedenste gestalterische, aber vor allem auch verschiedene funktionelle Mehrwerte erzeugen kann: Freibereiche für alle Geschoße, Verweilzonen, direkter Zugang in allen Geschoßen zu einem individuellen Außenbereich, Beschattung, Sichtschutz, Kühlung etc.

Die Belichtung und Besonnung optimierend ist die „smart zone" durch Lichtöffnungen strukturiert, um konkrete Räume von jeweils darunterliegenden Wohnungen hinsichtlich der Belichtung nicht zu beeinträchtigen. Da in der Entwicklung der Vision ein Höchstmaß an Flexibilität als Ziel formuliert wurde, kann theoretisch als konsequente Maßnahme durch das Wegnehmen der Fensterparapete die externe Erschließbarkeit aller Zimmer des Gebäudes angeführt werden.

### 12.2.3 smart skin

Die „smart skin" ist der emotionale Imageträger der neuen Baumaßnahme. In ihr spiegelt sich die visionäre Idee einer Verbesserung des städtischen Lebensraumes durch die Initiative einzelner privater Bauherren wider, die in ihrer Eigenverantwortung einen Teil zur Verbesserung der Lebensqualität in der Stadt propagieren. In Kombination mit der Neugestaltung des Gartens wird die neue „grüne Hülle" zur tragenden Idee des Gesamtentwurfes. Pflanzen, die direkt in der Erde wurzeln, Pflanzen, die in Trögen oder Töpfen erst im 1. oder 2. Obergeschoß die Rankgerüste der „smart skin" kolonialisieren, ergeben ein nicht nur geplantes, sondern von der Natur designtes Erscheinungsbild eines Gebäudes, das in Graz bis dato nicht existiert. Architekt ist die Natur. Dass die Optimierung der Durchblicke und Belichtungssituationen individuell auf die dahinterliegenden Aufenthaltsflächen der Smart zone und die Räume der Wohnungen angepasst wird, ist selbstverständlich.

## 12.3 ENTWURF HAUS PFISTER [6]

Die „grüne Hülle" ist emotionaler Imageträger neuer Baumaßnahmen in Graz. In ihnen spiegelt sich die Idee einer Verbesserung des städtischen Lebensraumes durch die Initiative der Bürger wider, die in Eigenverantwortung einen Beitrag zur Verbesserung der Lebensqualität in der Stadt propagieren. Die „grüne Hülle" im Projekt „Green Wrapped House" (Haus Pfister) wird zur tragenden Idee eines Gesamtentwurfes von Hofrichter-Ritter: ein nicht nur geplantes, sondern von der Natur designtes Erscheinungsbild von Gebäuden.

Dieses Konzept läßt sich mutatis-mutandis auf viele Grazer Häuser übertragen. So wird aus einem „Green Wrapped House" Green Graz.

## 12.4 CITY IMAGE BUILDING

Bei „Green Graz" denken wir an eine ökonomisch florierende Stadt, die für Bürger, Gäste und Investoren gleichermaßen attraktiv ist.

Beim Projekt "Green Graz" geht es daher um mehr: Es geht um das Gelingen eines Generationenprojektes, das für die künftige Stellung von Graz in Europa von herausragender Bedeutung sein könnte. Wir sollten klug die Weichen in die richtige Richtung stellen.

## 12.5 QUELLEN

[1] http://bilder.4ever.eu/natur/grune-blatter-auf-dem-ast-149807

[2] http://bilder.4ever.eu/abstrakt/gruner-hintergrund-172279

[3] T. Tscharntke, http://commons.wikimedia.org/wiki/File:Little_green_leaves.jpg

[4] I. Grabovitch, http://commons.wikimedia.org/wiki/File:Plant_leaves_green_wall.jpg

[5] Marion Schneider & Christoph Aistleitner,
http://commons.wikimedia.org/wiki/File:Graz_Schlossberg_Aussicht_20061216b.jpg

[6] Entwurf „Green Wrapped House" (Haus Pfister): HOFRICHTER-RITTER Architekten, Färbergasse 6, 8010 Graz, www.hofrichter-ritter.at

[7] http://commons.wikimedia.org/wiki/File:Bright_Lights,_Green_City.jpg

[8] http://bilder.4ever.eu/abstrakt/unbekanntes-grunes-objekt-156351

# 13. Abbau von luftgetragenen Schadstoffen an photokatalytisch aktiven Oberflächen sowie der Einfluss auf die Minderung der Bildung von sekundärem Feinstaub

*Gerald Burgeth (STO AG)*

## 13.1 KURZBESCHREIBUNG

StoPhotosan NOX ist eine photokatalytisch aktive Fassaden- und Oberflächenschutzfarbe, die atmosphärische Luftschadstoffe wie Stickoxide, Schwefeloxide, Ozon und flüchtige organische Verbindungen abbaut. Da diese Schadstoffe als Vorläufersubstanzen für die Bildung von sekundären anorganischen und organischen Feinstäuben verantwortlich sind, hat deren Abbau zwangsläufig einen positiven Effekt auf den Partikelgehalt in der Atmosphäre. Dieser Zusammenhang wurde experimentell untersucht und bewiesen.

Bisher einzigartig ist der Einsatz eines Photokatalysators, der zusätzlich zu dem bei herkömmlichen photoaktiven Beschichtungen benötigten UV-Licht auch das sichtbare Lichtspektrum für seine Funktion nutzt und so den luftreinigenden Prozess unabhängig von direkter Sonneneinstrahlung aktiviert. Besonders an stark befahrenen Straßen trägt die Anstrichfarbe an Gebäudefassaden, Verkehrsbauten oder Lärmschutzwänden zur Reduzierung der Schadstoffbelastung bei. Explizit hingewiesen wird auf die neu entwickelte Lärmschutzwand LARIX NOxBOX, die die mechanische Bindung von Feinstäuben mit dem photokatalytischen Abbau von Schadgasen an StoPhotosan NOX-Oberflächen kombiniert. Die Leistungsfähigkeit wurde in Feldversuchen bewiesen und quantifiziert.

## 13.2 PROBLEMSTELLUNG

In den letzten Jahrzehnten wurden in Europa – teilweise recht erfolgreich – große Anstrengungen unternommen, die direkten Emissionen von luftgetragenen Schadstoffen wie Feinstaubpartikeln, Stickoxiden oder VOCs zu verringern. Trotzdem ist es mancherorts schwierig, die vorgeschriebenen Grenzwerte einzuhalten. Abhilfe sollen relativ kostspielige Maßnahmen schaffen, die hauptsächlich auf aufwendigen Filtertechniken oder Immobilisierung bzw. Bindung von Feinstäuben beruhen. Die Wirksamkeit solcher Methoden ist umstritten. Photokatalytisch aktive Oberflächen stellen nun einen neuen Ansatz als Beitrag zur Bekämpfung der Feinstaubproblematik dar: StoPhotosan NOX baut mit hoher Effizienz die Vorläufersubstanzen sekundärer anorganischer und organischer Aerosole ab, wodurch weniger sekundärer Feinstaub gebildet wird. Die sekundären Aerosole machen häufig mehr als die Hälfte des Gesamtfeinstaubs aus.

## 13.3 LÖSUNGSANSATZ

### 13.3.1 Wirkprinzip

Die Fassaden- und Oberflächenschutzfarbe StoPhotosan NOX enthält ein mikroskaliges kohlenstoffdotiertes Titandioxid als Photokatalysator, das sowohl im UV-Bereich als auch mit sichtbarem Licht eine erhebliche photokatalytische Aktivität aufweist. Durch die (Sonnen-) Lichteinwirkung wird Luftsauerstoff am Photokatalysator aktiviert. Es werden intermediär OH-Radikale gebildet, die aufgrund ihres hohen Oxidationspotentials in der Lage sind, viele Schadstoffe abzubauen.

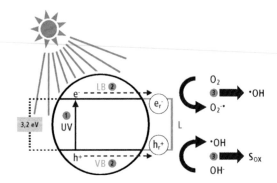

*Abbildung 31:    Wirkprinzip der Fassaden- und Oberflächenschutzfarbe StoPhotosan NOX*
*(Quelle: Einreichunterlagen)*

- Durch Absorption von Licht geeigneter Wellenlänge wird ein Elektron (e⁻) vom Valenzband (VB) in das sogenannte Leitungsband (LB) angehoben. Im Valenzband entsteht eine Art „Loch" (h⁺).

- Die dadurch erzeugten Ladungen (Elektron e⁻/ Loch h⁺ – Paar) werden an reaktiven Oberflächenzentren eingefangen (e$_r^-$, h$_r^+$).

- Es kommt zum interfacialen Elektronentransfer:
  An der negativen Stelle wird ein Elektron abgegeben, was im Regelfall zu einer Reduktion des Sauerstoffes ($O_2$) führt. Über Zwischenreaktionen werden dann hoch oxidative radikalische Sauerstoff-Spezies (OH) gebildet.
  An der positiven Stelle (Loch) kann Wasser oder OH⁻ oxidiert werden. Es werden ebenfalls OH-Radikale gebildet, die dann organische Substanzen zu $CO_2$ mineralisieren können.

OH-Radikale werden auch als "Waschmittel der Atmosphäre" bezeichnet. So werden Stickoxide und Ammoniak in unbedenkliches Nitrat, die Schwefeloxide in Sulfate und die VOCs in $CO_2$ und Wasser umgewandelt; Ozon zerfällt zu Sauerstoff. Der gesamte Vorgang des Schadstoffabbaus an einer photokatalytisch aktiven Beschichtung ist exemplarisch für Stickoxide schematisch in folgender Abbildung dargestellt.

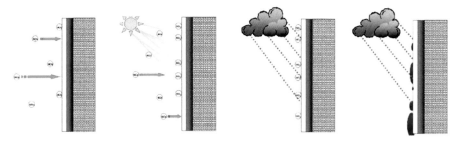

*Abbildung 32:    Vorgang des Schadstoffabbaus am Beispiel NOx (Quelle: Einreichunterlagen)*

1. Die Stickoxide werden an der photokatalytisch aktiven Oberfläche angelagert.

2. Unter Lichteinwirkung werden die Stickoxide zu Nitrat (NO$_3^-$) oxidiert.

3. Das leicht lösliche Nitrat wird mit dem Regen von der Fassade abgewaschen.

4. Der Katalysezyklus und Reinigungsvorgang wiederholen sich kontinuierlich.

Die Lärmschutzwand LARIX NOxBOX soll an dieser Stelle nur kurz beschrieben werden. Sie besteht aus drei Funktionsebenen. In der vorderen sichtbaren Ebene („NOx-Ebene") erfolgt der photokatalytische Abbau von Schadstoffen an mit StoPhotosan NOX-beschichteten, porösen Lavasteinen. Die zweite Ebene, die „PM$_{10}$-Ebene" mit synthetischen Filtermatten, dient der Abscheidung von Feinstaubpartikeln sowie die dritte Ebene mit Holzwerkstoffen der Schallabsorption dient. Das Besondere dieser Lärmschutzwand ist, dass sie luftdurchlässig und durchströmbar ist. Die verschmutze Luft wird nicht nur an die Oberfläche angetragen, sondern durchdringt die Barriere. Dies hat zur Folge, dass einerseits die gasförmigen Schadstoffe bestens an der Oberfläche und dem „Inneren" der photokatalytischen Beschichtung abgebaut werden können und andererseits die partikulären Bestandteile von den Filtermedien aufgenommen werden. Daraus resultiert ein äußerst wirkungsvoller Reinigungseffekt. Es wird auf den Wettbewerbsbeitrag der Fa. Brüner verwiesen.

### 13.3.2 Kapazität

In Zusammenhang mit photoaktiven Produkten zur Reduzierung von Schadgasen in der Atmosphäre werden in der Literatur utopisch hohe Abbauraten beschrieben, die in der Realität niemals erreicht werden. Dabei handelt es sich um Labormesswerte, die unter realitätsfernen Bedingungen wie z.B. einer viel zu hohen Schadstoffkonzentration bestimmt wurden. So weist auch die StoPhotosan NOX in diesen Labortests Abbauraten für Stickoxide von 30 mg/(m²*h) und mehr auf. Diese Ergebnisse können und dürfen nicht ohne weiteres in reale Systeme und Umweltbedingungen übertragen werden.

Es wäre äußerst aufwendig und extrem teuer, einen großangelegten eindeutigen und quantifizierbaren Nachweis des Einflusses der photokatalytischen Aktivität unter realen Umweltbedingungen auf die Schadstoff-Immissionssituation zu führen. In Kooperation mit der Landesanstalt für Umwelt, Messungen und Naturschutz Baden-Württemberg (LUBW), dem Umweltministerium BW, der Bergischen Universität Wuppertal und dem Ingenieurbüro Lohmeyer wurden daher aus den Ergebnissen von Labor- und Feldversuchen zunächst die für Ausbreitungsrechnungen zentralen Parameter der *photokatalytischen Depositionsgeschwindigkeiten* für Stickstoffmonoxid und Stickstoffdioxid sowie für Ozon und einige relevante VOC evaluiert. Dabei hat sich gezeigt, dass unter realitätsnahen Bedingungen die photokatalytische Aktivität von StoPhotosan NOX so hoch ist, dass nicht der photokatalytische Abbau der Schadstoffe selbst geschwindigkeitsbestimmend ist, sondern die größerskaligen Transportprozesse wie Konvektion und Diffusion eine entscheidende Bedeutung haben. Bevor der Schadstoff abgebaut werden kann, muss er zunächst an die photoaktive Oberfläche transportiert werden.

Die Ausbreitungsrechnungen wurden anschließend für ein 900 m x 900 m großes Planquadrat um das Neckartor in Stuttgart, Süddeutschland, in dem StoPhotosan NOX hypothetisch großflächig appliziert wurde, durchgeführt. Es wurde für Stickstoffdioxid eine Jahresdurchschnitts-Abbaurate von 658 µg/(m²*h) berechnet. Dies bedeutet, dass in einem Kalenderjahr ca. 6,71 kg Stickoxide pro Quadratmeter StoPhotosan NOX-beschichteter Oberfläche abgebaut werden. In Anbetracht der Tatsache, dass SO$_x$ und NH$_3$ sogar noch besser als NO$_2$ an StoPhotosan NOX abgebaut werden und sekundäre anorganische Aersole hauptsächlich aus Ammoniumnitraten und -sulfaten bestehen, kann gefolgert werden, dass theoretisch bis zu 19,25 kg des sekundären Feinstaubs pro Jahr und Quadratmeter gar nicht gebildet werden. Die Leistungsfähigkeit des Lärmschutzelements LARIX NOxBOX wurde in einem Feldversuch getestet. Dabei wurde an einer stark befahrenen Straße die Konzentration an PM$_{10}$ und Stickoxiden in der Luft jeweils vor und nach dem Durchtritt durch die Lärmschutzbarriere gemessen. So kam es im Durchschnitt zu einer Reduzierung der Stickoxide um 35 % und des PM$_{10}$ um 54 %.

### 13.3.3 Methodik

Dass Schadstoffe an photokatalytischen Oberflächen abgebaut werden, ist hinlänglich bekannt und bewiesen. Auch die Quantifizierung des Abbaus in Labortests wie beispielswiese der ISO 22197-1 ist seit langem Standard. Weitaus schwieriger gestalten sich jedoch die Quantifizierung unter realen Umweltbedingungen sowie der Transfer dieser Ergebnisse auf die Immissionssituation realer Stadtquartiere. Wie oben beschrieben, konnten aus vielen Labor- und Feldversuchen die wichtigen Parameter der photokatalytischen Depositionsgeschwindigkeit respektive des photokatalytischen Widerstands für relevante Schadstoffe, insbesondere NOx, Ozon und einige VOCs, evaluiert werden. Die Grundlagen dieser Evaluierung sind z.B. in folgenden Untersuchungsberichten und Veröffentlichungen wiederzufinden:

**LUBW (2006):**
Überprüfung der photokatalytischen Wirksamkeit von speziellen Wandfarben der STO AG zur Reduktion von Stickoxiden, Hrsg.: Landesanstalt für Umwelt, Messungen und Naturschutz Baden-Württemberg. LUBW-Berichtsnr. 143-06/06.

**LUBW (2007):**
Überprüfung der photokatalytischen Wirksamkeit von speziellen Dispersionsfarben der STO AG zur Reduktion von Stickoxiden (Feldversuch), LUBW-Berichtsnr. 143-05/07 mit Ergänzungsbericht 143-06/08.

**LUBW (2007):**
Überprüfung der photokatalytischen Wirksamkeit von speziellen Dispersionsfarben der STO AG zur Reduktion von Ozon (Feldversuch), LUBW-Berichtsnr. 143-08.2.

Die Leistungsfähigkeit der StoPhotosan NOX und ihre Auswirkungen auf die Atmosphärenchemie und Lufthygiene wurden u.a. beschrieben in:

**Laufs et al. (2010):**
Conversion of nitrogen oxides on commercial photocatalytic dispersion paints. Atmospheric Environment, Vol. 44, Issue 19, p. 2341 – 2349.

**Kleffmann et al. (2010):**
Untersuchung des Abbauverhaltens atmosphärischer Spurenstoffe insbesondere leichtflüchtiger organischer Verbindungen (VOCs), durch $TiO_2$-dotierte Gebäudefarben (Photosan), Physikalische Chemie/FBC, Bergische Universität Wuppertal, 2010.

**Kleffmann et al. (2012):**
Einfluss von $TiO_2$-dotierten Gebäudefarben auf die Bildung von sekundären organischen Aerosolen (Feinstaub), Physikalische Chemie/FBC, Bergische Universität Wuppertal, 2012.

Ausbreitungsrechnungen und -modellierungen unter Verwendung der evaluierten photokatalytischen Depositionsgeschwindigkeiten wurden u.a. veröffentlicht im Tagungsband des Kolloquiums „Luftqualität an Straßen 2011" der Bundesanstalt für Straßenwesen in Bergisch Gladbach:

**Flassak et al. (2011):**
Numerische Modellierung des photokatalytischen Stickoxidabbaus durch $TiO_2$-dotierte Gebäudefarben, Kolloquium Luftqualität an Straßen 2011, Tagungsbeiträge vom 30. und 31. März 2011, Bergisch Gladbach, Hrsg: Bundesanstalt für Straßenwesen.

## 13.4 KOSTENEFFIZIENZ

Die Fassaden- und Oberflächenschutzfarbe StoPhotosan NOX wird allen Anforderungen an eine hochwertige Bautenbeschichtung gerecht und kann an allen Gebäuden oder Verkehrsbauten eingesetzt werden, was ein nahezu unbegrenzt großes und technisch unkritisches Flächenpotential eröffnet. Auch preislich unterscheidet sie sich nicht wesentlich von anderen qualitativ hochwertigen Bautenanstrichstoffen, verfügt diesen gegenüber jedoch über einen erheblichen Mehrwert: die photokatalytischen Eigenschaften. Da Gebäudefassaden, Betonbauwerke und Schallschutzwände stets in regelmäßigen Zeitabständen gestrichen werden müssen, liegt der wirtschaftliche Vorteil des Anwenders in exakt diesem funktionalen Plus, in der zusätzlichen Fähigkeit, Luftschadstoffe abzubauen. Die Mehrkosten gegenüber einem herkömmlichen, qualitativ adäquaten Schutzanstrich ohne photokatalytische Zusatzfunktion betragen ca. 5 bis 10 %, was ungefähr 50 Cent pro Quadratmeter beschichteter Fläche ausmacht. Wie oben beschrieben werden im

Jahresmittel ca. 6,71 kg NOx pro m$^2$ abgebaut. Bei einem angenommenen Renovierungs- bzw. Überarbeitungsintervall von zehn Jahren ergeben sich daraus Mehrkosten von 0,75 Cent pro kg NOx:

**(50 Cent / 6,71 kg) / 10 Jahre**

Aufgrund langjähriger Erfahrungen auf dem Gebiet der Photokatalyse kann gewährleistet werden, dass die Lebensdauer der StoPhotosan NOX der einer herkömmlichen, inaktiven Fassadenbeschichtung entspricht. Über die Langzeitstabilität der Beschichtung kann gesagt werden, dass es im Laufe der Zeit zu keiner Aktivitätsminderung kommt. Im Gegenteil, es wurde festgestellt, dass die photokatalytische Aktivität durch die Witterungseinflüsse zunimmt.

## 13.5 ENERGIEEFFIZIENZ

Der photokatalytische Effekt arbeitet unter Ausnutzung der kostenlosen Sonnenenergie ohne jegliche technische Regelung und damit wartungs- und unterhaltsfrei. Aufgrund der Verwendung des bereits mit sichtbarem Licht aktiven Photokatalysators ist StoPhotosan NOX im Gegensatz zu anderen photoaktiven Produkten, die auf UV-Licht angewiesen sind, in der Lage, Schadstoffe schon bei niedrigen Lichtintensitäten (Dämmerung, starke Bewölkung, beschattete Flächen ohne direkte Sonneneinstrahlung) abzubauen.

## 13.6 ÖKOLOGISCHE UNBEDENKLICHKEIT UND SICHERHEIT

Lufthygienische und atmosphären-chemische Untersuchungen wurden vom Physikalischen Institut der Universität Wuppertal im Auftrag des Umweltministeriums Baden-Württemberg durchgeführt. Die Ergebnisse zeigen, dass beim photokatalytischen Abbau von Stickoxiden an StoPhotosan NOX keine kritischen Zwischenprodukte wie beispielsweise die Salpetrige Säure entstehen. Alle Stickoxide werden zu Nitrat als Endprodukt abgebaut. Die Bildung von Nitrat ist prinzipiell nicht unkritisch, da dies zur Ansäuerung und Eutrophierung von Gewässern führen kann. Da allerdings auch die Stickoxide in der Atmosphäre über Reaktionen mit OH-Radikalen oder Ozon auf natürliche Weise nahezu vollständig zu Nitrat abgebaut werden, ist eine zusätzliche Nitrat-Belastung durch den Einsatz photokatalytischer Bautenanstriche auszuschließen. Die Nitrat-Bildung findet hier jedoch gezielt an den Bauwerksoberflächen statt, so dass beim Abwaschen der Bauwerksoberflächen durch Regenwasser das photokatalytisch gebildete Nitrat über die Abwasserkanäle meist in Kläranlagen gelangt und somit in einem, für den Menschen handhabbaren System verbleibt. Weiterhin sind die zu erwartenden Nitratmengen an den Bauwerksoberflächen und damit die Einträge ins Abwassersystem gering im Verhältnis zu anderen anthropogenen Nitratbelastungen (Dünger, Haushaltsabwässer etc.).

So kann z. B. in einer Stadt bei einer (sehr hoch) angenommenen mittleren NOx-Konzentration von 100 µg/m³ in der Luft und einer Gebäudeoberfläche von 18 m$^2$ photoaktiver Beschichtung pro Einwohner ein täglicher Nitrateintrag pro Person von 0,1 g Stickstoff/Tag abgeschätzt werden. Dies ist im Vergleich zur typischen anthropogenen Nitratbelastung von 10-12 g Stickstoff/Tag vernachlässigbar gering.

Beim Abbauverhalten leicht-flüchtiger organischer Verbindungen (VOC) an StoPhotosan NOX wurde die schnelle und sehr hohe quantitative Oxidation dieser Stoffe zu Kohlendioxid beobachtet. Diese Umwandlung verläuft wesentlich schneller, vollständiger und mit weniger schädlichen Zwischenprodukten als der natürliche Abbau dieser Verbindungen in der Atmosphäre. Die Reduzierung der VOC führt weiterhin direkt zu einer Abnahme der Ozonbildung (Sommersmog), da die Ozonbildung in Stadtgebieten primär durch die VOC verursacht wird. Die Photokatalyse wird oftmals mit der Nanotechnologie gleichgesetzt. Diese Pauschalisierung ist nicht korrekt. In der Fassaden- und Oberflächenschutzfarbe StoPhotosan NOX findet ein Photokatalysator Einsatz, dessen Partikelgröße sich im Mikrometer-Bereich bewegt.

# 14. Innovativer Luftfilter schafft saubere Luft in geschlossenen Verkehrsräumen

*Elke Deux (FILTRONtec GmbH )*

## 14.1 KURZBESCHREIBUNG

Zur Verringerung der Feinstaubbelastung im Grazer Becken schlägt FILTRONtec einen Luftfilter vor, der insbesondere die Partikelkonzentration in geschlossenen Verkehrsräumen nachhaltig reduzieren kann. Mögliche Einsatzbereiche sind Straßentunnel oder Tiefgaragen und Parkhäuser. Der Filter zeichnet sich durch sehr hohe Abscheideraten für Feinstaubpartikel, geringe Betriebs- und Investitionskosten sowie eine absolute ökologische Unbedenklichkeit und Sicherheit aus. Weltweit wurden schon Filter in Straßentunnel eingebaut, wodurch die Luftqualität spürbar verbessert wurde. Durch die Entfernung großer Anteile von Feinstaub verringert sich auch die Belastung der freien Atmosphäre.

## 14.2 PROBLEMSTELLUNG

Graz ist die Landeshauptstadt der Steiermark und zweitgrößte Stadt Österreichs. Sie liegt im Grazer Becken und ist mit den umgebenden Gemeinden der zweitgrößte Ballungsraum des Landes. Graz liegt an beiden Seiten der Mur und füllt den nördlichen Teil des Grazer Beckens von Westen bis Osten fast vollständig aus. Die Stadt ist an drei Seiten von Bergen umschlossen und somit abgeschirmt gegen die in Mitteleuropa vorherrschenden Westwindwetterlagen. Besonders im Winter führt dies oft zur Inversionswetterlage, die einen Luftaustausch im Grazer Becken verhindert und eine hohe Smog- und Feinstaubbelastung bewirkt [1]. Bestätigt wird dies durch einen Vergleich von Luftqualitätsmessungen aus ganz Österreich. Unter den sechs höchstbelasteten Messstellen des ganzen Landes befinden sich vier Grazer Messstellen [2].

Besonders problematisch ist die Belastung mit Feinstaub, denn laut Untersuchungen der Weltgesundheitsorganisation (WHO) gibt es keine Grenze für die Feinstaubkonzentration, unterhalb derer keine gesundheitsschädigende Wirkung zu erwarten ist [3]. Nicht nur kurzzeitig erhöhte Feinstaubkonzentrationen führen zu negativen gesundheitlichen Auswirkungen, gerade längerfristig vorliegende, geringere Konzentrationen wirken gesundheitsschädigend. Ziel muss es somit sein, die Feinstaubbelastung dauerhaft so gering wie möglich zu halten. Gemessen wird Feinstaub als $PM_{10}$. Damit sind alle lungengängigen Partikel unter 10 µm Größe enthalten. Laut Angaben des österreichischen Umweltbundesamts [4] wird der größte Anteil des Feinstaubs durch Verkehr, Hausbrand und Industrie erzeugt. Der Verkehrsanteil wiederum setzt sich hauptsächlich aus Abgasen von Diesel-Kfz und Aufwirbelungen von Straßenstaub zusammen.

Beim vorliegenden Ideenwettbewerb PEPMAC Awards 2012 werden Lösungen gesucht, die die Umweltsituation in Graz nachhaltig verbessern können. FILTRONtec als führender Hersteller von Filterlösungen für mit Fahrzeugabgasen belastete Luftströme bietet unten beschriebenen Lösungsansatz.

## 14.3 LÖSUNGSANSATZ

### 14.3.1 Einsatzgebiet der vorgeschlagenen Lösung

Die vorgeschlagene Lösung zielt auf eine Verringerung der durch den Straßenverkehr erzeugten Feinstaubemissionen, die ca. 50 % aller Staubemissionen ausmachen. Dabei entfällt ca. die Hälfte der Staubmasse auf die Größenfraktion $PM_{10}$. Als Quellen für die gröberen Fraktionen in $PM_{10}$ kommen überwiegend Abrieb und Staubaufwirbelungen in Frage. $PM_{2,5}$ und $PM_1$ hingegen entstehen hauptsächlich als

Verbrennungsprodukte im Kraftfahrzeugmotor [2]. Um beide Anteile aus der Luft zu entfernen, wird ein nachgeschalteter Filter vorgeschlagen. Dieser kann die Abluft effektiv reinigen. Da die großflächige Reinigung von Luft aus der freien Atmosphäre wirtschaftlich unsinnig ist, wird vorgeschlagen, die Abluft aus ganz oder teilweise geschlossenen Verkehrsräumen von Partikeln zu befreien, bevor diese in die Umgebung ausgeblasen wird.

Als geschlossene Verkehrsräume gelten dabei insbesondere Straßentunnel wie der Plabutschtunnel und Unterführungen sowie Tiefgaragen und Parkhäuser. Bei letzteren sind besonders stark frequentierte Garagen mit vielen Stellplätzen interessant, z.B. die Tiefgaragen Kastner&Öhler, Bahnhof und Annenpassage.

Wie in der freien Umgebung auch, erzeugt der Verkehr in diesen Räumen Feinstaubemissionen, die aufgrund des fehlenden Luftaustauschs stark aufkonzentriert werden. Daher muss die belastete Luft abgeführt werden. Wird die natürliche Lüftung dabei durch maschinelle Einrichtungen unterstützt, kann mit geringem Mehraufwand ein hochwirksamer Luftfilter für die Reduzierung der Feinstaubemission eingebaut werden. Dies hat zwei Effekte. Wird die Luft in diesen Räumen gereinigt, verringert sich die Belastung für die Personen, die sich dort aufhalten. Gleichzeitig werden deutlich weniger Partikel emittiert, wenn die Abluft in die Umgebung abgeleitet wird oder eine Vermischung erfolgt. Dadurch ergibt sich auch außerhalb des geschlossenen Verkehrsraums eine spürbare Entlastung.

### 14.3.2 Beschreibung des Filters

Das Filtersystem der FILTRONtec GmbH besteht im Wesentlichen aus einem speziell angepassten Elektrofilter, der die Feinstaubpartikel ($PM_{10}$, $PM_{2,5}$ und $PM_1$) entfernt. Für die Beseitigung von gasförmigen Schadstoffen kann optional ein Schadgasfilter nachgeschaltet werden. Zum Partikelfilter gehören u.a. der Vorfilter, der Vorionisator, der Ionisator und der Kollektor.

Im Vorfilter werden größere Bestandteile in der Abluft, wie Laub und ähnliches, zurückgehalten. Dadurch werden elektrische Überschläge bzw. Kurzschlüsse im Elektrofilter vermieden.

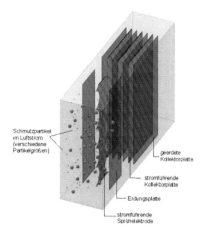

*Abbildung 33:     Aufbau und Funktion eines elektrostatischen Filters (Quelle: Einreichunterlagen)*

Im Elektrofilter werden die Partikel aus dem Luftstrom abgeschieden. Die Partikel durchströmen mit der Luft den Ionisator, in dem sie elektrisch aufgeladen werden, und bleiben an den Platten des sich anschließenden Kollektors haften. Der optional einsetzbare Vorionisator erhöht auf kostengünstige Art und Weise die Wirkung des Elektrofilters bei der Abscheidung der ultrafeinen, besonders gesundheitsschädlichen Partikel ($PM_1$) aus der Abluft. Er bewirkt eine verbesserte elektrostatische Aufladung dieser sehr feinen Partikel, die somit vermehrt am Kollektor abgeschieden werden.

Vorionisator, Ionisator und Kollektor werden mit Mittelspannung von ca. 12 bzw. 6 kV versorgt. Die erforderlichen Anlagenkomponenten werden über einen Niederspannungsschaltschrank mit Strom versorgt. Die vollautomatische Steuerung erfolgt über eine SPS. Eine Überwachung und Steuerung der Filteranlage ist vor Ort am Schaltschrank oder über eine entfernte Betriebszentrale oder Leitwarte möglich.

Der Elektrofilter sowie der Vorionisator sind modular aufgebaut. Entsprechend dem Volumenstrom der zu behandelnden Luft werden mehr oder weniger Filtermodule benötigt. Diese werden neben- und übereinander in einem Gestell senkrecht zur Strömungsrichtung angeordnet. Der modulare Aufbau ermöglicht eine Anpassung der Filter an den Luftvolumenstrom und an beliebige Querschnitte des Luftkanals. Dadurch kann der Luftfilter bei Luftvolumina von 5 m³/s (18.000 m³/h) bis 300 m³/s (1.080.000 m³/h) wirtschaftlich und hocheffizient arbeiten. Für größere Luftvolumenströme können mehrere Filter parallel geschaltet werden.

Ruß- und Staubpartikel, die sich auf dem Kollektor angesammelt haben, werden nach einer gewissen Betriebsdauer (i.d.R. 20 Betriebsstunden) mit Wasser, das mit geringem Druck über Düsen auf den Filter gesprüht wird, entfernt. Die Steuerung des Reinigungsvorgangs erfolgt dabei automatisch über das Steuerungssystem der Filteranlage. Die Filtermodule sind während des Reinigungsvorgangs spannungsfrei. Eine anschließende Vortrocknung der Filtermodule erfolgt mit Druckluft über dieselben Düsen und verkürzt die Wartezeit bis zur erneuten Inbetriebnahme der Filteranlage. Das Waschwasser wird in einer Rinne unterhalb des Filters gesammelt. Es kann für den nächsten Reinigungsvorgang aufbereitet oder in ein vorhandenes Abwassersammelsystem eingeleitet werden.

### 14.3.3 Einbaubeispiele

Der in Subkapitel 14.3.2 beschriebene Abluftfilter kann in Straßentunneln eingesetzt werden, um einerseits die Luft innerhalb des Tunnels oder andererseits die Luft vor Austritt in die Umgebung zu reinigen. Für beide Fälle wurden von FILTRONtec bereits Anlagen installiert. Diese sind inzwischen seit mehreren Jahren erfolgreich in Betrieb. Eine Filteranlage zur Reinigung der Luft innerhalb eines Straßentunnels wurde am M5 East Tunnel in Sydney, Australien (Beschreibung siehe www.rta.nsw.gov.au/roadprojects/projects/ building_sydney_motorways/tunnel_air_quality/m5_east/filtration/plant_equipment.html) installiert, während am M30-Tunnel in Madrid, Spanien drei Anlagen zur Reinigung der abgeführten Tunnelluft vor dem Austritt in die Umgebung gebaut wurden. Alle Anlagen sind auf der Internetseite von FILTRONtec (www.filtrontec.com) näher beschrieben und mit Fotos dokumentiert. Eine Veröffentlichung der Messergebnisse im laufenden Betrieb ist zumindest für die Anlage in Australien geplant. Für die Zeit des Probebetriebs bzw. der Inbetriebnahme liegen FILTRONtec Ergebnisse vor. Diese sind in der unten stehenden Tabelle zusammengefasst und in Abbildung 34 beispielhaft dargestellt, wobei gilt, dass sich die Abscheideraten mit steigendem Partikeldurchmesser erhöhen.

*Tabelle 3: Abscheideraten des Partikelfilters in Abhängigkeit der Partikelgröße (Quelle: Eigene Berechnungen)*

| Partikelgröße | Abscheideleistung |
| --- | --- |
| $PM_1$ | >80 % |
| $PM_{2,5}$ | >85 % |
| $PM_{10}$ | >95 % |

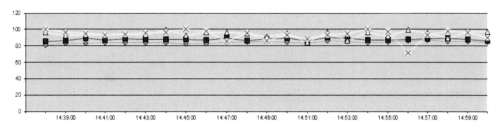

*Abbildung 34:    Abscheideraten für vier verschiedene Partikelgrößen, gemessen an einer Tunnelfilteranlage*
*in Madrid:* ◆ *0,25-0,28 µm,* ■ *0,5-0,58 µm,* Δ *1-1,3 µm,* ✕ *2,5-3 µm*
*(Quelle: Einreichunterlagen)*

Der Einsatz in Tiefgaragen und Parkhäusern ist vergleichbar. Die Anlagen sind jedoch kleiner, da sie geringere Volumenströme behandeln. Das Design für eine derartige Anlage liegt bereits vor und erste Gespräche mit Parkhausbetreibern in Deutschland bezüglich eines Probebetriebs wurden geführt.

Generell gilt, dass die Abluftfilter in das bestehende Lüftungssystem eingebaut werden können. Für die Nachrüstung der Lüftungsanlage eines Parkhauses oder einer Tiefgarage kann der Luftfilter in den Luftkanal eingepasst werden. In einem Tunnel kann der Einbau sowohl im Bypass als auch in der Tunneldecke erfolgen.

## 14.4   KOSTENEFFIZIENZ

Die Investitionskosten für einen Abluftfilter im Straßentunnel betragen weniger als 2 % der gesamten Tunnelbaukosten. Auch die Betriebskosten sind niedrig und machen nur einen kleinen Anteil der gesamten Tunnelbetriebskosten aus. Demgegenüber steht, dass die gesundheitliche Belastung der Anwohner und Tunnelbenutzer sinkt. Dadurch wird die Lebensqualität gesteigert und Folgekosten im Bereich des Gesundheitswesens werden reduziert. Des Weiteren ergeben sich Einsparungen beim Tunnelbau (für Kamine und Abluftschächte), wenn der Filter bereits in der Planungsphase vorgesehen wird. In diesem Fall können auch verringerte Tunnelbetriebskosten erwartet werden, weil die gefilterte Abluft mit geringerer Geschwindigkeit (5 m/s) als bei einem Abluftkamin (15 bis 25 m/s) ausströmen kann.

### 14.4.1  Kosten je kg Feinstaubreduktion

Die Anwendungsmöglichkeiten des vorgestellten Luftfilters sind derart vielgestaltig und abhängig von den Einsatzbedingungen, dass eine generelle Aussage zu diesem Punkt nicht getroffen werden kann. Um einen Eindruck von den Möglichkeiten zu erhalten, sollen als Beispiel die zu erwartenden Kosten für einen Luftfilter in einem Tunnel aufgezeigt werden.

Ein wesentliches Kriterium für die Auslegung der Größe der Luftfilteranlage ist der Volumenstrom der zu reinigenden Tunnelabluft. Er liegt bei einem Tunnel mit zwei getrennten Fahrröhren mit je zwei Fahrspuren im Normalfall zwischen 150 und 250 m³/s. Abhängig von der zu erwartenden Feinstaubkonzentration (i.d.R. zwischen 500 und 1.000 µg/m³) ergibt sich ein Anfall von Feinstaub (PM$_{10}$) von 17 bis 35 kg pro Tag. Davon werden über 95 % durch den Filter von FILTRONtec abgeschieden.

Ausgehend von diesen Bedingungen ergibt sich eine mögliche Reduzierung der Feinstaubbelastung um ca. 9800 kg/a. Nimmt man an, dass die Lebensdauer der Filteranlagen bei 30 Jahren liegt, und berechnet man für diesen Zeitraum die Investitions- und Betriebskosten, ergeben sich Kosten in Höhe von ca. € 11 für die Abscheidung von jeweils 1 kg Feinstaub. In der Investitionskostenschätzung ist bereits eine einfache Aufbereitungsanlage für das Waschwasser des Filters enthalten.

## 14.5    ENERGIEEFFIZIENZ

### 14.5.1  Energieaufwand je kg Feinstaubreduktion

Ausgehend von den oben getroffenen Annahmen (siehe Subkapitel 14.4.1), ergibt sich für eine Luftfilteranlage mittlerer Größe mit einer mittleren Feinstaubbelastung ein Energieaufwand von ca. 3 kWh/kg Feinstaub. Dieser Energieaufwand beinhaltet lediglich die Energie, die für den laufenden Betrieb der Filteranlage benötigt wird. Der Aufwand für die Errichtung der Anlage oder ihre Herstellung ist nicht berücksichtigt.

## 14.6    ÖKOLOGISCHE UNBEDENKLICHKEIT UND SICHERHEIT

Der Betrieb der Filteranlage birgt keinerlei Gefahren für Umwelt oder Personen. Es werden keine giftigen oder gefährlichen Stoffe emittiert. Die für den Betrieb des Elektrofilters benötigte Mittelspannungsversorgung stellt eine mögliche Gefahrenquelle dar. Sie und der Filter sind daher durch verschiedene Sicherheitsmaßnahmen geschützt. Die gesamte Anlage ist mit Türkontaktschaltern gesichert. Wird eine Tür geöffnet, schaltet sich die Mittelspannung ab. Gegen unbefugtes Betreten sind weiterhin Absperrgitter vor und nach dem Filter errichtet.

Im Betrieb werden außer normalem Leitungswasser zur Filterreinigung keine weiteren Stoffe eingesetzt. Der einzige Reststoff, der während des Betriebs anfällt, ist das mit Staub beladene Waschwasser bzw. ein konzentrierterer Schlamm nach erfolgter Wasserbehandlung. Sowohl das Waschwasser als auch der Schlamm enthalten keinerlei giftige oder gefährliche Stoffe und können daher als genereller Abfall entsorgt werden. Im Gegenteil, es liegt die gleiche Zusammensetzung vor, die auch in von Straßen ablaufendem Regenwasser gefunden wird. Diese Unbedenklichkeit wurde durch Laboruntersuchungen in Madrid und Sydney bereits bestätigt.

Von der Anlage geht kein Lärm aus. Lediglich die vereinzelt stattfindenden Überschläge im Filter führen zur Geräuschentwicklung. Die für die Ventilatoren benötigten Schalldämpfungsmaßnahmen sind jedoch ausreichend, um auch diese Geräusche unter alle gesetzlich vorgeschriebenen Werte zu senken.

## 14.7    LITERATUR

[1] Wikipedia – Graz: http://de.wikipedia.org/wiki/Graz (Abfrage am 04.10.2012).

[2] Prettenthaler, F.; Habsburg-Lothringen, C.; Richter, V. (2010): Feinstaub Graz, Diskussionsgrundlage zu Kosten und Wirksamkeit der Umweltzone Graz; POLICIES Research Report Nr. 105-2010; Joanneum Research Forschungsgesellschaft mbH; August 2010.

[3] World Health Organization (2004): Health aspects of air pollution; Results from the WHO project "Systematic review of health aspects of air pollution in Europe"; June 2004, S. 8.

[4] Umweltbundesamt (2012) – PM10: http://www.umweltbundesamt.at/pm10 (Abfrage am 05.10.2012).

# 15. noise & dust Blocker – der Lärm- und Feinstaubschild

*Valentina Graf*

## 15.1 KURZBESCHREIBUNG

Zwei Probleme belasten viele Menschen unserer Gesellschaft sehr:

- Feinstaub
- Lärm

Und beide Problembereiche haben verblüffende Gemeinsamkeiten:

- Sie breiten sich über große Gebiete aus.
- Sie sind für die Betroffenen nicht sichtbar.
- Sie können die Gesundheit schädigen.
- Sie kommen von drei wesentlichen Quellen:
  Industrie, Verkehr, Haushalte.

Ziel unserer Ideensuche ist die Kreation einer einfachen und kostengünstig realisierbaren technischen Lösung zum raschen und wirksamen Schutz von lärm- und feinstaubbelasteten Menschen.

Den Großteil des Tages, nämlich etwa 18 bis 22 Stunden, erleben wir in geschlossenen Räumen. Und wir wollen und müssen diese Räume teils aus gesundheitlichen Gründen lüften – dabei können gesundheitsschädlicher Feinstaub und störender Lärm von draußen durch die geöffneten Fenster auf uns eindringen. Ideal wäre also eine Konstruktion, die Frischluft in unsere Wohnräume hereinlässt und gleichzeitig Lärm und Feinstaub abblockt!

Und genau damit beschäftigt sich unsere im Rahmen des vorliegenden Wettbewerbs für alle unter Lärm und Feinstaub leidenden Menschen entwickelte Idee:

Der Lärm- und Feinstaubschild „noise & dust Blocker", eine Fenster-Vorsatzschale mit folgenden Eigenschaften:

- Versorgung von Wohnräumen mit gesunder Frischluft.
- Hoch effektive Filterung von Feinstaub aus der Raumluft.
- Sehr hoher Lärmschutz bei geöffnetem Fenster.
- Außergewöhnlich hohe Energieeffizienz der Technologie.

Die beiden wesentlichen Funktionen werden durch folgende Technologien bewerkstelligt:

- Filterung von Feinstaub mittels eines elektrostatischen Feldes.
- Lärmschutz mittels eines hoch absorbierenden Schalldämpfers.

Die Fenster-Vorsatzschale ist mit geringem Aufwand ohne große bauliche Veränderungen zu montieren und verursacht verglichen mit der Effektivität der Feinstaubfilterung sehr geringe Investitions- und laufende Kosten.

## 15.2 PROBLEMSTELLUNG

Feinstaub ist ein wesentliches Problem für viele Menschen unserer Gesellschaft. Insbesondere in der Umgebung von Industriegebieten und stark befahrenen Verkehrswegen können die Feinstaubkonzentrationen gesundheitsschädliche Ausmaße annehmen. In Ballungszentren werden die höchsten Feinstaubbelastungen festgestellt:

**PM10: Anzahl der Tage mit Tagesmittelwerten über 50 µg/m³, 2003**

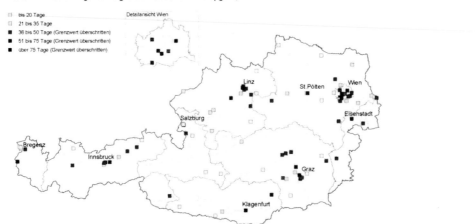

*Abbildung 35:    Feinstaubbelastung in Österreich (Quelle: Umweltbundesamt)*

Die wesentlichen Feinstaubquellen sind: Industrie, Verkehr, Haushalte. Ein weiteres wesentliches Problem belastet uns: Lärm! Eine im Jahr 2007 von der Statistik Austria durchgeführte Studie zeigt, dass sich etwa 39 % der österreichischen Bevölkerung von Lärm belastet fühlt – Tendenz steigend! Und wieder sind es naturgemäß die Ballungszentren, die die höchste Lärmbelastung ausweisen:

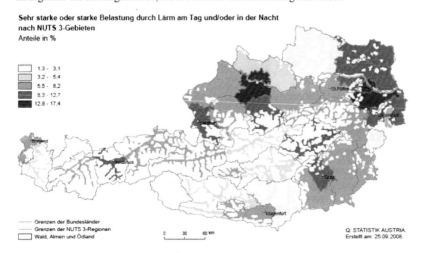

*Abbildung 36:    Lärmbelastung in Österreich (Quelle: Statistik Austria)*

Die wesentlichen Lärmquellen sind: Industrie, Verkehr, Haushalte. Sehen wir in die Zukunft, so könnten sich die Feinstaubemissionen infolge der technischen Entwicklung der Feinstaubquellen verringern:

- optimierte Reinigungssysteme von Industrieanlagen
- sukzessiver Umstieg auf Elektrofahrzeuge im Straßenverkehr
- feinstaubreduzierte Heiztechnologien in privaten Haushalten

Auch die Lärmgrenzwerte für Industrie und Verkehr werden sich zunehmend verschärfen und die Zukunftstechnologien somit schrittweise leiser werden. Mit der Entwicklung immer besserer Industrieschalldämpfer und dem sukzessiven Umstieg auf Elektrofahrzeuge kann also in den nächsten

20 Jahren in Österreich neben dem Rückgang der Feinstaubbelastung auch mit einer Entlastung der Lärmsituation gerechnet werden.

**Staub- und Lärmschutz**

Doch wollen wir solange warten? Wäre es nicht an der Zeit, den betroffenen Menschen eine Technologie zu bieten, mit der sie sich direkt und sofort vor Feinstaub und auch vor Lärm schützen können? So eine Art Schutzschild vor dem umgebenden Feinstaub und dem auf die Menschen eindringenden Lärm ...

Etwa 18 bis 22 Stunden, also den Großteil des Tages, verbringen wir in geschlossenen Räumen. Und wir wollen diese Räume natürlich lüften. Dabei dringen gesundheitsschädlicher Feinstaub und störender Lärm von draußen in unsere Wohnräume ein. Würden wir es schaffen, den Feinstaub und den Umgebungslärm etwa 18 bis 22 Stunden täglich von uns fernzuhalten, dann hätten wir eine deutliche Entlastung unseres Körpers erreicht. Dies könnten wir durch einen Lärm- und Feinstaubschild zwischen der Außenluft und unseren Wohnräumen erreichen.

## 15.3 LÖSUNGSANSATZ

Da die beiden wichtigen gesundheitlichen Belastungsfaktoren Feinstaub und Lärm ähnliche Quellen aufweisen, und diese Quellen darüber hinaus an bestimmten Orten, nämlich in Ballungsräumen, ihre maximale Quellendichte aufweisen, erscheint es als technisch sinnhaft und gedanklich sehr reizvoll, mit einer einzigen technischen Maßnahme die negativen Auswirkungen beider Problembereiche gleichzeitig zu reduzieren. Aufgrund der langen Aufenthaltszeit in geschlossenen Räumen wollen wir also Lösungen finden, die das Lüften der Räume betrifft. Üblicherweise dringen ja durch das zum Lüften geöffnete oder gekippte Fenster sowohl Lärm als auch Feinstaub in die Wohnung:

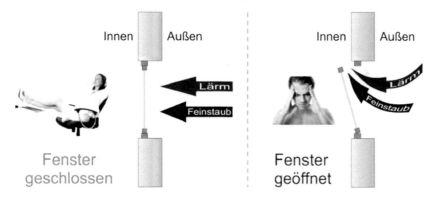

*Abbildung 37:    Ungesundes Lüften (Quelle: Einreichunterlagen)*

Da das Lüften eine für die Gesundheit und den Wohnkomfort notwendige Maßnahme ist, und mit jedem Lüftungsvorgang auch Feinstaub und Lärm in die Wohnung dringt, sollte ein Lösungsansatz entwickelt werden, durch den ein Lüften ohne Feinstaub- und Lärmbelastung der Bewohner möglich wird. Die technische Lösung sollte ohne größere bauliche Veränderungen in vielen Wohnungen nachrüstbar, gut zu warten und auch kostengünstig sein, um positive Anreize zur Installation zu geben.

### 15.3.1 Wirkprinzip

Im Zuge unserer Überlegungen stellen wir uns deshalb folgende Aufgabe:

„Wie können wir die Wohnräume in Ballungszentren mit Frischluft versorgen und dabei Feinstaub und Lärm von den Bewohnern fernhalten?" Ein möglicher Lösungsansatz wäre eine Fenster-Vorsatzschale, die Frischluft in die zu belüftenden Räume lässt, jedoch Feinstaub und Lärm abblockt!

*Abbildung 38:    Gesundes Lüften (Quelle: Einreichunterlagen)*

Der Rahmen der Vorsatzschale muss also für die durchströmende Zu- und Abluft offen sein, jedoch Feinstaub binden und Lärm dämpfen. Dies bewerkstelligen wir durch einen in den unteren Rahmen der Vorsatzschale integrierten Feinstaubabsorber, der gleichzeitig als Schalldämpfer fungiert:

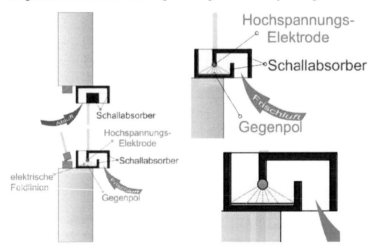

*Abbildung 39:    Kombinierter Feinstaubabsorber und Schalldämpfer – Darstellung in verschiedenen Vergrößerungen (Quelle: Einreichunterlagen)*

Die Feinstaubbindung erfolgt mittels des elektrostatischen Feldes im unteren Rahmenteil, da dort die Außenluft angesaugt wird. Im oberen Rahmenteil wird keine Feinstaubbindung benötigt, hier ist nur der Schalldämpfer integriert. Aufgrund der nach unten weisenden Außenöffnungen ist das System regenunempfindlich. Die Temperaturdifferenz der Luft innerhalb und außerhalb der Vorsatzschale führt zu einer auf dem Kamineffekt beruhenden, sehr energieeffizienten Bewegung der Frischluft durch die Rahmenkonstruktion.

An der Hochspannungselektrode ist gegenüber dem Gegenpol eine Gleichspannung von mehreren kV angelegt. Der Gegenpol ist elektrisch mit der Rahmenmasse verbunden. Das entstehende elektrostatische Feld führt zu einer Ionisierung und Bewegung der Feinstaubteilchen in Richtung Gegenpol. Dort können sich die Feinstaubpartikel absetzen und sammeln. Insbesondere kann am Gegenpol ein Partikelabsorber angebracht sein, der die Feinstaubteilchen auch bei abgeschalteter Hochspannung bindet.

Die Hochspannungselektrode kann als dünner Draht oder als feines Metallgitter ausgeführt werden. Der innere Aufbau des Rahmens der Vorsatzschale kann grundsätzlich auf zwei verschiedene Arten erfolgen:

- Schallabsorption mit im Rahmen integrierten, akustisch wirksamen Fasern oder Schäumen, Bindung des Feinstaubes an einem metallischen Gegenpol in Form eines mikroperforierten Blechs.
- Vollständiger Aufbau der Rahmenkonstruktion aus Metall. Die Schallabsorption erfolgt durch in den Rahmen integrierte, mikroperforierte Metallplatten, die gleichzeitig den Gegenpol darstellen.

Die Reinigung des mit Feinstaub beschlagenen Gegenpols kann in regelmäßigen Abständen durch einfache Entnahme und nachfolgende Nassreinigung des Gegenpols oder die Entsorgung oder die Reinigung eines auf dem Gegenpol liegenden Partikelabsorbers erfolgen. Die Spannungsversorgung zur Aufrechterhaltung der Hochspannung erfolgt entweder durch Anschluss an das Spannungsnetz der EVU oder über die auf dem Vorsatzschalen-Rahmen befindliche Photovoltaikzellen.

### 15.3.2 Kapazität

Auf Basis unserer Hochrechnungen ergibt sich für die zwischen der Hochspannungselektrode und dem Gegenpol vorbeibewegten Feinstaubpartikel eine Bindungswahrscheinlichkeit von rund 85 %. Makroskopisch umgerechnet würde dieses Ergebnis eine Feinstaubreduktion von 42,5 $\mu$g $PM_{10}/m^3$ für 50 $\mu$g $PM_{10}/m^3$ bedeuten. Somit würde sich für den Innenraum eine Rest-Feinstaubbelastung von 7,5 $\mu$g $PM_{10}/m^3$ ergeben.

### Lärmschutz

Unsere akustischen Berechnungen zeigen bei geöffnetem bzw. gekipptem Innenfenster einen möglichen zusätzlichen Schallschutz nach Installation der Vorsatzschale von etwa 12 bis 18 dB, abhängig vom inneren Aufbau der im Rahmen befindlichen Schalldämpfer und der spektralen Zusammensetzung des aus der Umgebung auf das Fenster einwirkenden Schallfeldes.

### Insektenschutz

Ein zusätzlicher Vorteil der Vorsatzschale besteht in der Möglichkeit, einen wirksamen Insektenschutz in die Rahmenteile zu integrieren. Damit würde die optisch oft kritisierte Anordnung von Insektenschutzgittern vor den zu schützenden Fenstern wegfallen.

## 15.4   KOSTENEFFIZIENZ

### Kosteneffizienz - Feinstaub

Die sich im Volumen des Vorsatzschalenrahmens ergebenden Luft- und Feinstaub-Partikelströmungen sind vom gegenwärtigen Projektstand aus strömungsdynamisch nur mit einem sehr großen, in der gegebenen Projekt-Einreichzeit leider nicht realisierbaren, Rechenaufwand beschreibbar. Infolgedessen weisen die aufgrund der Ionisierungsvorgänge und Partikelbewegungen für den Bereich zwischen den Elektroden hochgerechneten Stromstärken sehr hohe Berechnungsungenauigkeiten auf. Daher ist es uns vom aktuellen Projektstatus aus leider nicht möglich, eine zuverlässige quantitative Aussage über den Energiebedarf und in weiterer Folge über die Kosteneffizienz der Technologie zu treffen. Unsere qualitativen Betrachtungen führen zu einer sehr hohen Kosteneffizienz, da der Energiebedarf der Technologie lediglich durch die sehr geringen Ionisationsströme zwischen den Hochspannungs-Elektroden im Vorsatzschalenrahmen entsteht.

Weil für die Luftbewegung aufgrund des systembedingt vorhandenen Kamineffektes keine Ventilatoren, Lüfter etc. erforderlich sind, gibt es im System keine bewegten Teile, die zu Störungen bzw. Reparaturen und damit zu laufenden Kosten führen könnten. Die effizienteste Methode zur Bestimmung der Kosteneffizienz wäre aus unserer Sicht ein experimenteller Versuchsaufbau mit nachfolgenden Messungen und Analysen des Energiebedarfs pro kg Feinstaubreduktion. Die Investitionskosten inklusive Montage einer Vorsatzschale sollten auf Basis unserer Hochrechnungen abhängig von der Fenstergröße bei rund € 1.500 bis € 3.000 liegen.

### Kosteneffizienz – Lärmschutz

Eine Schallreduktion von 12 bis 18 dB bei geöffnetem Fensterflügel ist üblicherweise nur durch Errichtung einer zwischen den Lärmquellen und den betroffenen Fenstern befindlichen Schallschutzwand erzielbar. Die

Kosten einer den gegebenen akustischen Anforderungen genügenden Schallschutzwand liegen je nach Länge bei etwa € 20.000 bis € 30.000. Die Investitionskosten der Vorsatzschale inklusive Montage von etwa € 1.500 bis € 3.000 liegen deutlich unter den Investitionskosten einer Schallschutzwand. Und die Vorsatzschale bietet den zusätzlichen, sehr wichtigen Mehrwert der Feinstaubreduktion im Innenraum.

## 15.5  ENERGIEEFFIZIENZ

**Energieeffizienz – Feinstaub**

Wie im Kapitel „Kosteneffizienz" beschrieben, können die für die Partikelfilterung erforderlichen Stromstärken zum gegenwärtigen Stand des Projektes lediglich mit sehr großen Ungenauigkeiten hochgerechnet werden. Daher ist es aktuell nicht möglich, eine quantitative Aussage zur Energieeffizienz des beschriebenen Lösungsansatzes zu treffen. Qualitativ betrachtet ergibt sich eine sehr energieeffiziente Feinstaubbehandlung der Luft, da ausschließlich die später tatsächlich in den Wohnräumen eingeatmete Luft von Feinstaub gereinigt wird.

Infolge der geringen räumlichen Distanzen der vorbeiströmenden Luft von den Reinigungs-Elektroden (Kanal-Effekt) kann bei sehr geringem Energiebedarf eine äußerst gründliche Feinstaubentfernung aus der später von den Bewohnern eingeatmeten Luft erfolgen. Durch die Nutzung des Kamineffekts und die damit für die Luftbewegung nicht erforderlichen Ventilatoren, Lüftern etc. gibt es darüber hinaus keine elektrisch angetriebenen, störungsanfälligen Teile. Der Energiebedarf für die mechanisch getriebene Luftbewegung ist gleich Null. Qualitativ betrachtet weist die Technologie deshalb eine außergewöhnlich hohe Energieeffizienz auf. Ein experimenteller Versuchsaufbau mit nachfolgenden Messungen und Analysen des Energieaufwandes pro kg Feinstaubreduktion würde die erforderlichen Daten bei relativ geringen Kosten bereitstellen.

**Energieeffizienz – Lärmschutz**

Da für den geplanten Lärmschutz konstruktionsbedingt kein Energieaufwand erforderlich ist, wird von einer Energieeffizienz von 0 Ws /dB Schallpegelreduktion ausgegangen.

## 15.6  ÖKOLOGISCHE UNBEDENKLICHKEIT UND SICHERHEIT

**Ökologische Unbedenklichkeit**

Der Einsatz des oben beschriebenen Lösungsansatzes tangiert laut unseren Recherchen keine Anrainerinteressen. Im Bereich der Beeinflussung eines anderen Umweltmediums wird auf die erforderliche regelmäßige Reinigung des Gegenpols bzw. des Partikelabsorbers hingewiesen. Da die Reinigung üblicherweise mit Leitungswasser erfolgt, könnte der vom Gegenpol bzw. vom Partikelabsorber abgewaschene Staub eine Belastung des Abwassers ergeben. Erfolgt die Entsorgung des Staubes über einen dem Vorsatzschalen-Rahmen entnehmbaren und dem Hausabfall zugeführten Partikelabsorber, ergibt sich eine zusätzliche, ansonsten nicht vorhandene Belastung des Hausabfalles. Die entstehenden Stoffmengen und -flüsse durch die Reinigung des Gegenpols bzw. des Partikelabsorbers sind unseres Erachtens marginal im Vergleich mit den üblichen in Haushalten bewegten Problemstoffmengen.

**Sicherheit**

Die von der Anlage ausgehenden Gefahren sind einerseits elektrischer Natur. Andererseits ist es möglich, dass durch einen technischen Defekt oder durch menschliches Versagen der in der Vorsatzschale gespeicherte Feinstaub in kurzer Zeit konzentriert austritt. Das Risiko für elektrische und mechanische Defekte oder Fehler der Technologie kann im Rahmen der weiteren Entwicklungen durch ein gezieltes Risikomanagement (FMEA, AFA, etc.) mit in der Folge angewandten systematischen Innovationswerkzeugen (TRIZ, RCA+, etc.) minimiert werden. Die Wahrscheinlichkeit eines menschlichen Bedienungsfehlers mit nachfolgendem Feinstaub-Austritt kann durch eine bezüglich Handling und mittels Risikoabschätzung optimierte Konstruktion möglichst gering gehalten werden.

# 16. Staubabsaugung an Fahrwerken von Schienenfahrzeugen

*Martin Klug*

## 16.1 KURZBESCHREIBUNG

Basierend auf einer Studie der TU Wien [1] werden durch den Einsatz von Quarzsand zur Traktionsverbesserung zwischen Schienen und Rädern bei Eisen- und Straßenbahnen erhebliche Mengen an Feinstaub erzeugt.

Hier könnten als Gegenstück zu den Besandungsanlagen auch nach den Rädern bzw. Fahrwerken ähnlich einem Staubsauger die zermahlenen Sandreste und der von den Rädern aufgewirbelte Staub aufgesaugt werden, und die Abluft gefiltert wieder abgegeben werden. Hierbei könnte evtl. sogar ein Teil des Sandes wieder in den Vorratsbehälter zurückgeführt werden. Es handelt sich bei dieser Abhandlung lediglich um eine Idee, es wurde hierzu nichts entwickelt oder getestet, daher können die unten angeführten Werte und Preise nur Schätzungen sein.

## 16.2 PROBLEMSTELLUNG

Feinstaub aus Quarzsand entsteht hauptsächlich aus Fahrbahnabrieb oder aber aus Besandungsanlagen von Schienenfahrzeugen, der Großteil scheint hierbei jedoch von Schienenfahrzeugen verursacht zu werden.

Hierzu wird auf die entsprechende Studie der TU Wien [1] verwiesen, aber auch die Verteilung der Feinstaubarten in Don Bosco [2] (hohes Aufkommen von Schienenfahrzeugen und hoher Anteil an Feinstaub aus Mineralstaub) und der Messstelle in Graz-Süd (geringes Aufkommen von Schienenfahrzeugen und entsprechend niedriger Anteil von Mineralstaubpartikeln) deuten auf die Problematik hin.

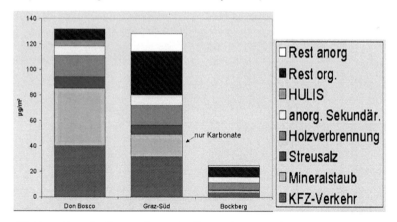

*Abbildung 40:    Quellenzuordnung (Quelle: Land Steiermark 2006)*

## 16.3 LÖSUNGSANSATZ

### 16.3.1 Wirkprinzip

Ein hinter den Rädern montiertes Absaugungssystem saugt den gemahlenen Sand und den aufgewirbelten Staub auf und filtert aus der abgesaugten Luft den Sand und den Feinstaub.

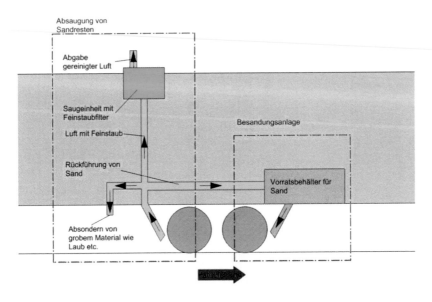

*Abbildung 41:    Schematische Darstellung der Absaugung (Quelle: Eigene Darstellung)*

### 16.3.2 Kapazität

Basierend auf der besagten Studie der TU Wien [1] und der von der Holding Graz eingesetzten Menge an Quarzsand von etwa 218 t [3] ergibt sich hier eine Feinstaubmenge von ca. 64 t. Hiervon könnten geschätzte 80-90 % also etwa 54,5 t durch eine Absaugung vermindert werden.

## 16.4  KOSTENEFFIZIENZ

Es gibt in Graz 69 Straßenbahngarnituren [4]. Eine Nachrüstung je Garnitur dürfte sich schätzungsweise auf ca. 100.000 € belaufen, die sich daraus ergebende Grundinvestition von 6.000.000 € muss aber über die Lebensdauer der Anlage betrachtet werden.

Über zehn Jahre ergeben sich somit 690.000 €/Jahr als Grundinvestition.

Für die Wartung und die Ersatzteile der Anlagen werden nochmals 690.000 €/Jahr angenommen.

Der Strombedarf von ca. 755.550 kWh/Jahr beträgt bei einem Strompreis von ca. 0,12 €/ kWh etwa 90.670 €/Jahr, bei einer Einsparung von 54.500 kg und laufenden Kosten von 1.470.670 €/Jahr entspricht dies einer Kosteneffizienz von 27 €/kg.

## 16.5  ENERGIEEFFIZIENZ

Bei einer Anlagenleistung je Garnitur von ca. 10 kW und einer Betriebsdauer der Anlage von 3h/Tag (Absaugung läuft nur, wenn Besandung läuft) ergibt sich:

10 kW x 3 h x 69 Garnituren x 365 Tage = 755.550 kWh/Jahr

woraus folgt: 755.550 kWh/Jahr/54.500 kg/Jahr = 13,9 kWh/kg

## 16.6 ÖKOLOGISCHE UNBEDENKLICHKEIT

Sofern eine ausreichende Maßnahme zur Geräuschdämmung getroffen wird, sind weitere Bedenken aus meiner Sicht nicht gegeben.

## 16.7 LITERATUR

**[1]:**

Bauer, H., Marr, I., Kasper-Giebl, A., Limbeck, A., Caseiro, A., Handler, M., Jankowski, N., Klatzer, B., Kotianova, P., Pouresmaeil, P., Schmidl, Ch., Sageder, M., Puxbaum, H. (2006): AQUELLA" Wien Bestimmung von Immissionsbeiträgen in Feinstaubproben, Bericht UA/AQWien 2006r – 174 S, TU Wien: http://publik.tuwien.ac.at/files/PubDat_173988.pdf.

Illni, B. (2010): Wer verursacht den Feinstaub in der Wiener Luft?, ÖKV-Reihe, Wien: http://www.xn--vk-eka.at/aktuelles/2010/Feinstaub_Wiener_Luft.pdf.

**[2]: Verteilung Feinstaubarten:**

Land Steiermark (2006): Statuserhebungen für den Schadstoff PM10. 2002, 2003, 2004 und 2005 gemäß § 8 Immissionsschutzgesetz Luft. FA 17 C, Graz. http://www.umwelt.steiermark.at/cms/dokumente/10434851_12429602/53490f44/Statuserhebung_2003-05.pdf.

**[3]: Quarzsandverbrauch:**

Stadt Graz – Quarzsandverbrauch: http://www.graz.at/cms/beitrag/10186608/4428067/.

**[4]: Anzahl Straßenbahnen:**

Wikipedia – Holding Graz Linien: Anzahl der Straßenbahnen: http://de.wikipedia.org/wiki/Holding_Graz_Linien#Literatur.

# 17. Frische und saubere Luft mit Moos – die ökologische Lösung gegen Feinstaub

*Florian Leregger (GREEN WALL TEC)*

## 17.1 KURZBESCHREIBUNG

Speziell entwickelte Moosmatten, mit eigens kultivierten Moosarten, stellen eine innovative Möglichkeit der Luftschadstoff-, insbesondere der Feinstaub- und $CO_2$-Reduktion dar. Die Moosmatten sind vergleichsweise kostengünstig auf vertikalen und horizontalen Flächen zu installieren. Es handelt sich dabei um bestimmte Arten von Laubmoosen, die enorme Reduktionswerte im Bereich Feinstaub und $CO_2$ erzielen können. Des Weiteren hält das Moos auf horizontalen Flächen große Mengen an Wasser zurück und trägt zur Temperaturabsenkung an Gebäudefassaden sowie zur Schallreduktion bei. Darüber hinaus leistet Moosbegrünung einen wichtigen Beitrag zur Ökologisierung von urbanen Räumen und schafft neuen natürlichen Lebensraum für Lebewesen. Neben Gebäudefassaden, Dachkonstruktionen und verschiedenen Verkehrsflächen eignet sich das ökologische Produkt besonders gut zur Begrünung von Lärm- und Sichtschutzwänden auf Autobahnen.

## 17.2 PROBLEMSTELLUNG

Die Moosmatten erzielen im Bereich der lokalen Feinstaubreduktion gute Ergebnisse. Das Moos hat die Fähigkeit, durch den eigenen natürlichen Stoffwechsel und durch diverse Abbauprozesse von Bakterien sowie Sedimentation im Moospolster einen wichtigen Beitrag zur Luftreinhaltung zu leisten. Laut diversen Studien und der Österreichischen Schadstoffinventur stellen Industrie, Straßenverkehr, Hausbrand, Landwirtschaft und Bauwirtschaft die Hauptquellen von $PM_{10}$ in Österreich dar. Die ökologische Technologie ist vielseitig einsetzbar und wirkt besonders effektiv (siehe Subkapitel 17.3). Im Sektor „Verkehr" kommt es durch die Begrünung von unterschiedlichen Verkehrsflächen (z.B. Gleisanlagen oder Parkplätze) oder durch die Verwendung als Straßenbegleitgrün zur Feinstaubreduktion. Ein besonders innovativer Bereich stellt die Ökologisierung von Lärm- und Sichtschutzwänden dar.

Für den Sektor „Industrie" ist der Nutzen von diverser Objektbegrünung besonders hoch. Eine Dach- oder Fassadenbegrünung ist wirksam, um im lokalen Umfeld von Industrieanlagen für eine qualitativ hochwertigere Luft zu sorgen. Auch der Einsatz von Moos in Produktionshallen zur Staubbindung (z.B. Sägewerk) ist denkbar und realistisch umzusetzen.

Im Sektor „Hausbrand" besteht die Möglichkeit für Privatpersonen in die Ökologisierung des Eigenheims zu investieren, um Luftschadstoffe aus der direkten Wohnumgebung zu reduzieren. Mögliche Einsatzorte sind dabei unter anderem Fassaden, Dächer oder in der Gartengestaltung.

Für Kommunen besteht durch den Einsatz von Moosmatten als Begrünungstechnik die Möglichkeit, die Lebensqualität in Gemeinden/Städten zu erhöhen. Neben der Reduktion von Luftschadstoffen bringen „grüne Städte" noch viele weitere positive Aspekte.

## 17.3 LÖSUNGSANSATZ

Das Wirkungsprinzip basiert in erster Linie auf dem elektrostatischen Festhalten durch das Moos. Feinstaub besteht größtenteils aus Ammoniumsalzen bzw. Ammoniumnitrat. Dieser Bestandteil wird von den Moosen an der Oberfläche durch Ionenaustausch fixiert. Moose haben keine Wurzeln. Die Nährstoffaufnahme geschieht daher ausschließlich über die große Blattoberfläche. Der Luft wird somit diese Art des Staubes entzogen und direkt in Phytomasse umgewandelt. Die organischen Anteile des Feinstaubes werden weiters von Bakterien, die auf dem Moos leben, abgebaut. Zuletzt sedimentieren die unlöslichen, anorganischen Fraktionen im Moospolster.

**Biologische Eigenschaften von Moos:**

- Moose haben enorm große Oberflächen (1cm³ Moos hat rund 0,17 m² Oberfläche),
- Produktion von Sauerstoff,
- Filterung von gelösten Luftschadstoffen aus dem Regenwasser,
- Festhalten von Feinstaub und Umwandlung dessen mineralischer Bestandteile in Phytomasse,
- Moose sind von einem „Bakterienfilm" überzogen. Diese Bakterien bauen organische Schadstoffe ab.
- Aufnahme speziell von Stickstoffverbindungen und Kohlendioxid,
- Befeuchtung der Luft durch langsame Wasserdampfabgabe,
- sehr langlebig, widerstands- und anpassungsfähig.

**Weitere Vorteile der Moosmatten:**

- enorme $CO_2$-Reduktion: zwischen 2,29 kg (unter Testbedingungen: 9 °C, 2.000 Lux) und 350 kg (unter Testbedingungen: 15 °C, 10.000 Lux) pro 1 m² Moos jährlich,
- zusätzlicher Wasserrückhalt auf versiegelten Flächen: 24 l bis 50 l, je nach Mattendicke, Lage und Standort,
- Verbesserung des Mikroklimas in der direkten Umgebung,
- Rückhalt von Stickoxiden ($N_2O$, $NO$, $NO_2$) → positive Auswirkungen hinsichtlich Ozonbildung, Smogbildung, Treibhausgasbilanz und menschlicher Gesundheit,
- Erhöhung der Biodiversität und Schaffung von neuen Lebensräumen in urbanen Gebieten,
- Temperaturabsenkung auf Fassaden,
- zusätzliche Schallreduktion,
- geringer Wartungsaufwand.

### 17.3.1 Kapazität

Die Moosmatten fixieren und reduzieren somit bis zu 75 % des Feinstaubs in der direkten Umgebung des Einsatzortes. Dabei wird die Partikelfracht entweder verstoffwechselt, biologisch abgebaut oder sedimentiert im Moospolster. Kapazität der Feinstaubbindung von Moosen: 13 bis 22 g/m² (artenabhängige Unterschiede). Die Forscher Dr. Frahm und Dr. Sabovljevic gehen davon aus, dass die Moosmatten im angefeuchteten Zustand eine höhere Feinstaubreduktion aufweisen, die größer ist als das jährliche Feinstaubaufkommen. Die Reduktionswerte wurden im Zuge von Labortests an der Universität Bonn ermittelt.

### 17.3.2 Methodik

Die Daten basieren vorwiegend auf umfangreichen Untersuchungen und Studien von Prof. Dr. Jan Peter Frahm und Dr. Marko Sabovljevic des Nees-Instituts für Biodiversität der Pflanzen an der Universität Bonn. Darüber hinaus belegen diverse Schriften die positiven Auswirkungen bzw. Effekte von Moos.

Ebert, W., Weber, B., Burrows, S., Steinkamp, J., Büdel, B., Andreae, M., Pöschl, U. (2012): Contribution of cryptogamic covers to the global cycles of carbon and nitrogen, Nature Geoscience, 3. Juni 2012; DOI: 10.1038/NGEO1486.

Frahm, J.P., Sabovljevic, M. (2007): Feinstaubreduzierung durch Moose. Immissionsschutz 4, 152-156.

Frahm, J.P., (2009): Schadstoffminderung auf dem Dach mit Moosen. 7. Internationales FBBGründachsymposium 2009, Tagungsband, 28-31.

Metto, F.J. (2007): Urbane Vegetation – Eine sinnvolle Maßnahme zur Feinstaubreduktion? Begrünungen als Maßnahme zur Feinstaubreduktion in Luftreinhalte- und Aktionsplänen am Beispiel ausgewählter deutscher Städte. Bachelorarbeit, Mathematisch-Naturwissenschaftliche Fakultät. Humboldt Universität zu Berlin.

ORF Science (2012): Grüne Wände gegen Luftverschmutzung (Autorin: Obermüller, E.): http://science.orf.at/stories/1701894/ (Abfrage am 7. September 2012).

Umweltbundesamt (2012): Moos-Monitoring – Moose als ideale Zeiger atmosphärischer Schwermetall-Deposition: http://www.umweltbundesamt.at/umweltsituation/schadstoff/schadstoffe_einleitung/moose1/ (Abfrage am 5. September 2012).

Weber, M. (2011): Positive Wirkungen begrünter Dächer – Zusammenstellung von positiven Fakten aus aller Welt. Diplomarbeit, Studiengang Landschaftsarchitektur. Fachhochschule Erfurt.

Zechmeister, G., Tribsch, A. (2002): Die Moosflora in Linz. Naturkundliche Station Stadt Linz.

## 17.4    KOSTENEFFIZIENZ

Die Kosten sind je nach Projekt individuell zu bestimmen. Sie sind abhängig von verschiedenen Faktoren. Dabei sind unter anderem folgende Fragen zu beantworten: Welches Objekt ist zu begrünen? Welche Exposition hat die zu begrünende Fläche? Besteht ein vertikaler oder horizontaler Einsatz der Vegetationsmatten? Ist eine Bewässerung notwendig? Welche technischen Vorkehrungen sind zu treffen? Wie sieht die Unterkonstruktion aus?

Allgemein liegen die Kosten der Moosmatten zwischen € 79,90 und € 395 pro m² (inkl. Technik und Montage; zzgl. Transport, Verpackung, Baustelleneinrichtung und USt.).

Kapazität der Feinstaubbindung von Moosen: 13 bis 22 g/m².

- Zwischen 45,5 m² und 77 m² Moosfläche sind notwendig, um 1 kg Feinstaub zu reduzieren.

- Kosten: zwischen € 3.180,5 bis € 17.972,5 sowie € 5.382,3 bis € 30.415.

## 17.5    ENERGIEEFFIZIENZ

Im Gegensatz zu technischen Maßnahmen der Feinstaubreduktion bedarf es bei den Moosmatten keines laufenden Betriebes. Das bedeutet, dass keine Energie zur laufenden Luftfilterung notwendig ist. Die Ökobilanzierung bzw. die Errechnung des Energieaufwandes für die Herstellung der Vegetationsmatten ist derzeit nicht seriös zu beurteilen.

## 17.6    ÖKOLOGISCHE UNBEDENKLICHKEIT UND SICHERHEIT

Die Begrünung mit Moos gegen Luftschadstoffe beeinträchtigt kein anderes Umweltmedium bzw. Anrainerinteressen und stellt keine ökologische Unbedenklichkeit dar. Bei den ausgewählten Moosarten handelt es sich um heimische (europäische) Laubmoose. Es bestehen keine ökologischen Bedenken eines invasiven Neophytens. Ganz im Gegenteil, das Moos bietet neuen Lebensraum für Lebewesen, erhöht die Biodiversität und bringt ein Stück Natur in urbane Gebiete. Weiters besticht es mit ästhetischen Werten und ist das ganze Jahr über grün.

*Abbildung 42:*  *Bilder der Moosmatten für den Außenbereich (Quelle: Einreichunterlagen)*

# 18.  Rollierende Schadstofffiltrierung – Kamin (Hausbrand)

*Peter Sandor-Guggi*

## 18.1  PROBLEMSTELLUNG

Grundsätzlich sollten die anfallenden Schadstoffemissionen möglichst am Ort des Entstehens minimiert bzw. eliminiert werden. Dies gilt sowohl für eine erhebliche Zahl an Industrieanlagen als auch für die unzähligen Eigenheimkamine. Ein weiterer Aspekt zur Einbringung von durchdachten und ganzheitlichen Lösungen/Systemen mit Fokussierung auf einer gezielten Emissionsreduzierung ist auch die Beseitigung der Geruchsbelästigung (insbes. in den Heizperioden).

## 18.2  LÖSUNGSANSATZ

### 18.2.1  Wirkprinzip

Grundlegend umfasst die Erfindung „*PATENT_PSG_05*" drei unterschiedliche Themenkategorien (siehe nachfolgende Tabelle 4), insbesondere in Bezug auf die Herausforderungen eines nachhaltigen Umweltschutzes sowie der technischen Umsetzbarkeit zur Feinstaubreduzierung.

*Tabelle 4:        Themenkategorien zu „PATENT_PSG_05" (Quelle: Eigene Darstellung)*

| Kategorie | Technische Umsetzung | Umweltschutz (generelle Anforderungen) |
|---|---|---|
| **Emissionssenkung** | Rollierende Schadstofffiltrierung | Minimierung von Staub-Emissionen (Rußpartikeln), Kohlenmonoxid, $CO_2$ $NO_x$ und dgl. |
| **E-Erzeugung** | Photovoltaik und E-Speicher: Solarzellen, Wechselrichter, Akkumulator | Nutzung von „Sonnenenergie" *Autarke E-Versorgung für div. Antriebseinheiten, wie z.B. Filterspule* |
| **Informations- und Steuerungssystem** | Steuerungs- und Regelungstechnik | - Filterverunreinigung (Partikelmenge, -größe etc.) und umweltschonendes Reinigungsverfahren <br> - Abwärme-Nutzung (*Ausbaustufe III*) |

Bei der rollierenden Schadstofffiltrierung für Industrie- und Hauskamine handelt es sich (erstmals) um weitgehend geschlossene Aufsetzeinheiten. Konkret heißt das, dass sich eine rollierende Filterspule in einem geschlossenen System befindet. Der Antrieb bzw. die Antriebsleistung für die Filterrolleneinheit kann (optional) über Photovoltaik-Zellen (Solartechnik) erfolgen. Als weitere Besonderheit bzw. Option sei im unteren Bereich der Aufsetzeinheit auf die Filterreinigung per Ultraschalltechnik hingewiesen. Eine entsprechende Berücksichtigung von integrativer Messtechnik (Sensoren) sollte Daten wie u.a. über Verschmutzungsgrad der Filter, aber auch Informationen über diverse Emissionswerte liefern. Ein spezielles Absaugsystem – Prinzip Zyklonsauger-Technologie – könnte (optional) einerseits für bessere Sogwirkung in der System-Unit sorgen und andererseits die Feinstaubpartikel in eine zusätzlich adaptierbare (geschlossene) Box zuführen – Feinstaub-Box.

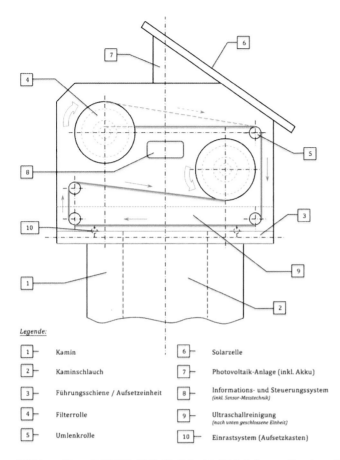

Legende:

| | | | |
|---|---|---|---|
| 1 | Kamin | 6 | Solarzelle |
| 2 | Kaminschlauch | 7 | Photovoltaik-Anlage (inkl. Akku) |
| 3 | Führungsschiene / Aufsetzeinheit | 8 | Informations- und Steuerungssystem *(inkl. Sensor-Messtechnik)* |
| 4 | Filterrolle | 9 | Ultraschallreinigung *(nach unten geschlossene Einheit)* |
| 5 | Umlenkrolle | 10 | Einrastsystem (Aufsetzkasten) |

*Abbildung 43:    PATENT_PSG_05  Schadstoff-Minimierung Hausbrand (Quelle: Einreichunterlagen)*

## 18.2.2 Kapazität

Bei Einsatz der höchsten technologischen Ausbaustufe in Verbindung mit größter Entwicklungsreife kann von einer nahezu vollständigen Emissionsreduktion – vor Ort – ausgegangen werden. Im Worst-Case-Szenario könnte folgende Feinstaubreduktion eintreten:

*Tabelle 5:    Rollierendes Kamin-Emissions-Filtersystem, Worst-Case-Betrachtung (Quelle: Eigene Berechnungen)*

| Ausbaustufe | Details zur jew. Ausbaustufe | Emissionsminimierung [in %] |
|---|---|---|
| I | Grundstufe (Standard) | 70-80 |
| II | Grundstufe plus Ultraschall-Filter-Reinigungseinheit | 80-90 |
| III | Ausbaustufe II plus spez. Absaugsystem | 90-95 |

*Anmerkung: Zur Herstellung der Emissions-Filtersysteme sind gleichwohl anfallende Emissionen zu berücksichtigen.*

- Die rollierende Feinstaub-Filterspulen-Technologie bzw. deren systemischer Ansatz bergen je nach Ausbaustufe ein mittleres bis sehr hohes Entwicklungspotential.

- Nachhaltige Kooperationen mit Universitäten und Fachhochschulen (u.a. FH Joanneum Industrial Design, TU Graz) sowie verschiedenen Fachverbänden im Bereich des Umweltschutzes und Energie, wie z.B. Umweltschutzamt Graz, Land Steiermark, Eco World Styria u.v.m. sind vorgesehen.

### 18.2.3 Methodik

i. Flexibles Austausch-Paket der „Rollierenden Feinstaub-Filterspule" mit maximaler Effektivität:

    a. Einfache Austauschbarkeit;

    b. Modularer Aufbau und individuelle Anpassungsfähigkeit zur Erfüllung verschiedener Kriterien und Einsetzbarkeit an den unterschiedlichen Kaminsystemen (Dimensionierung).

ii. Einsatzbereich ebenso in der Industrie (Schadstoffminimierung von Großanlagen), wie z.B. Heizwerken;

iii. Ein weiterer wichtiger Schritt in der Umsetzung in Bezug auf Kundenakzeptanz (Haushalte) stellt Technologie-Simplifizierung dar. Deshalb scheint es eine wegweisende Maßnahme zu sein, marktfähige Systeme in verschiedenen Technologie-Ausbaustufen auf den Markt zu bringen.

## 18.3 KOSTENEFFIZIENZ

Die primären Kosten je kg Feinstaubreduktion sind im Wesentlichen auf die Entwicklungskosten und Produktionskosten der „Rollierenden Feinstaub-Filterspule" umzulegen. Für die Kunden (Privathaushalte, Industriebetriebe) sind somit die Anschaffungskosten vorrangig zu bewerten, denn die effektiven Betriebskosten der Anlage spielen de facto eine untergeordnete Rolle – siehe Subkapitel 18.4.

Ferner ist dieses Feinstaub-Entwicklungs- und Umsetzungsprojekt nicht zuletzt auch deshalb interessant, weil es zum Beispiel mit diversen Förderungsstrategien des Landes Steiermark in Verbindung gebracht werden kann (vgl. Ökoförderung).

Wartung: Der Wartungszyklus (insbes. Filterprüfung bzw. -austausch) sollte sich auf 1- bis 2-mal jährlich beschränken.

## 18.4 ENERGIEEFFIZIENZ

Der Energieaufwand je kg Feinstaubreduktion ist als sehr gering einzustufen, zumal die Energieversorgung der „Rollierenden Feinstaub-Filterspule" mit einer ggf. bestehenden oder neu anzubringenden Photovoltaik (PV)-Zelle gekoppelt werden kann.

## 18.5 ÖKOLOGISCHE UNBEDENKLICHKEIT UND SICHERHEIT

Durch Verwendung „recyclingfähiger" Materialien sowie durch die umweltschonende Reinigung und Wiedereinsetzbarkeit o.g. Filterstoffe bzw. Filterspule handelt es sich bei diesem Verfahren – gesamt betrachtet – um einen eindringlich ökologischen Fortschritt. In Bezug auf Sicherheit gibt es aufgrund der vorwiegend „in-sich-geschlossenen Bauweise" und Montage der Aufsetzeinheit (siehe o.a. Patentskizze) auf Führungsschienen (mit Einrast- u. Verschließmechanismen) keine Sicherheitsbedenken.

# 19. Müllautos als Staubmagnet

*Stefan Siegl*

## 19.1 PROBLEMSTELLUNG

Feinstaubvermeidungsmaßnahmen sind prinzipiell günstiger als nachsorgende Technologien, jedoch liegen aufgrund der ungünstigen stadtklimatischen Verhältnisse von Graz die Immissionsvermeidungskosten wesentlich höher als in anderen Gebieten. Es gibt nur wenige Maßnahmen, bei denen die Reduktionskosten je kg nicht mehrere tausend Euro betragen.

Luftverschmutzung aufgrund von Feinstaub-, Schmutz- und Abgaspartikeln wird speziell durch Verkehr verursacht und hat unerwünschte Folgen für die gesellschaftliche Gesundheit. Der beschriebene Lösungsansatz widmet sich einer Methode zur Reduzierung von Feinstaub, Schmutz- und Abgaspartikeln aus verschmutzter Luft.

## 19.2 LÖSUNGSANSATZ

### 19.2.1 Wirkprinzip

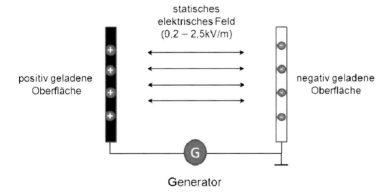

*Abbildung 44: Funktionsprinzip der „Staubfang-Vorrichtung" (Quelle: Eigene Darstellung)*

Eine solche „Staubfang-Vorrichtung" besteht aus einem Generator und mindestens zwei Oberflächen, die negativ und positiv geladen werden können. Dabei wird ein statisches elektrisches Feld (0,2 – 2,5 kV/m) erzeugt. Mit dieser Methode werden Schmutzpartikel, Abgaspartikel und Feinstaubpartikel angezogen und somit reduziert.

Diese „Staubfang-Vorrichtung", wodurch positiv und negativ geladene Staubteilchen angezogen werden, kann an unterschiedlichsten Stellen angebracht werden (LKW-Planen, Brücken, Schilder, Lärmschutzwände, Lampen, Unterboden von Autos, Leitplanken, Züge, Straßenbahnen, Rückseite von Werbeschildern, Hausfassaden, Tunnelwände, Verkehrsinformationssysteme, Ampeln, Dächer von Tankstellen etc.).

Durch den Gedanken „Verwende bestehende Ressourcen" und „mache den Feind zum Freund" entstand folgende Idee: „Müllautos als Staubmagnet". Der Fuhrpark von Abfallentsorgungsunternehmen ist groß und legt regelmäßig fix geplante Touren zurück (Standort – Sammlung der Abfälle an bestimmtem Ort – Rückfahrt und Entleerung). Dabei sind diese Fahrzeuge sehr oft auf denselben Strecken (auch Autobahnen) zu finden.

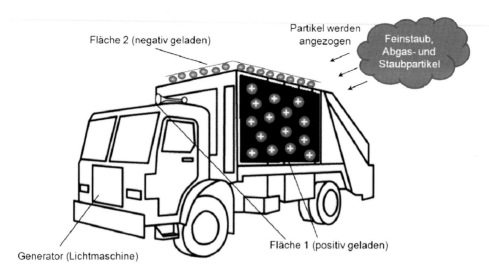

*Abbildung 45: Lösungsvorschlag bzw. Anwendungsbeispiel (Quelle: Eigene Darstellung)*

Diese Vorrichtung kann auf den LKWs montiert werden und somit die Partikel in der Luft „einfangen" und somit reinigen. Die Lichtmaschine der LKWs kann als Generator dienen, somit ist keine zusätzliche Anschaffung nötig. Auf den vorhandenen Waschplätzen kann der Staub dann abgewaschen werden und in der vorhandenen Auffangwanne gesammelt und später entsorgt werden (Sandfanginhalte). Dies hilft, das Image zu steigern („für eine lebenswerte Umwelt"), und kann gleichzeitig als Werbefläche eingesetzt werden.

Weiters könnten auch recycelte Folien durch Reibung einfach elektrostatisch aufgeladen und an Flächen angebracht werden, um Staubpartikel zu binden.

### 19.2.2 Kapazität

Partikel werden im elektrischen Feld zu beinahe 100 % angezogen (Experiment wurde im Zuge des Patents US 2009/0277329 A1 durchgeführt). Auf den LKWs stehen theoretisch mindestens drei Flächen mit einer Größe von 6 m x 2,5 m zur Verfügung, d.h. ca. 45 m². Wenn ein elektrisches Feld von 1 m generiert wird, wären das 45 m³. Unter der Annahme, dass 50 µg $PM_{10}$/m³ vorhanden sind, wären das für eine einzige Vorrichtung mit 45 m³ (auf einer Länge von 6 m) 2.250 µg $PM_{10}$. Auf einer zurückgelegten Strecke von z.B. 35 km Autobahn Lieboch – Gleisdorf (= 5.833 x die Vorrichtung mit einer Länge von 6 m) würden somit 2.250 µg x 5.833 = 13.125.000 µg, d.h. ca. 13 g $PM_{10}$ reduziert werden. Die Multiplizierbarkeit durch mehrere Fahrzeuge bzw. längere Fahrstrecken ist gegeben.

### 19.2.3 Methodik

Das Funktionsprinzip dieses Lösungsvorschlages wurde bereits in einigen Patenten beschrieben. Vergleiche dazu z.B.: U.S. Pat. No. 6,511258, JP 200 2069943, EP 0808660, DE 19648182, U.S. Pat. No. 6.106.592 oder US 2009/0277329 A1. Der beschriebene Ansatz ist jedoch ein neuer innovativer Ansatz unter Verwendung bestehender Ressourcen (Müllautos, Flächen der Bordwände, Lichtmaschine usw.).

## 19.3   KOSTENEFFIZIENZ

Zur Reduzierung von 1 kg $PM_{10}$ wäre Folgendes notwendig:

- Ein Fahrzeug mit „Staubfang-Vorrichtung" auf einer Strecke von ca. 2.700 km.

Da die Fahrzeuge sowieso im Einsatz sind (Abfalltransport), sind die Kosten für Treibstoff, Abnützung etc. bereits gedeckt und nur die zusätzlichen Kosten für die „Staubfang-Vorrichtung" und die zusätzliche Reinigung der Fahrzeuge (Autowaschplätze vorhanden) wären zu decken.

Durchschnittlich fährt ein Entsorgungsfahrzeug ca. 200 km pro Tag, das sind pro Jahr 50.000 km nach 250 Einsatztagen. Nach einer Nutzungsdauer von fünf Jahren sind 250.000 km zurückgelegt. Laut Berechnung nach Subkapitel 19.2.2 würden pro gefahrenem Meter weitere 7,5 m³ $PM_{10}$ durch die Vorrichtung reduziert, d.h. 375 µg pro gefahrenem Meter.

Mit einer Länge der Vorrichtung von 6 m können 45 m³ Luft „gereinigt" werden (LKW im Stehen sammelt 2.250 µg $PM_{10}$), d.h. auf einer Strecke von 1 km werden 7.500 m³ Luft „gereinigt" (LKW fährt 1.000 m). Somit wären das 50 µg x 7.500 m³ = 375.000 µg $PM_{10}$-Reduktion (0,375 g/km) pro gefahrenem Kilometer. Nach einer Nutzungsdauer von fünf Jahren (250.000 km) wären das 93.750.000.000 µg = 93,7 kg $PM_{10}$-Reduktion.

Unter der Annahme, dass solch eine Vorrichtung € 5.000,- kostet und die Reinigung pro Jahr € 500,- wären die Kosten je kg Feinstaubreduktion auf eine Nutzungsdauer von fünf Jahren gerechnet € 7.500,- / 93,75 kg $PM_{10}$ = € 80,-/kg $PM_{10}$-Reduktion. Unter Annahme von 250 Arbeitstagen „sammelt" ein Entsorgungs-LKW also 74,96 g pro Tag.

## 19.4 ENERGIEEFFIZIENZ

Wie hoch ist der Energieaufwand je kg Feinstaubreduktion? Kein nennenswerter zusätzlicher Energieaufwand (Generator ist im LKW bereits vorhanden, Herstellung von leitfähigen Oberflächen kann mit relativ geringem Kosten- und Energieaufwand erzeugt werden.).

# VI EINREICHUNGEN IN DER KATEGORIE „AIR-TO-WATER-PEPMAT"

In der Kategorie „Air-to-Water" wurde kein Siegerprojekt nominiert. Die sieben eingereichten Projekte in dieser Wettbewerbskategorie sind alphabetisch gereiht nach der Einreicherin/dem Einreicher aufgelistet:

1. *Fritz Eder (Sambasol Energietechnik GmbH):* Flugasche Feinstaubabscheidung mit Kondensationswärmegewinnung aus Biomasseheizungsabgasen.

2. *Dipl.-Ing. Ernst Horvath:* Feinstaub und die angewandte Kunst im öffentlichen Raum.

3. *Anne und Peter Knoll:* Graz die Stadt der Gradieranlagen.

4. *Ing. Heinrich Lembach:* Sprinklerbäume.

5. *Georg Lohmann:* Mobile Luftreinigungssysteme.

6. *Andreas Rauch:* Feinstaubbekämpfung mit Wasserrauchsystemen©.

7. *Dr. Thomas Tschinder und Dipl.-Ing. Reinhard Tschinder:* CityAirCleaner Konzept – „Der saubere Berg".

# 20. Flugasche Feinstaubabscheidung mit Kondensationswärmegewinnung aus Biomasseheizungsabgasen

*Fritz Eder (Sambasol Energietechnik GmbH)*

## 20.1 KURZBESCHREIBUNG

Ziel unserer Entwicklung ist es, einen für Biomasse-Kleinfeuerungsanlagen bis 100 kW Nennwärmeleistung wartungsarmen, verblockungssicheren, effizienten Rauchgaskondensator zu bauen.

## 20.2 LÖSUNGSANSATZ

### 20.2.1 Wirkprinzip

Der Wärmeübergang vom Rauchgas auf den Kondensat-Nutzwärmekreis erfolgt mittels des aus dem Rauchgas abgeschiedenen Kondensates selbst. Kondensat wird über speziell von uns entwickelte, verblockungssichere Düsen in den Abgasstrom eingesprüht. Das rezirkulierend eingesprühte Kondensat nimmt Wärme aus dem Abgasstrom auf und kondensiert diesen zum Teil. Die nun aufgenommene Wärme im Kondensat wird an einen stehenden Glattrohrwärmetauscher abgegeben, der sich durch das kontinuierlich an ihm niederschlagende Kondensat wäscht. Dabei gibt das Kondensat Wärme an den Tauscher ab und wird dadurch gekühlt.

Nun wird es von einer Pumpe abgesaugt und wieder in das Rauchgas eingesprüht.

Durch das gekühlt in den Rauchgasstrom eingesprühte Kondensat wird zudem weiter Dampf aus dem Rauchgas kondensiert. Das dabei im Heizbetrieb entstehende Kondensat aus dem Rauchgas aus der Brennstofffeuchte und der Verbrennung an sich wird dabei über einen Überlauf im Kondensator abgeleitet.

Die Einleitung des Rauchgasstromes wird als Fliehkraftabscheider mit nassen Wänden ausgeführt. Sprühnebel und nasse Wände des Rauchgasteilkondensators netzen auf diese Weise die Flugascheparktikel und scheiden sie als Feststoff im Kondensat ab. Voraussetzung für die Einleitung sollte bei Biomasse-Kleinfeuerungsanlagen sein:

1. Einhaltung der geforderten Abgaswerte,
2. Verfeuerung ausschließlich naturbelassener Hölzer.

## 20.3 NUTZUNG/AUSBLICK

Biomasse (Holz) steht zwar in zurzeit noch ausreichender Menge zur Verfügung. Dennoch sollte jetzt schon auf eine optimale Verwertung des Brennstoffes Holz geachtet werden, um Staubemissionen über den Abgasstrom an sich zu minimieren. Dass der Brennstoff wärmetechnisch besser genutzt wird, rundet die Vorteile einer Biomasseheizung mit unserem Rauchgas-Teilkondensator ab.

Prinzipieller Aufbau des Rauchgas-Teilkondensators/Flugasche – Nassabscheider:

Rauchgasaustritt

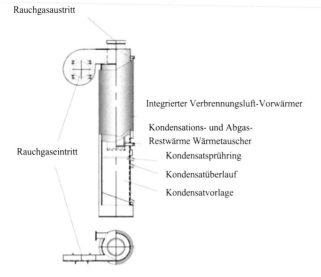

Integrierter Verbrennungsluft-Vorwärmer

Kondensations- und Abgas-
Restwärme Wärmetauscher

Rauchgaseintritt    Kondensatsprühring

Kondensatüberlauf

Kondensatvorlage

*Abbildung 46:    Prinzipieller Aufbau des Rauchgas-Teilkondensators/Flugasche – Nassabscheider*
*(Quelle: Einreichunterlagen)*

Die im Kondensator auf Niedertemperatur (bis 30 °C) gewonnene Wärme kann auf vielerlei Weise verwendet werden:

- Trocknung von Brennstoff (Hackgut) und Trockenhaltung von Brennstoffbunkern. Zusatznutzen: Verringert den Brennstoffverbrauch bei Hackgut, vermeidet Pilzbefall und Sporenemissionen bei Holzbrennstoffen.

- Beheizung von Nebenräumen (Garage, Hobby – Werkstätte,…). Zusatznutzen: Sicherheitsgewinn (eisfreie Windschutzscheibe) und Schonung von Werkzeugen durch vermindertes Kondensat an Werkstattausrüstung.

- Abtauen von Gehwegen und Terrassen. Zusatznutzen: Einsparen von Streusalz.

**Spezielle Merkmale zur Feinstaubreduktion:**

Neben dem Wärme-Zusatznutzen freilich spielt die sichere Nassabscheidung der Flugasche eine zentrale Rolle in der Überzeugungsarbeit mit Biomasseheizungen zum Wohle der Gesellschaft.

Flugasche wird durch das Kondensat elektrisch entladen und bindungsfähig. Dies sollte zu einer deutlichen Reduktion der Staubemissionen bei Festbrennstoffheizungen führen. Messungen bestätigen diese Vermutung und werden demnächst an einer offiziellen Prüfanstalt überprüft.

Durch die Nassabscheidung wird zudem Funkenflug praktisch unmöglich. Ein besonders bei Hackgutheizungen wichtiges Überzeugungsmerkmal, sich für diese Art der nachhaltigen Energiebereitstellung zu Heizzwecken zu entscheiden.

# 21. Feinstaub und die angewandte Kunst im öffentlichen Raum

*Ernst Horvath*

## 21.1  KURZBESCHREIBUNG

Nach Rücksprache mit Klimatechnikern, meinen Kenntnissen der Lüftungsanlagendimensionen des Plabutschtunnels und meinen Messerfahrungen des meteorologischen Kleinklimas von Graz scheint mir eine ganzjährig betriebene über die Stadt verteilte elektrostatische Filteranlage von ihrer Dimension her unrealistisch. Dennoch versuchte ich das vorhandene natürliche Energiepotential zu nützen und so eine ausreichende Filterung zu erreichen.

Mein Vorschlag: Der ferngesteuerte, gestaffelte, wirklich großräumige Einsatz von wasserführenden Turbulardüsen, die über den Venturieffekt die natürlichen Windströmungen unterstützen, lässt eine ausreichende Filterwirkung und Beeinflussung des Beckenklimas in Graz zu. Der über Wetter- und Verkehrsprognosen gesteuerte Einsatz der verschiedenen Anlagen kann bei vorzeitigem Einsatz die Anzahl der Grenzwertüberschreitungstage radikal reduzieren und die Kosten überschaubar planen. Um diese Wirkung im Sommer und Winter sicherzustellen, kann nach dieser vergleichsweise einfachen und kostengünstigen Methode bei Temperaturen über 3 °C das ganze Stadtgebiet einbezogen werden. Unter +3 °C allerdings können nur mehr der Bereich des Flussbeckens der Mur und die beiden Plabutschtunnel verwendet werden. Diese rechts und links des Stadtgebietes liegenden „Reinigungsschläuche" können aber relativ naturschonend nahezu permanent betrieben werden.

An Tagen mit entsprechend zu erwartender Erwärmung können dann zusätzlich Hausdachflächen großvolumig besprüht werden. Die Schadstoffe lagern sich zusätzlich an den feuchten Flächen an.

In Parks und Grünflächen können spektakuläre hohe skelettartige düsenbesetzte Kunstwerke das System ergänzen, um damit lokale Spitzenwerte abzufangen. Der hier zur Anwendung kommende Sprühregen ist ähnlich fein wie der von Außenklimaanlagen. Im Sommer dient er zur Abkühlung, im Winter zur Aerosolbindung und dem einfachen Abtransport der Schadstoffe. Mit Ionen angereicherte Feuchtnebel, spray rain wie er in Gallizien, der Bretagne oder GB genannt wird, wird vor allem von Asthmatikern durchaus als angenehm empfunden.

Um eine Begeisterung für dieses Projekt oder zumindest die entsprechende Akzeptanz der Bevölkerung zu erreichen, kann in Ergänzung unseres Aliens die ganze Stadt in ein tanzendes Lichterballett getaucht werden. Professionell ausgeführt, könnte das Projekt in seiner Gesamtheit durch den damit auch angesprochenen Besucherzustrom vermutlich sogar finanziert werden – siehe Tabelle 6).

## 21.2  PROBLEMSTELLUNG

Beeinflussung des Kleinklimas über ein gesteuertes Windsystem, Ausfilterung möglichst aller Aerosole mit keimfreiem Wasser, Reduktion der Tage mit Grenzwertüberschreitung. Zusätzlich ist es als Kunstprojekt für die Akzeptanz der technischen Maßnahmen gedacht.

### 21.2.1  Wirkprinzip

Das Prinzip der Auswaschung des Feinstaubes besteht aus dem Zusammenwirken der Verschmelzung oder Anlagerung der Aerosole an Wassertröpfchen, dem Abtransport in die Abwasserkanäle und der Unterstützung des vorhandenen Windsystems durch gerichtete, zuschaltbare Venturidüsen und dem adiabatischen Verdunstungseffekt. Die elektrostatische Aufladung der Wassertröpfchen unterstützt die Wirkung. In der Industrie gelingt nach diesem Prinzip die Reinstraumfilterung. Die dafür notwendigen großen Wassermengen liefert ein von der Mur und/oder Brauchwasserbrunnen gespeistes Brauchwassernetz, das über UV-Filter Keimfreiheit garantiert. Letztlich wird der Großteil dieser Menge wieder demselben System zugeführt.

**Hintergrundinformation**

Die in mehreren Publikationen (z.B. $PM_{10}$ anno 2007) aufgezeigten starken Hintergrundbelastungen bestätigen meine selbst gemessenen, räumlich erfassten Windmodelle und Temperaturverteilungen aus den 1980er Jahren. Hier stark vereinfacht die Wettersituation bei einer winterlichen Hochdrucklage:

Durch die morgendliche Einstrahlung erwärmen sich die Baukörper der Stadt sowie die umliegenden Hänge. Der daraus entstehende Sog meist mit Richtung NNO, verfrachtet Schadstoffkomponenten aus dem Süden wieder in das Becken zurück. Die oft gegen Mittag einsetzende Bewölkung lässt den so entstandenen Schadstoffabtransport in höhere Luftschichten wieder aussetzen – eine weitere Kumulation beginnt. Die Nächte sind oft sternenklar und kalte Abwinde lassen lokal Kälteseen in und außerhalb des Stadtgebietes, (Fölling, Weinitzen-Niederschöckelbecken, Gratwein etc.) entstehen. Daraus resultierende Inversionen sammeln die Schadstoffpakete in relativ flachen kaum durchmischten Schichten über dem Boden. Hohe Konzentrationen an Aerosolen sind die Folge. Momentane lokale Spitzenwerte in Bodennähe prägen dann die erfassten Daten.

Lediglich an Tagen mit einsetzendem Regen oder Schneefall lässt sich ein prägnanter, ja extremer Abfall der Schadstoffkonzentrationen in Graz und im Umland feststellen. Leider ist dies im Winter nur selten der Fall und bereits die Hintergrundbelastung in den Wintermonaten in Grenzwertnähe!

Wetterphänomene nachhaltig beeinflussen zu wollen, scheitert am notwendigen Energie- und Ressourcenaufwand. Das hier vorgestellte System erzeugt jedoch auch eine adiabatische Abkühlung, welches auch für eine abwärts gerichtete Kanalwirkung in der sonst relativ stabilen Schichtung über der Stadt sorgt. Die Mur als langer Abwindkanal für beide Stadtseiten übernimmt so die Funktion eines Sammelkanals auch bei tiefen Temperaturen. Die ausgewaschene gereinigte Luft verteilt sich seitlich. Ein Kostenüberblick für einen Dauerbetrieb fällt zumeist negativ aus. Lokal lässt sich jedoch die Anzahl der Überschreitungstage auf Grund der lokalen Wettervorhersage, der messbaren Verkehrssituation sowie der zentralen Steuerungsmöglichkeit der hier vorgestellten Methoden und Maßnahmen sicher machbar reduzieren.

1.  **Feinstaub am Ort des Entstehens bekämpfen.**

    a.  Die Straßenzüge entlang der beiden Steinbrüche im N und NO zyklisch reinigen (Kostenübernahme durch den Verursacher);

    b.  Im Bereich des Abbaugebietes eine permanente effiziente Berieselung mit Wasser sicherstellen (Teil der Abbaumethode = kostenneutral für die Stadt);

    c.  Straßen mit hohem Verkehrsaufkommen an neuralgischen Tagen zyklisch reinigen, um die stetige Verwirbelung zu reduzieren und Mikroteilchen zu binden;

    d.  Baustellen und Baustellenfahrzeuge feucht halten. Wassertanks mit Sprenklereinrichtungen vorschreiben…

    e.  Emittentenkataster verifizieren. Kleinklimatische Verwirbelungen durch regionale Industrieanlagen oder Heizzentralen berücksichtigen – eventuell tageweise Verkehrsumleitungen vorsehen.

2.  **Reduktion der Überschreitungstage durch den strategisch gestaffelten Eingriff in die mikroklimatischen Bedingungen im Großraum Graz**

    a.  **Erfassung der Situation**

        i.  Dank der relativ hohen Hintergrundbelastung zur Heizperiode im Großraum Graz bis Leibnitz kann prinzipiell nur ein Teilausmaß an Schadstoffen bekämpft werden.

Um die Betriebskosten so gering wie möglich zu halten, müssen bestehende Netzwerke genutzt und die hier vorgeschlagenen Anlageneinheiten nach dem Schweregrad der Belastung eingesetzt werden. Im Rahmen von Diplomarbeiten können grundlegende Rechenmodelle begleitet von Feuerwehrübungseinsätzen oder Schneekanonen im Vorversuch das Risiko der Erstinstallationen abdecken. Grundlage des gestaffelten strategischen Einsatzes der von hier vorgeschlagenen Systeme bilden die:

ii. Erfassung der Großwetterlage, Vorhersage der Druckverteilungen und der daraus resultierenden Mächtigkeit der Hauptwindrichtungen.

iii. Voraussage der Bewölkung und daraus resultierend die Überlagerung der Auf- und Abwinde infolge der Sonneneinstrahlung. Beobachtung der Nebelschichtung mit einer ansteuerbaren Webcam vom Sendemasten am Schöckl aus kann weitere Aufschlüsse bringen. (Ein von mir aufgenommener Zeitrafferfilm von diesem Standort aus zeigt die Bewegungen und das Anwachsen der nebeligen Grundschicht). Vorhandene Webcams am Plabutsch, Ölberg und der Teichalm sind hilfreich.

iv. Voraussage des Verkehrsaufkommens, aktuelle Zählung, eventuell Umleitungsmaßnahmen, grüne Welle etc.

v. Prognose der räumlichen Kumulierung der Aerosolbelastung für die kommenden drei Tage.

**b. Staffelung des Einsatzes**

i. Den Hauptanteil am Abbau der Luftschadstoffe im Großraum Graz bildet ein künstliches Windsystem, das durch Wasserturbulardüsen mit elektrostatischer Aufladung zum überdimensionalen Filter wird. An haushohen Lanzen entlang der Mur (siehe Abbildung 47 und Abbildung 49) werden, je nach Vorzugsrichtung des meist doch vorhandenen schwachen Windsystems, jeweils zwei oder mehr Düsen mit variabel zuschaltbarer hoher Luftmenge über Mitteldruckventilatoren eingesetzt. Teilweise beidseitig, etwa alle 80 m im Uferbereich montierte Lanzen ergeben so einen riesigen Schlauch, der die Luftmassen reinigen und auch weitertransportieren kann. Die durch den Verdunstungseffekt entstehende Abkühlung erzeugt lokale Fallwinde. Diese erzeugen ein flächenhaftes Ausrinnen der untersten Luftschichten zur Mur hin. Stabile Kälteseen sollten so in wenigen Stunden leer sein. Selbst bei negativen Temperaturen kann so nahezu der gesamte Verlauf der Mur relativ gut genützt werden. Entlang des Flussbettes, der Wasserschutzgebiete (eingeschränkt) und weiter im Süden von Graz Richtung Leibnitz und weiter, können sowohl im Sommer als auch im Winter die Sprühlanzen in Betrieb sein. Die Düsen bleiben ohne besondere Maßnahmen auch bei negativen Temperaturen wartungs- und eisfrei! Die Lanzen sind so ausgebildet, dass keine bewegten Teile sichtbar sind und die Gefahr von Vandalenakten gering bleibt. Versinnbildlichen kann man sich die Wirkungsweise bei den neuerdings so beliebten Dysonventilatoren.

ii. Spitzzeiten der Belastung werden durch kalte stabile Hochdrucklagen gebildet und dieses Wetter wartet vor allem nachts selten mit positiven Temperaturen auf. Nun könnten die beiden **Plabutsch-Tunnelröhren** ohne besondere Beeinträchtigung des Verkehrsstromes zur Reinigung herangezogen werden. Im Mittelteil der beiden Tunnel – jeweils 1 km vom Einfahrtsportal weg bis etwa 3 km vor dem Ausfahrtsportal könnte im warmen (durch die Motorabwärme der LKWs und PKWs aufgeheizten) oberen Absaugkanal die Luftreinigung mit dem gleichen Düsensystem erfolgen. Die vor Ort installierten Ventilatoren reichen für den Luftmassentransport. Die nach oben austretende Luft kann so zu keiner Beanstandung oder Beeinträchtigung führen. Die aus den Seitentälern von Graz nachströmende Luft sollte dann weniger belastet sein. Anzunehmen ist auch, dass damit auch höhere, reinere Luftschichten in das Beckenklima eingebunden werden. Ansaugkanäle müssten jedoch geschaffen werden, da Vereisung durch die Zuluft droht. Die adaptiven baulichen Maßnahmen in diesem Bereich sind nach Rücksprache mit den Behörden sicher erfassbar. Die unter Umständen erzeugte hohe Luftfeuchtigkeit bei anfallendem Stillstand der Ventilatoren könnte nach der Ausfahrt zur Beeinträchtigung der Fahrsicherheit beitragen. 3 km trockener warmer Tunnel sollten die Ausfahrt der Fahrzeuge wieder sicher gestalten. Andernfalls müssten die Einlasstore in Eggenberg jedoch geschlossen werden und die Ventilatoren nachlaufen. Die Motoren der Ventilatoren könnten im Normalbetrieb bei halber Last laufen. Die hohe Luftfeuchtigkeit kann den gekapselten Motoren nichts anhaben (Abbildung 50).

iii. Nutzbar sind jedoch auch die **Dachflächen auf öffentlichen Gebäuden,** Firmenarealen etc., die voluminös mit Wasser besprüht werden. Voraussetzung ist die großflächige Beobachtung der Temperaturgradienten, damit Vereisung ausgeschlossen werden kann. Dazu werden lediglich kleine dünne Masten benötigt, die ohne Zusatzventilatoren raumgreifend leise sprühen. Die Dachflächen werden benetzt und als Zusatzeffekt können sich die vorgeladenen Teilchen anlagern.

iv. Mehrere große voluminöse **Kunstbauten aus Edelstahlgerippen,** die sowohl im Sommer als auch an wärmenden Wintertagen ein feinstes Ausnieseln der Schadstoffe innerhalb des Stadtgebietes effizient ermöglichen, um damit lokal begrenzt die Lebensqualität zu heben. Der entstehende Abkühlungseffekt durch die Verdunstungskälte lässt lokal einen Sog entstehen, der mikroklimatisch bedeutend ist (Abbildung 51).

v. **Nord-Süd-Durchzugsstraßen** können technisch effektiv die Windsituation unterstützen und ebenso voluminös besprüht, von Winddüsen unterstützt, zum Auswaschen bei gesichert eisfreien Tagen benützt werden. N-S-gerichtete Einbahnsysteme können verkehrsbedingt allein durch den Fahrtwind bereits zusätzliche Verfrachtungsanteile liefern. Entsprechende Morgen- und Abendverkehrsspitzen (stadteinwärts/stadtauswärts gerichtet) könnten gezielt über Umleitungen erreicht werden (Abbildung 52).

vi. Zu untersuchen wäre auch, ob sich der Einsatz simpler Traglufthallen (Folientunnel, bekannt aus Gärtnereien), die als Solarkollektoren ausgebildet sind, lohnt. Sie könnten die durchströmende Luft erwärmen, letztlich an schönen, aber frostigen Wintertagen die Vereisung oder Schneebildung graduell verhindern und das Gesamtsystem mit kleineren Lanzen kostengünstig ergänzen. Raum: Murauen, abgeerntete Felder südlich von Graz. Leider liegt dort meist bis in den Nachmittag Bodennebel.

## 21.2.2 Kapazität

Um eine quantitative Aussage korrekt treffen zu können, können nur aussagekräftige Messdaten aus der Vergangenheit aus dem Raum Graz oder aus einer wetterähnlichen Situation im Städtevergleich herangezogen werden. Zudem verfälscht die hohe Hintergrundbelastung das Ergebnis. Dennoch kann von einer jährlichen Gesamtschadstoffreduktion von zumindest 30 % ausgegangen werden.

### 21.2.3 Methodik

Wissenschaftliche Belege über ähnliche Anlagen fand ich keine. Dennoch ist die industrielle Reinstraumtechnik als Vorbild und Maßstab heranzuziehen. Zusätzlich können die thermodynamischen Vorgänge nachgerechnet und mit Wetterdaten belegt werden. Vorversuche mit Feuerwehrübungen bzw. mit Schneekanonen können das Projekt absichern. Der stufenweise Ausbau und die langen Jahre der bisherigen Datenerfassung lassen sicher die entsprechend positiven Trends entdecken. Wissenschaftliche Beiträge zu Belastungsszenarien, Raumverteilungen und Reaktionsabläufen sind in den Foren der Stadt Graz, einigen deutschen oder italienischen Städten abrufbar.

## 21.3   KOSTENEFFIZIENZ

Anmerkung: Überschlagen Sie die Kosten für die Schneekanonen in Schladming, Rohrmoos usw. Auch dort wird aktiv in das Wettergeschehen eingegriffen. Geschaffen werden aber Arbeitsplätze im Fremdenverkehr.

### Umweg-Rentabilität → Spin-off financing

Da die klimatischen Faktoren auch im vorliegenden Fall nur sehr voluminös beeinflusst werden können, versuchte ich durch eine entsprechende Gestaltung der Anlagen sogar eine Geldquelle in Form einer Fremdenverkehrsattraktion zu schaffen. Mein Vorbild ist der Fontänenbrunnen in Barcelona, der jeden Abend hunderte Leute begeistert. Hier mein Vorschlag für Graz:

Über einzelnen Dächern der Stadt (öffentliche Gebäude, städtische Wohnanlagen), Parkanlagen und ausgewählten Straßenzügen sind Sprinkler/Vernebler über dünne Rohrsysteme als Reiniger aufgebaut. Sie stören die denkmalgeschützte Dachlandschaft am Tage nicht, dienen aber in der Nacht zusätzlich als Projektionsflächen (> 5 x 20 m) für moderne LED-Scheinwerfer. Da die Nächte meist klar sind, sind diese weithin sichtbar. Zweimal (z.B. 21:00 und 22:00 Uhr) werden alle Sprinklersysteme und die ebenso angestrahlten Fontänen entlang der Mur und die Wasserskelettkunstwerke für eine halbe Stunde eingeschaltet. Durch ausgewählte Musik und entsprechende, aber einfache Choreographien werden die Scheinwerfer angesteuert. Die Murinsel als Mittelpunkt und der Alien hätten nach zehn Jahren wieder eine Renaissance. Die große Verbreitung der Handys macht es möglich: Ein iPhone- oder Android-App lässt die Zuschauer an der Auswahl der Stücke teilhaben und die Tonuntermalung der bunten, über die Stadt schemenhaft tanzenden Lichter lässt sich überall empfangen. Die Zuschauer haben den Kunstgenuss und die Stadt keinen zusätzlichen Lärm, aber die Stadt eine neue Attraktion.

In Verbindung mit spektakulären Kunstobjekten wie Lichtschwert, Murinsel, Uhrturm (aufzustellen) usw. ergäbe sich langfristig ein sehenswertes Kunstkonzept mit schadstoffarmer Nachhaltigkeit. Entsprechende Kunstprojekte und Diplomarbeiten können angestoßen werden und die Stadt wird dem Titel City of Design einmal mehr gerecht. Aussichtspunkte wie der Schlossberg, St. Johann und Paul, die Kastner-Terrasse usw. werden zur Attraktion und die Hotelauslastung steigt sicher. Auch Linz mit seinem Höhenweg und den dampfenden Stationen ist hier beispielgebend.

Ich bitte die Juroren, sich die Gesamtausmaße des Guggenheimmuseums und seiner neu geschaffenen Umgebung in Bilbao (ESP) zu vergegenwärtigen. In Anlehnung an den Aufschwung, den diese Stadt durch den Wechsel von Industrieruine zur Parklandschaft mit dem architektonisch einzigartigen Publikumsmagnet von Frank O. Gehry genommen hat, getraute ich mich von der notwendigen Dimension her zu dem Ansatz für das vorliegende Projekt. Vielleicht ist Ihnen bekannt, dass der dort geplanten über 50 Mio. € teuren Museumsinsel sehr kontroverse Meinungen der Bürger entgegenstanden, die Stadt jedoch über die Kunst ihre desolaten Finanzen damit mehr als sanieren konnte (jährliche Einnahmen durch den Fremdenverkehr nun > 50 Mio. €!). Zudem wurde einer ganzen Region und ihren Einwohnern eine neue Identität und Qualität gesichert. Bei ähnlich großzügiger Planung, aber vergleichsweise geringsten Kosten könnte dem Projekt technisch ein durchschlagender Erfolg beschieden sein. Kunstobjekte, getrieben von unseren Universitäten oder international bekannten Künstlern in immer wieder neuer dynamischer Installation würden Besucher anziehen und damit eine ausreichende Akzeptanz der Menschen in der Stadt für die so getarnten technischen Anlagen manifestieren. Die Sicherung der Ideen könnte zur Lizenzvergabe in andere Länder führen.

Nur wenn das Gesamtprojekt groß genug geplant ist, lässt sich auch eine signifikante Verbesserung der Luftqualität erreichen. Das Motto des Gesamtkonzeptes kann nur sein: kurzfristiges baskisches oder englisches Nieselwetter statt trockene Feinstaubwüste. Ein Datenvergleich unterstreicht dies.

## 21.4   ENERGIEEFFIZIENZ

Der Energieaufwand ist extrem gering. Instandhaltungskosten sind auch gering, die Anlagen sind versicherbar (siehe Tabelle 6).

## 21.5   ÖKOLOGISCHE UNBEDENKLICHKEIT UND SICHERHEIT

Zweifelsohne entstehen durch das System Einschränkungen durch den einen oder anderen unerwarteten Nieselschauer in Murnähe oder auch im Grazer Stadtgebiet. Dank der Prognosemöglichkeiten und der aktuellen Messungen sollten Glatteisbildung und der Einsatz zusätzlicher Salzstreuung vermieden werden können. Ein Großteil der Menschen sucht sich jedoch solche Plätze als Wohlfühlräume aus. (Wassernebelschwaden großer Brunnen oder Wasserfallnähe). Es ist ein Brauchwassernetz aufzubauen und durch die UV-Bestrahlung sowie die Wasserionisation an den Lanzen werden schnell zerfallende Ozonanreicherungen entstehen. Die hohe Effektivität der Wind- und Spraydüsen wird der Mur entlang eine nicht allzu große Geräuschentwicklung erwarten lassen. Entwicklungsschritte aus der Industrie können übernommen werden. Die zentrale Steuerung über das Telefonnetz mittels Webserver und eine 400 V Drehstromenergieversorgung sollten keinen Eingriff in die Natur darstellen. Wenige Absetzbecken und Brunnenhäuschen werden nicht stören. Dennoch wird der Murradweg manchmal vermutlich wegen Glatteisgefahr gesperrt werden müssen. Allabendliche Informationen in den Lokalnachrichten, lokale elektronische Infotafeln könnten dann aber auch die für die Verkehrsumleitungen (so diese notwendig sind) Aufklärung und Akzeptanz bringen. Die Nutzung der Anlagen in lauen Sommernächten (Blitzender Alien, laufende Lichter zur Musik in den Handys als Publikumsmagnet) sollte keine Zusatzbelastung darstellen, aber die permanente Überprüfung der Anlagen automatisieren und damit vereinfachen.

*Tabelle 6:*     *Projektübersicht: Feinstaubabbau Graz (Quelle: Einreichunterlagen)*

| | Technische Daten | Techn. Installations-kosten | lfd. Kosten/h | lfd. Kosten/d | gepl. Stückzahl | Projektkosten |
|---|---|---|---|---|---|---|
| **Murmasten** | **Mastlänge 12 m 178 mm Ø** | **3.200 €** | | | 250 | |
| | Gebläse: 7,5 KW 88 m³/min 5280 m³/h 110kg | **700 €** | 0,50 € | 125,00 € | | |
| | 2x Kunststoffdüsen à 250 mm Ø Transportmenge ca. 10 x 16 x 80m/h (Verstärkungsfaktor 2,5) | 280 € | | | | |
| | Hochspannungsgenerator inkl. Installation | 1.600 € | | | | |
| | 22 mm Kunststoffverrohrung für die Wasservernebelung. Wasser-verbrauch ca. 60l /min 3,6 m³/h | 200 € | | | | |
| | Güde Wasserpumpe 400V 2 KW max. Förderhöhe 50 m 5m³/h Güde RÜSSELPUMPE JA 200 T 400 V | 200 € | 0,14 € | 35,00 € | | |
| | Wasseraufbereitung, Tank | 1.700 € | | | | |
| | Montage, Installationen, Miniserversteuerung, Webcam, Softwareanpassung | 1.900 € | | | | |
| | | 9.780 € | | | | 2.445.000 € |
| **Hausanlagen** | **Mastlänge 6 m 178 mm Ø** | **1.800 €** | | | 80 | |
| **Straßen-anlagen** | 2x Kunststoffdüsen à 200 mm Ø Transportmenge ca. 10 x 8 x 20 m/h | 280 € | | | 125 | |
| | Hochspannungsgenerator inkl. Installation | 1.600 € | | | | |
| | 22 mm Kunststoffverrohrung für die Wasservernebelung. Wasser-verbrauch ca. 40l /min 2,4 m³/h | 200 € | | | | |
| | Güde Wasserpumpe 400V 2 KW max. Förderhöhe 50 m 5m³/h Güde RÜSSELPUMPE JA 200 T 400 V | 200 € | 0,11 € | 6,60 € | | |
| | Wasseraufbereitung, Tank | 1.700 € | | | | |
| | Montage, Installationen, Softwareanpassung | 1.500 € | | | | |
| | | 7.280 € | | | | 582.400 € |
| **Kunst-installation** | Konstruktionskubatur 25 x 15 m | 130.000 € | | | 6 | |
| | 3x Gebläse: 7,5 KW 88 m³/ min 5280 m³/h 110kg | **2.100 €** | 1,50 € | 12,00 € | | |
| | 6x Kunststoffdüsen à 250 mm Ø Transportmenge ca. 24 x 20 x 80m/h (Verstärkungsfaktor 2,5) | 840 € | | | | |

| | | | | | | |
|---|---|---|---|---|---|---|
| | Hochspannungsgenerator inkl. Installation | **2.800 €** | 0,08 € | | | |
| | 22 mm Kunststoffverrohrung für die Wasservernebelung. Wasserverbrauch ca. 60l /min 3,6 m³/h | **800 €** | | | | |
| | 3 x Güde Wasserpumpe 400V 2 KW max. Förderhöhe 50 m 5m³/h Güde RÜSSELPUMPE JA 200 T 400 V | **600 €** | 0,42 € | | | |
| | Wasseraufbereitung, Tank | **3.200 €** | | | | |
| | Montage, Installationen, Miniserversteuerung, Webcam, Softwareanpassung | **4.500 €** | | | | |
| | | **144.840 €** | | | | **869.040 €** |
| **Plabutsch-tunnel** | 2x Kunststoffdüsen à 200 mm Ø Transportmenge ca. 6 x 6 x 200 m/h | **280 €** | | | 40 | |
| | Hochspannungsgenerator inkl. Installation | **1.600 €** | | | | |
| | 22 mm Kunststoffverrohrung für die Wasservernebelung. Wasserverbrauch ca 40l /min 2,4 m³/h | **200 €** | | | | |
| | Güde Wasserpumpe 400V 2 KW max Förderhöhe 50 m 5m³/h Güde RÜSSELPUMPE JA 200 T 400 V | **200 €** | 0,11 € | 4,40 € | | |
| | Wasseraufbereitung, Tank | **1.700 €** | | | | |
| | Montage, Installationen, Softwareanpassung 2er Positionen | **1.500 €** | | | | |
| | | **5.480 €** | | | | **219.200 €** |
| | Grundstückaufbereitung, Betonsockel, Montage | | | | | **4.800.000 €** |
| | Gesamtplanung | | | | | **400.000 €** |
| **Kosten** | **Gesamtkosten (ohne Grundstücks- und Fundamentkosten)** | | | **183,00 €** | | **9.315.640 €** |
| | **Jährliche Betriebskosten** | | **90 Tage Vollbetrieb:** | **16.470,00 €** | | |
| | **Jährliche IH-Kosten** | | | | | **600.000,00 €** |

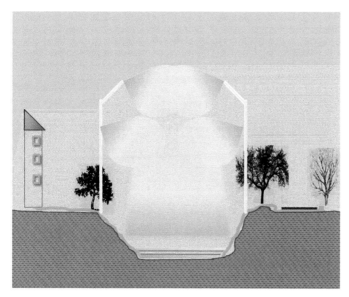

*Abbildung 47: Einfache Profil-Prinzipskizze für die Situierung der Sprühmasten*
*(Quelle: Einreichunterlagen)*

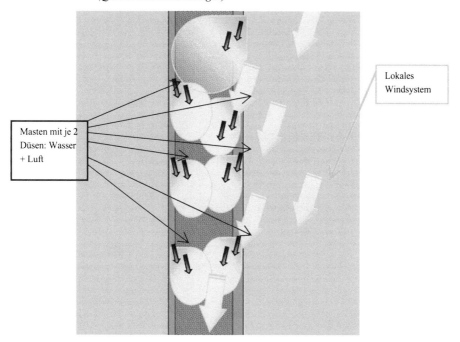

*Abbildung 48: Vereinfachte Vogelperspektive für das unterstützte Windsystem im Verlauf der Mur*
*(Quelle: Einreichunterlagen)*

Die in Österreich hergestellten Beleuchtungsmasten können für die Montage der Düsen herangezogen werden. Der kleinste Mast könne auch für die Dachkonstruktionen Verwendung finden.

Die Ausführung der LED-Scheinwerfer brauche ich hier nicht zu beschreiben. Die Möglichkeit, diese zu Videozwecken oder Tonmodulationen zu verwenden, ist evident und in der Anschaffung von der Kostenseite unbedeutend.

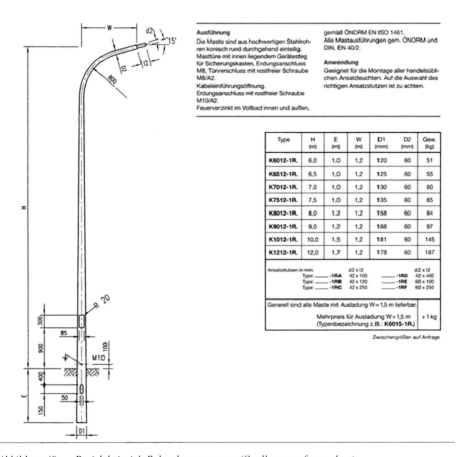

Ausführung

Die Maste sind aus hochwertigen Stahlrohren konisch rund durchgehend einteilig. Masttüre mit innen liegendem Gerätesteg für Sicherungskasten, Erdungsanschluss M8, Türverschluss mit rostfreier Schraube M8/A2.
Kabeleinführungsöffnung.
Erdungsanschluss mit rostfreier Schraube M10/A2.
Feuerverzinkt im Vollbad innen und außen,

gemäß ÖNORM EN IISO 1461.
Alle Mastausführungen gem. ÖNORM und DIN, EN 40/2.

Anwendung

Geeignet für die Montage aller handelsüblichen Ansatzleuchten. Auf die Auswahl des richtigen Ansatzstutzen ist zu achten.

| Type | H (m) | E (m) | W (m) | D1 (mm) | D2 (mm) | Gew. (kg) |
|---|---|---|---|---|---|---|
| K6012-1R. | 6,0 | 1,0 | 1,2 | 120 | 60 | 51 |
| K6512-1R. | 6,5 | 1,0 | 1,2 | 125 | 60 | 55 |
| K7012-1R. | 7,0 | 1,0 | 1,2 | 130 | 60 | 60 |
| K7512-1R. | 7,5 | 1,0 | 1,2 | 135 | 60 | 65 |
| K8012-1R. | 8,0 | 1,2 | 1,2 | 158 | 60 | 84 |
| K9012-1R. | 9,0 | 1,2 | 1,2 | 168 | 60 | 97 |
| K1012-1R. | 10,0 | 1,5 | 1,2 | 181 | 60 | 145 |
| K1212-1R. | 12,0 | 1,7 | 1,2 | 178 | 60 | 187 |

Ansatzstutzen in mm:

| Type: | -1RA | d2 x 12 42 x 100 | | -1RD | d2 x 12 42 x 400 |
| Type: | -1RB | 42 x 120 | | -1RE | 60 x 100 |
| Type: | -1RC | 42 x 250 | | -1RF | 60 x 250 |

Generell sind alle Maste mit Ausladung W = 1,5 m lieferbar.

Mehrpreis für Ausladung W = 1,5 m
(Typenbezeichnung z.B.: **K6015-1R.**)  + 1 kg

Zwischengrößen auf Anfrage

*Abbildung 49:    Projektbeispiel: Beleuchtungsmasten (Quelle: www.fonatsch.at)*

**Breiter Kegel, rundes Sprühbild**

Modell: AW1010SS
Material: Edelstahl, Typ 303

Modell: AW1020SS
Material: Edelstahl, Typ 303

Modell: AW1030SS
Material: Edelstahl, Typ 303

Modell: AW1040SS
Material: Edelstahl, Typ 303

Modell AW1010SS, AW1020SS, AW1030SS und AW1040SS
Düsen mit großem Austrittswinkel und rundem Sprühbild

Die EXAIR-EPUTEC Zerstäuberdüsen mit großem Austrittswinkel und rundem Sprühbild sind für die Abdeckung eines großen Bereichs bestens geeignet. Sie können so eingestellt werden, dass sie einen leichten Nebel oder einen starken Sprühstrahl zum Einweichen erzeugen. Verbreitet werden sie zur Staubbindung sowie zum großflächigen Befeuchten und Kühlen von Produkten, Personen oder Vieh eingesetzt. Auch für das Auftragen einer Beschichtung auf Teile, die in großen Behältern verpackt sind, sind diese Düsen perfekt geeignet, so zum Beispiel für das Besprühen eines Behälters mit gestanzten Stahlteilen mit Öl, um ein Oxidieren während des Versands zu verhindern.

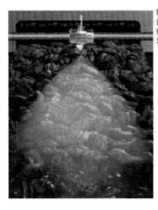

Modell AW1030SS,
bei der Herstellung von
Holzkohlebriketts zur
Staubbindung eingesetzt.

*Abbildung 50:    Projektbeispiel: Einsatz ähnlicher Düsen im Oberteil der beiden Plabutschtunnel (Quelle: www.eputec.de)*

*Abbildung 51:    Projektbeispiel: Skelettkonstruktion Uhrturm mit Sprühnebel und Beleuchtung. Kubatur: z.B. 20 x 20 x 35 m Sogwirkung bis in 100 m Höhe (Quelle: Einreichunterlagen)*

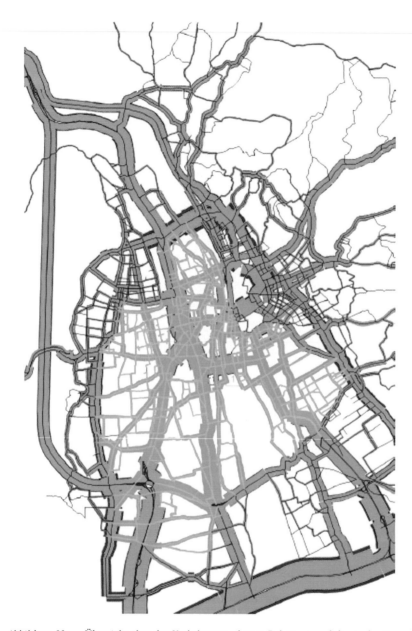

*Abbildung 52: Übersicht über das Verkehrsnetz, dessen Belastung und die Ausbreitung der Verkehrswege (Quelle: Rexeis et al. 2009, modifiziert)*

KFZ-Verkehrsbelastungen am Straßennetz der Stadt Szenario B Umweltzone 2012; unterschieden nach Fahrzeugen, die fahrzeugtechnisch von der Umweltzone betroffen sind (rot und violett dargestellt) bzw. nicht betroffen sind (dunkelgrün dargestellt). Hinweis: die hellgrün dargestellten Straßenachsen beschreiben das Netz der untersuchten geplanten Umweltzone (Rexeis et al. 2009).

# 22. Graz die Stadt der Gradieranlagen

*Anne und Peter Knoll*

## 22.1 KURZBESCHREIBUNG

Feststellung der Windströmungen in und durch Graz:

Positionieren von „Gradieranlagen" an den windmäßig effektivsten Stellen. Je nach örtlicher Gegebenheit fallen die Größenordnungen der Gradieranlagen aus. Als Beispiel möchten wir hier die Gradieranlage in Bad Reichenhall (mit einer Länge von 160 m und einer Höhe von ca. 11 m) anführen, von der schon über Jahrzehnte, ja wenn nicht über ein Jahrhundert, die Stadt von der gut befeuchteten Luft – von den Aerosolen – profitiert. Als eine kleinere Bauart möchten wir hier die Gradieranlage „Waldkapelle" in Maria Fieberbründl in der Oststeiermark anführen, bei der wir mitgestaltet haben. Da die Gradieranlagen bis jetzt vorwiegend Holzbauten sind, siehe auch die riesigen Anlagen im ehemaligen Ostdeutschland, würde auch die Holzbauweise dem Waldland Steiermark gerecht werden.

## 22.2 LÖSUNGSANSATZ

### 22.2.1 Wirkprinzip

In einer Gradieranlage wird salzhaltiges Wasser auf Schlehdorn-Bündel mit möglichst hohem Gefälle geleitet, wird dort feinst zerstäubt und bildet dadurch ein ganz feines Salz-Luft Gemisch ähnlich einer Meeresbrandung. In unserem Fall, in Graz, werden dadurch Staubpartikel, die aufgrund der Windströmungen im geeigneten Winkel auf die Gradieranlage treffen, gebunden und so aus der Luft ausgeschieden und ausgefiltert. Man kann sich das ähnlich vorstellen wie in einem Lackierraum, wo man vor einer Wasserwand lackiert und durch das fallende Wasser werden auch hier die feinsten nebelartigen Lackpartikel gesammelt und ausgeschieden.

*Abbildung 53:   Gradieranlage, Bad Wörishofen (Quelle: Einreichunterlagen)*

Da unseres Erachtens die Winde und Luftströmungen entlang der Mur und von dort in die jeweiligen Häuserstraßen- bzw. Häuserblockzwischenräume ziehen, bestimmen diese die optimale Positionierung der Gradieranlagen, die dann im Zusammenhang mit den großen und kleinen Parks mit den Bäumen und Bepflanzungen die Luft in Graz verbessern. Inwieweit man Häuserfassaden mit derartigen Anlagen ausstatten kann, müsste ein Forschungsauftrag ausweisen.

## 22.3   KOSTENEFFIZIENZ

Eine kleine Gradieranlage "Waldkapelle" in Maria Fieberbründl kostet an die € 130.000.

Sukzessive kann man Jahr für Jahr Gradieranlagen errichten und somit kann Graz sich zu einer Stadt mit einer guten Luft wandeln.

# 23. Sprinklerbäume

*Heinrich Lembach*

## 23.1 KURZBESCHREIBUNG

Bekämpfung von Fein- u. Grobstaub durch künstlichen Niederschlag, realisiert durch Sprinklerbäume (Prinzipskizze siehe Abbildung 54), errichtet in einem ersten Schritt an Hauptverkehrsstraßen.

## 23.2 LÖSUNGSANSATZ

### 23.2.1 Wirkprinzip

Die Verminderung der Staubproblematik durch meteorologische Niederschläge ist bekannt und unbestritten. Die Nachahmung dieser Verhältnisse durch künstliche "Luftwäsche" liegt der Projektidee zu Grunde.

Die Wirksamkeit ist abhängig vom Umfang der gesetzten Maßnahmen und kann nur nach einem Groß-Feldversuch im Bereich einer Messstation festgestellt werden. Berechnungen vorab wären unseriös.

## 23.3 KOSTENEFFIZIENZ

Mit ca. € 2.000,- pro Sprinklerbaum ist zu rechnen.

## 23.4 AUSFÜHRUNG

An Hauptverkehrsstraßen mit den Auflagen:

*   nicht in Kreuzungsbereichen, an Haltstellen und Zebrastreifen;
*   Sprinklerbetrieb bis +5 °C Außentemperatur; unter +4 °C kein Sprinklerbetrieb;
*   Sprinklerbetrieb zwischen 02.00 Uhr bis 04.00 Uhr oder andere Wahl;
*   Anschluss ans Hydrantennetz; möglichst mehrere Sprinklerbäume zusammengefasst, nach den örtlichen Gegebenheiten (Batteriebetrieb);
*   Sprinklerbäume ausgeführt als Trockenleitung und zugeordnet zu den jeweiligen Messstationen.

**Normalbetrieb**

Bei Überschreitung von 50 % des Grenzwertes wird bei Erreichung von 60 % der Sprinklerbetrieb freigegeben, jedoch erst ab 02.00 Uhr. Sprinklerbetrieb bis Erreichung von 40 % des Grenzwertes, jedoch bis maximal 04.00 Uhr.

**Notbetrieb**

Bei Erreichung von 90 % des Grenzwertes wird der Sprinklerbetrieb freigegeben und zwar zu jeder Zeit. Sprinklerbetrieb bis Erreichung von 50 % des Grenzwertes.

**Betriebsregime**

Ein jeder Messstation zugeordneter Regensensor unterdrückt beim Aufkommen von natürlichen Niederschlägen jeglichen Sprinklerbetrieb.

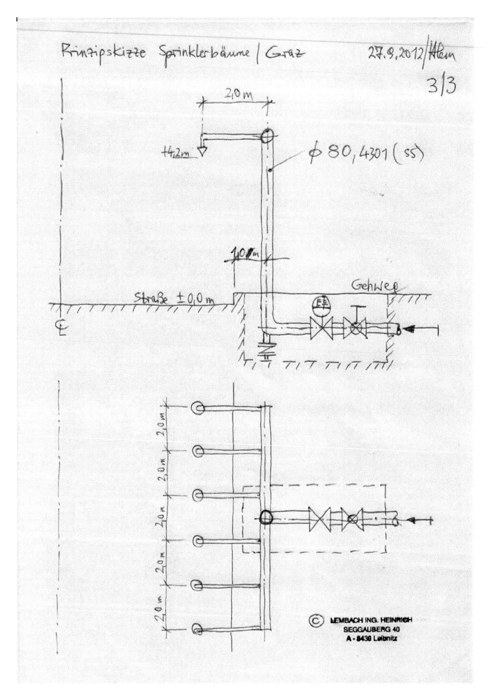

*Abbildung 54:     Prinzipskizze: Sprinklerbäume Graz (Quelle: Eigene Darstellung)*

# 24.   Mobile Luftreinigungssysteme

*Georg Lohmann (Biocar)*

## 24.1   KURZBESCHREIBUNG

Bei der Erfindung handelt es sich um ein Verfahren zur Luftreinigung auf öffentlichen Straßen und Flächen. In Folge einer fortschreitend strengeren Gesetzgebung droht die Gefahr der Einschränkung des öffentlichen Kraftverkehrs innerhalb der Städte. Hier kommt es durch das wachsende Verkehrsaufkommen zur extremen Verdichtung von Verbrennungsrückständen aus Wärmekraftmaschinen, Reifenabrieb und Straßenbelagsabrieb, Abrieb von Brems- und Kupplungsbelägen sowie giftigen und gesundheitsschädlichen Feinstäuben aus Fahrzeugen mit modernster Abgastechnik.

Als Folge dieser Entwicklung ist absehbar, dass eine Einschränkung des Kraftverkehrs innerhalb der Städte volkswirtschaftliche Schäden herbeiführen wird, denn schadstoffarme oder schadstofffreie Alternativen stehen nicht in ausreichendem Umfang zu Verfügung. Gleichzeitig ist nicht erkennbar, wie der Mangel beseitigt werden soll, denn die gesetzlichen Fahrverbote wirken sofort, während technische Verbesserungen an den Verursachern erst in Jahren zu erwarten sind.

Hier setzt die Erfindung an, denn sie wirkt sofort und unmittelbar neben den Verursachern.

**Luftwäsche nach dem Vorbild der Natur**

Jeder kann beobachten, dass die Atmosphäre nach Regenfällen gereinigt wurde. Der Vorgang der Reinigung beruht darauf, dass schwebende Partikel durch kleinste oder größere Wassertropfen angezogen und zu Boden gerissen werden. Diese Wirkung lässt sich künstlich herbeiführen und besonders an Orten einsetzen, die niemals der reinigenden Wirkung eines Regengusses ausgesetzt sind. Es sind dies die Unterführungen und Tunnels in den Städten und anderswo. Hier kommt es zu Konzentrationen von auswaschbaren Verunreinigungen, die weit über den zulässigen Grenzwerten liegen. Besonders bei höheren Lufttemperaturen, bei Windstille und bei stehendem Verkehr ist die Schadstoffkonzentration hier unzumutbar hoch. Gleichzeitig bieten aber Decken und Wände der Bauwerke die Möglichkeit, mit vorgehängten Beregnungs- oder Befeuchtungsanlagen die hier entstehenden staubförmigen Luftverschmutzungen in der Minute ihres Freiwerdens zu beseitigen oder zumindest zu reduzieren. Wie bei einem Regenguss wird hier in einem röhrenförmigen Bauwerk besonders wirksamer Weise die Luft gereinigt und die enthaltenen Schadstoffe werden über die Kanalisation entfernt.

Wo sich die Gelegenheit bietet, kann Wasser aus der Umgebung eingesetzt werden. Hier ist an Alpentunnels zu denken, das gleiche gilt für Flussunterquerungen. Vielfach steht auch Brauchwasser zur Verfügung, sodass Trinkwasser zuletzt eingesetzt werden sollte. In jedem Fall führt die Luftwäsche an diesen Brennpunkten zur Verbesserung der Luftqualität mit einfachsten, der Natur nachgebildeten Mitteln.

## 24.2   LÖSUNGSANSATZ

### 24.2.1  Wirkprinzip

Bei dem Verfahren handelt es sich um die Reinigung von bodennahen Luftschichten auf öffentlichen Verkehrswegen. Als Folge einer zunehmend strengeren Gesetzgebung droht die Gefahr von Einschränkungen des Straßenverkehrs mit Kraftfahrzeugen. Sie sind nach allgemeiner Ansicht die Hauptursache für die Zunahme der Feinstaubbelastung in den Städten. Dieser unnatürliche Feinstaub hat seine Quelle neben den Emissionen aus den Verbrennungsmotoren im Wesentlichen beim Abrieb von Straßenbelag, Kupplung, Bremsbelägen und Fahrzeugbereifung. Somit ist die Herkunft der Staubbelastung auf die Straßenoberflächen und den Bereich bis etwa 50 cm darüber zu lokalisieren. Hier ist mit der Erfindung die Schadstoffbelastung direkt an der Quelle zu reduzieren, bevor die Schadstoffe durch die normale Luftbewegung in unbelastete Bereiche und in die Ebene der menschlichen Atemluftaufnahme getragen werden.

Jeder hat schon beobachtet, wie die Atmosphäre durch Regen gereinigt wird. Es regnet jedoch zumeist nicht, wenn die Staubbelastung hoch ist. Durch den zunehmenden Kraftverkehr in den Städten hat auch die Belastung durch die damit verbundenen Emissionen zugenommen. Eine natürliche Luftreinigung durch zunehmende Regenfälle ist jedoch nicht zu beobachten. Die Erfindung löst das Problem, indem sie die Straße bei Bedarf und sinnvoll gesteuert benässt. Daneben ist die Schadstoffbelastung in Tunnels und Unterführungen um ein Vielfaches höher, weil hier in der Regel die belastete Luft nur an zwei Stellen abfließen und es niemals zur natürlichen Luftwäsche durch Regen kommen kann. Hier besonders und allgemein kann die Erfindung wirksam zur Schadstoffverminderung beitragen.

Von einer nassen Straßenoberfläche wird kein Staub aufgewirbelt. Mit der Erfindung wird die Straßenoberfläche nass gehalten, wenn es erforderlich ist. Die von den Fahrzeugreifen aufgewirbelten Wassertropfen und Nebel sind schwerer als der Feinstaub, binden diesen und sinken schnell wieder zu Straßenoberfläche, wo sie durch nachfließendes Wasser weggetragen und der Kanalisation zugeführt werden. Es findet also im Ergebnis eine dem natürlichen Ablauf gleichzusetzende Reinigung statt, die lediglich dem nächsten Regenguss vorgreift.

**Beschreibung**

Die Wasserzuleitung erfolgt vom Straßenrand, bevorzugt aus dem Winkel zwischen Bordsteinkante und Straßenoberfläche, aber auch in einer gefrästen Nut in der Straßenmitte. Hier wäre z.B. eine perforierte Leitung angebracht, die andauernd oder zeitlich gesteuert den Straßenbelag beregnet und nass hält. Die Zuleitungen sind flach oder rund, mechanisch belastbar und werden durch Frost nicht geschädigt. Andere Formen der Wasserzufuhr über festverlegte Leitungen sind den örtlichen Gegebenheiten anpassbar. Hat die Straße quer zu Fahrtrichtung ein Gefälle, so reicht die Spritzwasserzufuhr auf der höheren Seite. Hat die Straße insgesamt Gefälle, so wäre eine quer zur Straße laufende Wasserzu- und -ableitung die bessere Lösung. Die Wasserzufuhr einer solchen Straßenberegnungsanlage kann durch mehrere Parameter wie die tatsächliche Luftbelastung oder die Umgebungstemperaturen gesteuert werden. Zunächst ist die Straßenoberfläche in den am meisten befahrenen Bereichen nass zu halten, aber nur, wenn tatsächlich Verkehrsfluss stattfindet Es wird auch nicht die gesamte Oberfläche genässt, sondern die bevorzugt befahrenen Bereiche. Es kann auch ein festgelegter Grenzwert der Luftbelastung der Auslöser für die Luftwäsche sein. Durch von Bewegungssensoren ausgelöste Signale kann gesteuert beregnet werden, beispielsweise wenn sich kein Fahrzeug im Beregnungsbereich befindet oder gerade dann. Jede Art der Steuerung der Wasserzufuhr wird auf sparsamen Wasserverbrauch bei größtem Nutzen ausgelegt. Eine Beregnung kann unerwünscht sein, wenn dadurch Glatteisbildung möglich wäre. Sofern vorhanden, kann durch den Einsatz von Regen- oder Brauchwasser die Nutzung von teurem Trinkwasser vermieden werden.

**Vorschlag für Schutzansprüche:**

1. Beregnungsanlage zur Feinstaubverminderung und Reinigung von bodennahen Luftschichten auf öffentlichen Verkehrswegen.

2. Beregnungsanlage nach Anspruch 1, gekennzeichnet dadurch, dass hier mit auf die Straßenoberfläche aufgetragenem Wasser dort entstehender und vorhandener Staub und Abrieb gebunden werden.

3. Beregnungsanlage nach Anspruch 2, gekennzeichnet dadurch, dass das Wasser über geeignete Zuleitungen parallel oder quer zum Straßenverlauf bevorzugt in die stärker belasteten Bereiche zugeführt wird.

4. Beregnungsanlage nach Anspruch 2, gekennzeichnet dadurch, dass die Wassermenge und der Zeitpunkt der Zuleitung durch Steuerungselemente mit dem Ziel der Wirkungsoptimierung geregelt werden.

Da eine solche Anlage bisher nicht eingesetzt wurde, muss man von Schätzungen ausgehen.

### 24.2.2 Kapazität

Ein stetig fließender Wasservorhang verteilt auf einer Fläche von 10 m² (10/1m) vermag bei einem Wasserdurchsatz von 20 l/min die Partikelmenge in 30 Minuten um 50 % zu reduzieren. Eine Reduzierung um weitere 50 % (auf 25 %) dauert doppelt so lang.

## 24.3 KOSTENEFFIZIENZ

Kosten ohne Abschreibung, Wartung und Reparaturen hängen von der Menge /Qualität des Wassers ab. Das Wasser könnte bis zur Sättigungsgrenze recycelt werden. Das würde den Wasserverbrauch reduzieren und Pumpkosten verursachen. Somit sind die Betriebskosten neben den Fixkosten abhängig von dem erstrebten Reinigungsgrad.

## 24.4 ENERGIEEFFIZIENZ

Die laufenden Kosten hängen vorrangig von der Qualität und Menge des verwendeten Wassers ab, sowie ob Pumpenarbeit nötig ist. Gespeichertes Regenwasser sowie schwach belastete Abwässer und Entnahmen aus Fließgewässern wären kostengünstiger.

## 24.5 ÖKOLOGISCHE UNBEDENKLICHKEIT UND SICHERHEIT

Selbstredend wird man bei Frostgefahr auf das Benässen von Straßen- und Tunnelwänden verzichten. Ob ein eingeschlagener Weg zur Partikelreduktion ökologisch unbedenklich ist, wird zu einer Güterabwägung führen. Anrainerinteressen wird man berücksichtigen müssen, wobei nachgewiesene Verbesserungen (Feinstaubabnahme) mögliche Nachteile aufwiegen müssen.

Der vorgeschlagene Lösungsweg wäre im Rahmen eines Forschungsauftrags für jede Technische Universität ein Leckerbissen und würde Möglichkeiten und Grenzen belegen, ohne unnötig Geld in den Sand zu setzen. Ich sehe den Kostenaufwand für eine Versuchsanlage im mittleren fünfstelligen Bereich.

Zuletzt und nicht ohne einen Hauch Ironie möchte ich Sie zu dem Gedanken führen, was die Brüder Wright wohl auf sinngemäße Fragen des Verteidigungsministeriums der USA nach der Vorstellung ihres Flugapparates gesagt hätten.

# 25.  Feinstaubbekämpfung mit Wasserrauchsystemen©

*Andreas Rauch (Rauch Befeuchtungstechnik)*

## 25.1  KURZBESCHREIBUNG

**Ein alternatives Verfahren zur Entfernung von Feinstaub aus der Luft.**

Wasserrauch bekämpft Feinstaub. Um kleinste Staubpartikel binden zu können, braucht es nur einen mikrofeinen (5-10 µ) Wasserrauch. Da Staub elektrisch negativ geladen ist und der Nebel durch die Verdüsung positiv, entstehen zusätzliche Bindungskräfte. Die starke Diffusion des Nebels erfasst eine schnelle Ausbreitung von Staub. Die Sättigung der Luftfeuchtigkeit vermindert überdies Staubverwirbelungen. Das Austragen von Gasen oder gesundheitsschädigenden Mikroorganismen wird damit ebenfalls eingedämmt.

## 25.2  LÖSUNGSANSATZ

### 25.2.1  Wirkprinzip

Es ist ersichtlich, dass ein großer Anteil des Feinstaubs in Städten durch den Straßenverkehr verursacht wird. Durch Anbringung von Wasserrauchsystemen entlang von Hauptstraßen an Straßenmasten wird ein feiner Wasserrauch erzeugt. Durch eingebaute Ventilation und Sprühtechnik kann der feine Wasserrauch bis zu 20 m in die Atmosphäre versprüht und in die verschmutzte Luft eingebracht werden. Im Zuge der Verwirbelung und des folgenden Absinkens des Nebels werden feine Staubpartikel aufgefangen und vom Wasser eingedämmt. Der Staub schlägt sich auf die Straßendecke ab und kann von dieser auf einfache Art und Weise entfernt werden.

**Betriebstheorie**

- Anbringung an Strommasten, da dort eine Stromversorgung besteht.
- Wasserspeisung durch Hydranten oder Brauchwasser (Wasserrauchsysteme können auch mit Brauchwasser betrieben werden).
- Heizung für Leitungen oder Beimengung von unbedenklichem Frostschutz gegen Vereisung.
- Steuerung durch Strom Ein/Aus über Steuerung der Beleuchtungstechnik.

## 25.3  KOSTENEFFIZIENZ

Anbringungshöhe: ca. 3-4 m über der Fahrbahn

Leistungsschätzung: ca. 30-40 m pro Gerät und Straßenseite

- Stromkosten p. Gerät : 1 kW (1000 W) ca.€ 0,05
- Wasserkosten: 1 m³ (1000 l) ca. € 0,90 (bei Brauchwasser aus der Mur € 0)
- Anschaffung: pro Gerät ca. € 900

## 25.4  ENERGIEVERBRAUCH

- Stromverbrauch Vernebelung: ca. 200 Watt (weniger als eine Straßenbeleuchtung);
- Wasserverbrauch: pro Gerät 40 l/h

**Bedeutet für die Stadt Graz:**

- eine echte Aktivität gegen Feinstaub
- sofort umsetzbar
- ökologisch und energieautark
- geringe Kosten in Anschaffung und Betrieb

# 26. CityAirCleaner Konzept – „DER SAUBERE BERG"

*Thomas Tschinder und Reinhard Tschinder*

## 26.1 KURZBESCHREIBUNG

Durch das CityAirCleaner Konzept wird eine zentrale Luftreinigungsanlage für die Stadt Graz vorgeschlagen. Für die Umsetzung werden einerseits die geographische Kessellage der Stadt und andererseits der Schlossberg und dessen Tunnelsystem genutzt. Die mit Feinstaub verschmutzte Stadtluft wird dabei an der Basis des Schlossberges angesaugt und im Schlossberg durch geeignete Reinigungsaggregate vom Feinstaub und gegebenenfalls auch von anderen Luftschadstoffen befreit. Die gereinigte Luft wird dann im Oberbereich des Schlossberges ausgestoßen und verteilt sich wieder über die Stadt. Die im Schlossberg untergebrachten Luftwäscher könnten mit Wasser aus der Mur betrieben werden.

## 26.2 PROBLEMSTELLUNG

Graz hat bekanntlich ein besonders großes Feinstaubproblem. Eine Ursache dafür ist die Kessellage der Stadt im Grazer Becken, durch die der Feinstaub und andere Schadstoffe über dem Stadtgebiet weitgehend eingeschlossen werden. Die in Österreich gültigen Grenzwerte für Feinstaub ($PM_{10}$) wurden in Graz in den vergangenen Jahren regelmäßig weit überschritten, teilweise kam es zu über 100 Grenzwertüberschreitungen pro Jahr[6].

Gemäß einer Studie vom Umweltbundesamt wird durch die hohe Feinstaubbelastung die durchschnittliche Lebenserwartung für in Graz lebende Personen um ca. 17 Monate verringert.

Viele der bisher vorgeschlagenen Maßnahmen zur Feinstaubreduktion in Städten betreffen primär die Reduktion der Feinstaubemission von Fahrzeugen und Heizungsanlagen. Viele weitere Feinstaubquellen und Untersuchungen haben gezeigt, dass nur 20 % der Feinstaubbelastung durch den Verkehr hervorgerufen werden. Es ist daher fraglich, inwieweit die bisher vorgeschlagenen Konzepte zu einer spürbaren Luftverbesserung in Ballungsgebieten führen würden.

Bei derzeitigen Anlagen zur Feinstaubreduktion wird der Feinstaub immer in der Nähe seines Entstehungsortes, beispielsweise im Kamin einer Holzfeuerungsanlage oder im Partikelfilter eines Kraftfahrzeuges, abgeschieden. Durch diese Anlagen kann jedoch Feinstaub, der durch Bremsen- oder Reifenabrieb entsteht, nicht aus der Luft entfernt werden, ebenso wenig wie durch Bauarbeiten oder durch sonstige Quellen verursachter Feinstaub.

## 26.3 LÖSUNGSANSATZ

Das vorliegende Konzept hat das Ziel, die Feinstaub- und Schadstoffbelastung für die Bevölkerung in Graz zu reduzieren und dadurch deren Lebensqualität zu verbessern.

Durch unseren CityAirCleaner soll eine zentrale Luftaufbereitungsanlage vorgestellt werden, bei der die verunreinigte Luft dem Stadtgebiet entnommen, gereinigt und wieder abgegeben wird.

### 26.3.1 Wirkprinzip

Zur Abwasseraufbereitung ist es schon lange üblich, dass das Abwasser zentral in einer Kläranlage gereinigt wird, warum sollte dies nicht auch für Luft möglich sein. Das Grundprinzip des CityAirCleaner Konzeptes ist vergleichbar mit der Filteranlage für einen Pool, dem über eine relativ kleine Öffnung verschmutztes Wasser

---

[6] Bericht an den Gemeinderat, Immissionsschutzgesetz Luft, Feinstaubbelastung, 5. Maßnahmenkatalog, GR-Sitzung 22.9.2011.

entnommen, gereinigt und zurückgespeist wird, ohne dass es dabei zu einer merklichen Wasserströmung im Pool kommt. Trotzdem wird das Wasser ausreichend vom Schmutz befreit. Durch die Kessellage der Stadt Graz wird die Luft ähnlich wie das Wasser in einem Pool eingeschlossen und kann daher durch den CityAirCleaner gereinigt werden. Die verschmutzte Luft wird dabei durch mehrere Öffnungen im Schlossberg angesaugt und durch geeignete Reinigungsaggregate vom Feinstaub und gegebenenfalls auch von anderen Luftschadstoffen befreit. Die gereinigte Luft verlässt dann den Schlossberg an dessen Scheitelpunkt und verteilt sich wieder über dem Stadtgebiet.

Die Luft wird dabei über große Sauggebläse (Ventilatoren) durch den Schlossberg befördert, wobei durch die Höhe des Schlossberges auch der Kamineffekt unterstützend mitwirken kann. Luftwäscher im Schlossberg waschen beispielsweise mit Murwasser, ähnlich wie natürlicher Regen, den Feinstaub aus der Luft. Ebenso wären große im Schlossberg untergebrachte Elektroabscheider, die oberhalb der Nasswäscher angeordnet werden, für das CityAirCleaner Konzept geeignet, da sie gute Abscheideraten für Feinstaubpartikel erreichen, nur geringe Druckverluste aufweisen und kaum Verschleißteile beinhalten. Der Feinstaub wird dabei mit Hilfe elektrostatischer Kräfte an einer Elektrode des Elektroabscheiders abgelagert. Der Abscheidegrad hängt im Wesentlichen von der angelegten Spannung, der Gasverweilzeit im Elektroabscheider, beziehungsweise von der spezifischen Abscheidefläche ab. Der abgelagerte Feinstaub kann dann in regelmäßigen Zeitintervallen von der Elektrode abgeklopft und entsorgt werden. Eine Sonderform bilden Nass-Elektroabscheider, bei welchen die Abreinigung durch einen Flüssigkeitsfilm erfolgt.

Neben Wäschern und Elektroabscheidern wären auch weitere Reinigungsaggregate wie Fliehkraftreiniger oder Gewebefilter (z.B. HEPA-Filter, i.e. High Efficiency Particulate Airfilter) denkbar. Die Energie für den Luftreinigungsprozess sollte durch erneuerbare Energieträger bereitgestellt werden.

Dieses Konzept würde keine zusätzlichen merklichen Luftströmungen innerhalb der Stadt hervorrufen, denn die Luft muss dabei nicht mit hohen Strömungsgeschwindigkeiten aus dem Stadtgebiet angesaugt werden. Bei hinreichend großen Eintrittsöffnungen können trotzdem in kurzer Zeit Millionen Kubikmeter Luft gereinigt werden. In dem Maße, in dem die Luft durch den Schlossberg aus der Innenstadt abgesaugt wird, strömt langsam Luft aus den äußeren Stadtbereichen nach und wird schlussendlich ebenfalls durch den Schlossberg nach oben transportiert und gereinigt. Ein CityAirCleaner, dessen wirksamer Strömungskanalquerschnitt einem Tunnel mit 10 m Durchmesser entspricht, kann bei einer Durchströmungsgeschwindigkeit von nur 20 km/h 37 Millionen Kubikmeter Luft pro Tag durchfördern und vom Feinstaub befreien.

Für die Luftführung und die Unterbringung der Reinigungsvorrichtung können zumindest teilweise das bereits im Schlossberg vorhandene Tunnelsystem und die ungenutzten Hohlräume verwendet werden. Dadurch lässt sich auch der bauliche Aufwand begrenzen. Gegebenenfalls wäre auch der Türkenbrunnen am Grazer Schlossberg eine geeignete Austrittsöffnung für die gereinigte Luft. Das äußere Erscheinungsbild des Brunnens müsste nicht verändert werden.

**Umsetzung des CityAirCleaner Konzeptes**

Derartige Konzepte zur Feinstaubreinigung in Städten gibt es noch nicht, die Machbarkeit muss daher erst untersucht werden, hier könnte Graz weltweit eine Vorreiterrolle spielen.

Es gibt viele Städte mit vergleichbaren Problemen. Sollte das CityAirCleaner Konzept funktionieren, so könnten durch die Installation weiterer Anlagen auch steirische Unternehmen bzw. die steirische Wirtschaft enorm profitieren. Die Untersuchung der Machbarkeit sollte in zwei Phasen durchgeführt werden:

**Phase 1**: Durchführung von Strömungssimulationen.

1. Ein 3D-Oberflächenmodell der Stadt Graz muss erstellt werden.

2. Unter der Annahme, dass an mehreren Stellen am Fuße des Schlossberges Luft angesaugt und an dessen Scheitelpunkt wieder ausgestoßen wird, soll untersucht (simuliert) werden, ob dadurch eine

hinreichende Luftzirkulation innerhalb des Stadtgebietes geschaffen wird. Ziel sollte es sein, dass die Luft im Stadtbereich innerhalb einiger Tage durch den Schlossberg gesaugt und vom Feinstaub befreit wird. Insbesondere soll untersucht werden, ob die Höhe des Schlossberges (123 m) ausreichend ist und ob Kurzschlussströmungen auftreten können.

3. Die Simulationen sollen in einem weiteren Schritt für unterschiedliche Witterungsbedingungen, Windverhältnisse und Jahreszeiten durchgeführt werden.

4. Der Energieaufwand für eine derartige Luftzirkulation soll abgeschätzt werden.

5. Außerdem soll untersucht werden, inwieweit die vorhandenen Öffnungen und Hohlräume im Schlossberg ausreichend sind bzw. welche weiteren Tunnel und Schächte notwendig wären. Das Konzept bedeutet nicht, dass das Schlossberginnere nicht mehr für die Öffentlichkeit nutzbar ist, es würde sich jedoch im Schlossberginneren in den Ansaugtunneln eine verstärkte Luftströmung bemerkbar machen.

**Phase 2:** Untersuchungen zur Feinstaubabscheidung aus der Stadtluft.

Hier soll untersucht werden, ob mit vertretbaren Mitteln Millionen Kubikmeter Luft pro Tag von Feinstaub und gegebenenfalls von Abgasen und weiteren Schadstoffen befreit werden können. Hierzu erscheinen Nass-Elektrofilter gegebenenfalls in Kombination mit Sprüh-Wäschern als besonders geeignet. Außerdem muss abgeklärt werden, ob der Feinstaub in ausreichendem Maße der induzierten Luftströmung folgt und so aus dem Stadtgebiet abtransportiert werden kann.

Durch die Phasen 1 und 2 werden erst die Rahmenbedingungen für eine Kostenabschätzung für eine Realisierung vorgegeben. Da es sich bei den Phasen 1 und 2 primär um theoretische Untersuchungen handelt, sollten die Kosten dafür überschaubar sein. Mit der Durchführung dieser Untersuchungen könnten beispielsweise die TU-Graz, die Karl Franzens Universität, die Montan Uni Leoben oder das Joanneum Research beauftragt werden.

**Phase 3:** Realisierung.

Sollten die Phasen 1 und 2 die Machbarkeit mit vertretbaren Mitteln zeigen, dann kann konkret an eine tatsächliche Realisierung des CityAirCleaner Konzeptes gedacht werden.

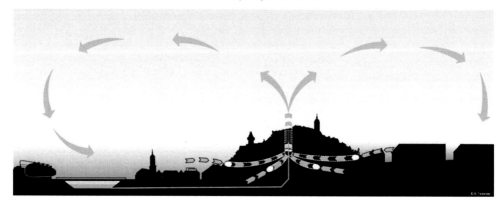

*Abbildung 55:    CityAirCleaner Konzept (© R. Tschinder, 2012)*

# VII  Einreichungen in der Kategorie „MEDAB"

In der vierten Wettbewerbskategorie MEDAB (MEchanism Design for Adaptive Behavior) wurden insgesamt 15 Projektideen eingereicht. Die beiden prämierten Projekte in der Kategorie MEDAB wurden wie folgt von der Wettbewerbsjury beurteilt:

**Mag.ᵃ Hemma Opis-Pieber und Dr.ⁱⁿ Michaela Ziegler (Autofasten – Heilsam in Bewegung kommen):** *Autofasten das ganze Jahr – Ein freiwilliger autofreier Tag pro Woche*

> *„Emissionen und andere Auswirkungen aus dem Verkehr können nur wirksam reduziert werden, wenn die Verkehrsmenge aus dem motorisierten Individualverkehr abnimmt. Der Vorschlag baut auf eine erfolgreiche Aktion auf, die schon seit mehreren Jahren in der Fastenzeit den bewussten Verzicht auf das Auto nahelegt. Sie soll nun auf das gesamte Jahr ausgedehnt werden, mit dem Ziel, nicht nur die Schadstoffemissionen zu reduzieren, sondern auch „Zusatznutzen", wie einen verminderten Treibstoffverbrauch, Lärmreduktionen und Vorteile für die TeilnehmerInnen zu erreichen. Vorgeschlagen wird, freiwillig einen Tag pro Woche auf das Auto zu verzichten.*

> *Durch die Auszeichnung soll das bisher schon erfolgreiche Projekt „Autofasten" honoriert und damit der Anstoß zur ganzjährigen Umsetzung gegeben werden. Damit verbunden ist die sehr wichtige Botschaft, dass jeder Mitverantwortung an der Feinstaubbelastung trägt. Eine spürbare Verbesserung der Luftbelastungssituation im Verkehrsbereich ist nur möglich, wenn Leute ihren Beitrag zur Emissionsminderung leisten, wenn sie also auf etwas verzichten. Mit dieser Aktion sollen konsequenterweise alle aufgerufen werden, ihren Beitrag zu leisten."* (Jurybegründung, November 2012)

**flinc AG und Steirische Pendlerinitiative:** *Mitfahrnetzwerk flinc.org*

> *„Mitfahrbörsen sind eine Möglichkeit, den durchschnittlichen sehr geringen Besetzungsgrad von PKWs, der im Stadtgebiet von Graz deutlich unter dem Wert zwei liegt, zu erhöhen. Es gibt bereits eine Reihe von Versuchen, diese Art der gemeinsamen Nutzung von Fahrzeugen zu forcieren, allerdings bisher nicht mit guten Erfolgen bzw. einer entsprechenden Breitenwirkung. flinc setzt nun auf moderne Technologien (Einsatz von Smart-Phones), die mittlerweile eine weite Verbreitung gefunden haben. Es ist zu hoffen, dass durch den Einsatz von modernen Technologien die Hürde zum Einstieg in die Mitfahrbörse geringer und die Akzeptanz und damit die Nutzung größer wird.*

> *Die Auszeichnung des Vorschlags honoriert die Idee, durch den Einsatz zeitgemäßer Technologien den Zugang zur Mitfahrbörse zu erleichtern. Auch hier gilt die Einladung, das System für den Einsatz in der Steiermark weiter zu entwickeln."* (Jurybegründung, November 2012)

Die restlichen eingereichten Projekte in der vierten Wettbewerbskategorie sind:

- *Dipl.-Ing.ⁱⁿ Gisela Fruhwirth-Geymayer (Bürgerinitiative StraßenbahnanwohnerInnen):* Verringerung von Feinstaub beim Betrieb von Straßenbahnen in Graz.
- *Mag. Cornel Gmeiner:* Das Grazer Mobilitäts-KONTO.
- *Corinja Andrea Hein:* FrauenMITFAHRTPunkt.
- *Christina Hornbacher und Maria Zobernig*: Fein, mach dich aus dem Staub!
- *Mag. Michael Krobath (Umwelt-Bildungs-Zentrum Steiermark):* Gewusst-bewusst! Ich tu was gegen Feinstaub – Steirische Schulen werden PM10-Bonusschulen.
- *Dipl.-Ing. Herwig Leinfellner:* Umweltzone light.
- *Ewald Lieb:* Staubsauger auf Straßenbahnen und Bussen.
- *Dipl.-Ing. Mehrdad Madjdi:* Feinstaubreduktion durch Veränderung der psychosozialen Faktoren im Mobilitätsverhalten der VerkehrsteilnehmerInnen.

- ***Dipl.-Ing. Friedrich Mayer:*** Organisation des Stadtverkehrs.
- ***Helga Mühlbacher:*** Grundversorgung mit öffentlichem Verkehr 365 Tage mit finanzieller Beteiligung aller für alle: Beginnend bei der Gruppe der Senioren.
- ***Dipl.-Ing. Robert Neuhold:*** Feinstaubvignette Graz.
- ***Univ.-Prof. Dr. Richard Parncutt und Helga Mühlbacher:*** Öffi-Tickets für Autos.
- ***Dr. Martin Trinker:*** www.feinstaubreduktion.at.

# 27. Autofasten das ganze Jahr – ein freiwilliger autofreier Tag pro Woche

*Hemma Opis-Pieber und Michaela Ziegler (Autofasten – Heilsam in Bewegung kommen)*

## 27.1 KURZBESCHREIBUNG

Autofasten ist (seit 2005 in der Steiermark) der Versuch, in der Fastenzeit das eigene Mobilitätsverhalten zu überdenken und Autokilometer einzusparen. Das vorliegende Projekt zielt auf eine zeitliche und zahlenmäßige Ausweitung des erfolgreichen Autofasten-Gedankens ab (2012: 7.100 TeilnehmerInnen in der Steiermark). Steirerinnen und Steirer sollen mit gezielter Werbung und Anreizen (z.B. Gewinnen) dazu animiert werden, freiwillig einen Tag in der Woche (das ganze Jahr) auf das Auto zu verzichten – mit Schwerpunktlegung in den Wintermonaten. Das Projekt wird bewusst nicht zeitlich (z.B. nur Wintermonate) und räumlich (z.B. nur Großraum Graz) strikt begrenzt, da Autofasten auch noch viele weitere „positive Nebenwirkungen" bringt: $CO_2$-Reduktion, weniger Lärm, gesundheitliche Vorteile für die TeilnehmerInnen,… Zur besseren Veranschaulichung wird im Folgenden aber besonders auf den Großraum Graz in den Wintermonaten eingegangen.

## 27.2 PROBLEMSTELLUNG

Der beschriebene Lösungsansatz widmet sich der Reduzierung hoher Feinstaubkonzentrationen, verursacht durch Individualverkehr. Die Berechnungen beziehen sich auf den Großraum Graz und nicht auf die gesamte Steiermark, da Graz sehr stark durch Feinstaub belastet ist und die Belastung zu einem großen Teil durch den Bereich Verkehr hervorgerufen wird. Laut Heiden et al. (2008) entfielen 50 % der $PM_{10}$-Gesamtemissionen der Stadt Graz im Jahr 2001 auf den Sektor Verkehr.

## 27.3 LÖSUNGSANSATZ

### 27.3.1 Wirkprinzip

Durch gezielte Werbung (breite Medienfächerung, starke Projektpartner) werden mit Herbstbeginn (Beginn der „Feinstaubsaison") TeilnehmerInnen für das Projekt „Autofasten das ganze Jahr – ein freiwilliger autofreier Tag pro Woche" in der gesamten Steiermark – mit Schwerpunkt Großraum Graz – geworben. Die TeilnehmerInnen erhalten einen persönlichen Internetzugang zu ihrem Mobilitätskalender, wo sie eingesparte Autokilometer dokumentieren können und sofort die Reduzierung der Feinstaubkonzentration sowie der $CO_2$-Konzentration (wie bisher beim Autofasten) ablesen können. Das System zeigt auch die Summe der Einsparungen aller UnterstützerInnen an – ein weiterer Anreiz selber noch mehr Autokilometer einzusparen.

So können die TeilnehmerInnen Autofasten unterstützen:

- Fahren Sie gar nicht oder deutlich weniger mit dem Auto.
- Besuchen Sie unsere Homepage www.autofasten.at.
- Verwenden Sie Ihre Füße oder öffentliche Verkehrsmittel für den Kirchengang.
- Bringen oder schicken Sie Ihre Kinder zur Fuß oder mit „Öffis" in die Schule.
- Bilden Sie Fahrgemeinschaften (z.B. www.compano.at) oder nutzen Sie Carsharing-Modelle (z.B. www.carsharing.at, www.caruso.mobi).
- Informieren Sie sich über das steirische Angebot unter www.busbahnbim.at.
- Achten Sie bei Ihrer Freizeitgestaltung und Urlaubsplanung auf Autofreiheit.
- Wählen Sie einen Autofahrerklub, der sanfte Mobilität fördert, wie z.B. ww.vcoe.at.

- Animieren Sie andere zum Autofasten, helfen Sie uns die Initiative zu bewerben (z.B. Anbringen einer Tafel am Fahrrad, Autofasten-Postkarten verteilen,…),
- Autofreie Alternativen in der Firma anregen: Radständer, Bonuszahlungen, Mitfahrbörse…
- Fordern Sie politisch eine Verbesserung des öffentlichen Verkehrs ein.

Zusätzlich werden unter den TeilnehmerInnen als weiterer Anreiz attraktive Gewinne mit Hilfe der starken Projektpartner (wie bisher beim Autofasten auch) verlost (z.B. Fahrscheine des Steirischen Verkehrsverbundes, Fahrradanhänger, Almurlaub).

### 27.3.2 Kapazität

**Szenario 1:** Alle PKW-BesitzerInnen im Großraum Graz beteiligen sich.

408.774 Einwohner im Großraum Graz (Statistik Austria, 2012) besitzen 218.694 PKWs (Statistik Austria, 2012). Einmal pro Woche wird jeder dieser PKWs freiwillig stehengelassen, damit werden pro PKW und pro Woche 15 Autokilometer eingespart (Ziegler et al. 2012). In Summe ergibt das ca. 170.580.000 eingesparte Autokilometer pro Jahr und damit eine Reduktion von 13.875 kg PM10/Jahr bzw. 1.156 kg PM10/Wintermonat (siehe Methodik).

**Szenario 2:** Die Hälfte aller PKW-BesitzerInnen im Großraum Graz beteiligt sich.

Beteiligt sich die Hälfte aller PKW BesitzerInnen im Großraum Graz, so wird unter den gleichen Annahmen wie in Szenario 1 eine Reduktion von 6.938 kg $PM_{10}$/Jahr bzw. 576 kg $PM_{10}$/Wintermonat erreicht.

Vergleichsberechnung: 10.000 AutofasterInnen in der Steiermark (angestrebte Zahl 2013) beteiligen sich wie gehabt in der Fastenzeit am „klassischen Autofasten".

Autofasten strebt für 2013 ca. 10.000 UnterstützerInnen in der Steiermark an (derzeit ca. 7.100). Sparen diese AutofasterInnen wieder im Schnitt 15 km/Tag in der Fastenzeit (40 Tage) an Autokilometern ein, dann entspricht das ca. 6.000.000 eingesparten Autokilometern bzw. 488 kg $PM_{10}$-Reduktion in 40 Tagen Fastenzeit (13. Februar - 30. März 2013).

*Tabelle 7: Vergleich der Szenarien hinsichtlich ihrer Kapazität ($PM_{10}$-Reduktion pro Jahr und pro Wintermonat) (Quelle: Eigene Berechnungen)*

| Szenario | Reduktion $PM_{10}$/Jahr | Reduktion $PM_{10}$/Wintermonat |
|---|---|---|
| Szenario 1 | 13.875 kg | 1.156 kg |
| Szenario 2 | 6.938 kg | 576 kg |
| Vergleichsszenario | | 488 kg (für 40 Tage) |

### 27.3.3 Methodik

Die $PM_{10}$-Reduktionswerte in Bezug auf eingesparte Autokilometer werden laut Prettenthaler et al. (2011) abgeleitet. Die Annahme, dass 15 km pro Tag und PKW eingespart werden können, stammt aus der Auswertung der Autofasten-Fragebögen der letzten Jahre (Ziegler et al. 2012).

## 27.4 KOSTENEFFIZIENZ

Die geschätzten Kosten (basierend auf den bisherigen Erfahrungen von Autofasten) für die Durchführung des Projektes „Autofasten das ganze Jahr – ein freiwilliger autofreier Tag pro Woche" mit Schwerpunkt im Großraum Graz können angeführt werden:

- Kosten für Werbung (Layout, Druck, Versand, Medien): € 25.000.
- Kosten für Adaptierung und Betreuung des Internetportals: € 7.000.

Bei der Umlegung der Kosten auf fünf Wintermonate (November bis März) ergeben sich folgende Kosten je kg Feinstaubreduktion:

- Szenario 1: € 5,54.
- Szenario 2: € 11,11.

## 27.5 ENERGIEEFFIZIENZ

Der Energieaufwand je kg Feinstaubreduktion ist bei Beachtung von ökologischen Kriterien bei der Auswahl von Druck (Cradle-to-cradle Verfahren) und Versand vernachlässigbar.

## 27.6 ÖKOLOGISCHE UNBEDENKLICHKEIT UND SICHERHEIT

Das vorgestellte Projekt ist ökologisch absolut unbedenklich und sicher, ganz im Gegenteil bringt es noch weitere „positive Nebenwirkungen" mit sich: weniger $CO_2$ und NOx Ausstoß, weniger Lärm, gesundheitliche Vorteile für die TeilnehmerInnen durch mehr Bewegung mit sanfter Mobilität,...

## 27.7 LITERATUR

Heiden, B., Henn, M., Hinterhofer, M., Schechtner, O., Zelle, K., (2008): Endbericht Emissionskataster Graz 2001, erstellt im Auftrag vom Amt der Steiermärkischen Landesregierung, Forschungsgesellschaft für Verbrennungskraftmaschinen und Thermodynamik mbH (FVT) und Arbeitsgemeinschaft für Dokumentations-, Informations- und Planungssysteme, Graz.

Prettenthaler, F., Köberl, J., Rogler, N., Winkler, C. (2011): Feinstaub Graz II, Bewertung des „Luft- und Klimapakets" der Wirtschaftskammer Steiermark zur Reduktion der Feinstaubemissionen im Großraum Graz, POLICIES Research Report NR. 115-2011, Joanneum Research Forschungsgesellschaft mbH, Graz.

Statistik Austria (2012): http://www.statistik.at

Ziegler, M., Opis-Pieber, H. (2012): Abschlussbericht 2012, Autofasten – Heilsam in Bewegung kommen, Graz.

# 28.   Mitfahrnetzwerk flinc.org

*flinc AG und Steirische Pendlerinitiative*

## 28.1   KURZBESCHREIBUNG

flinc vermittelt innerhalb eines sozialen Netzwerkes vollautomatisch und in Echtzeit Fahrgemeinschaften über PC, App und – als Weltneuheit – integriert im Navigationssystem. Viele Menschen bilden heute keine Fahrgemeinschaften mehr, da sie flexible Arbeitszeiten haben oder unabhängig bleiben wollen. Bei flinc wird genau dies berücksichtigt. Fahrer und Mitfahrer können je nach Bedarf auf den Service zugreifen und eine spontane Fahrgemeinschaft bilden. Sowohl Fahrer als auch Mitfahrer verpflichten sich nicht, dieselbe Strecke immer wieder gemeinsam zu fahren – die Flexibilität bleibt gewahrt.

Mit Hilfe der flinc Technologie werden auch Teilstrecken berücksichtigt. Fahrer und Mitfahrer geben lediglich an, welche Strecke sie zurücklegen. flinc schlägt automatisch Fahrer und Mitfahrer vor.

Über 100.000 Nutzer finden mit flinc bereits kostenlos Fahrer und Mitfahrer. Große Unternehmen setzen auf flinc als Mobilitätslösung und verbessern hierdurch die Mobilität ihrer Mitarbeiter.

Sehen Sie sich hier an, wie flinc funktioniert http://www.youtube.com/watch?v=7joX3YGDRvo oder überzeugen Sie sich direkt selbst unter https://flinc.org.

*Abbildung 56:   Mitfahrznetzwerk flinc.org (Quelle: Einreichunterlagen)*

## 28.2   PROBLEMSTELLUNG

Ein Mitverursacher von Feinstaub ist der Straßenverkehr[7]. In Graz pendeln jeden Tag ca. 100.000 PKW zur Arbeit[8].

## 28.3   LÖSUNGSANSATZ

Mit flinc kann mit einfachen Mitteln die Anzahl der Pendler-PKWs um täglich mehr als 3.500 PKWs reduziert werden. Eine von flinc und dem Ministerium für Wirtschaft, Klimaschutz, Energie und Landesplanung Rheinland-Pfalz durchgeführte Studie[9] hat aufgezeigt, dass im Schnitt ca. 5 % der Belegschaft eines Unternehmens Fahrgemeinschaften bilden. Werden Fahrgemeinschaften aktiv beworben und ein modernes Fahrgemeinschaftssystem eingeführt, steigt diese Zahl auf durchschnittlich 12 %.

---

[7] APA OTS (2005)
[8] WKO (2005)
[9] flinc AG: https://flinc.org/corporate/study

Unser Lösungsvorschlag ist eine Partnerschaft zwischen den Preisstiftern und flinc. Insbesondere die Stadt Graz hat die Möglichkeit, über viele Kanäle das Thema flexible Fahrgemeinschaft zu bewerben und die Bürger auf diese neue Art der Fahrgemeinschaft aufmerksam zu machen. Sowohl online als auch offline gibt es zahlreiche Möglichkeiten, kosteneffizient Nutzer zu gewinnen.

Parallel zu einer öffentlichen Bewerbung durch die Preisstifter kann das Preisgeld für die Incentivierung bestehender Nutzer eingesetzt werden. Wie dies aussehen kann, können Sie unter folgendem Link einsehen: https://flinc.org/reise-gewinnspiel. Bei der öffentlichen Bewerbung von flinc kann auf die Erfahrung und Materialien von flinc zurückgegriffen werden.

Sollte sich die Stadt Graz entscheiden, flinc zu bewerben, würde die flinc AG zudem aktiv auf Unternehmen in Graz zugehen und ihnen das innovative Mitfahrnetzwerk näher bringen. Gemeinsam kann das Thema flexible Fahrgemeinschaft positioniert und ein Grazer Mitfahrnetzwerk aufgebaut werden.

Graz hat die Chance, Feinstaubreduktion und Nutzen für die Bürger miteinander zu verbinden. Für Endkunden, die Stadt Graz, Universitäten, Hochschulen und Schulen ist die Nutzung von flinc vollkommen kostenfrei. Jeder Nutzer spart Geld, lernt neue Menschen kennen und schont die Umwelt.

Wenn die vermittelten 3.500 Fahrgemeinschaften nur zehnmal monatlich stattfinden würden (fünfmal hin und wieder zurück), würden jährlich 550 Tonnen $CO_2$ und über € 1 Mio. eingespart[10]. Eine verlässliche Zahl, wie viel Feinstaub durch diese Maßnahme eingespart werden kann, konnte mangels Daten nicht ermittelt werden. Geht man jedoch von einer durchschnittlichen $PM_{10}$-Erzeugung von 0,044 g/km aus, würden täglich mindestens 7 kg $PM_{10}$ weniger ausgestoßen.

## 28.4 ENERGIEEFFIZIENZ

Der Energieaufwand ist vernachlässigbar gering, da das System ausschließlich über das Internet und die Endgeräte der Nutzer verwendet wird.

## 28.5 ÖKOLOGISCHE UNBEDENKLICHKEIT UND SICHERHEIT

Für die Sicherheit der Nutzer ist gesorgt. Über das in flinc vorhandene Vertrauensnetzwerk können Nutzer vor Fahrtantritt sehen, mit wem sie fahren werden. Dies gibt den Nutzern die nötige Sicherheit und hilft, die Barriere einer ersten Fahrtvermittlung zu senken.

---

[10] Eine Fahrgemeinschaft ersetzt eine Autofahrt, durchschnittlicher Arbeitsweg 30 km, 130g $CO_2$/km, 12 Cent Ersparnis pro Kilometer.

# 29. Verringerung von Feinstaub beim Betrieb von Straßenbahnen in Graz

*Gisela Fruhwirth-Geymayer (Bürgerinitiative StraßenbahnanwohnerInnen)*

## 29.1 KURZBESCHREIBUNG

Da in Zukunft aus Gründen des Umweltschutzes und des ressourcenschonenden Umgangs mit Energie der öffentliche Verkehr in Ballungsgebieten weiter forciert werden muss, sind, um den Gesundheitsschutz der Bevölkerung im gebotenen Maß sicherzustellen, die Emissionen des öffentlichen Verkehrs so gering wie möglich zu halten. Beim Betrieb öffentlicher Verkehrsmittel treten wie beim Autoverkehr maßgebliche Feinstaubeffekte durch Abgase, Verschleiß von Rädern, Abrieb von Bremsen, Aufwirbelung von Staub etc. auf. Bei Straßenbahnen ist auch der Abrieb von Fahrdraht, Schienen und den Stromabnehmern und der Bremssand, der beim Bremsen und Losfahren die Haftreibung zwischen Schiene und Rad verbessern soll, zu beachten.

Insbesondere in der Übergangszeit und im Winter wird dieser Bremssand, üblicherweise Quarzsand, in großen Mengen benötigt, wobei durch Zermahlen des Quarzsandes zwischen Schiene und Rad kanzerogener und erbgutschädigender Feinstaub entsteht. Da viele Tonnen Quarzsand durch die Bremsanlagen der Straßenbahnen in Graz rinnen und zu Feinstaub zermahlen und in die Luft gewirbelt werden, ist dringendst Handlungsbedarf gegeben.

Das Ziel einer verantwortungsvollen umwelt- und gesundheitsschonenden Betriebsweise von Straßenbahnen und der zuständigen Politik muss es sein, alle Emittenten von Feinstaub anzuerkennen, die Emissionen des Bremssandes so weit wie möglich zu minimieren bzw. den bereits emittierten Bremssand so schnell wie möglich zu entsorgen. Denn damit ist die Menge, die zerrieben wird, wesentlich geringer und es entstehen geringere Mengen an Feinstaub.

## 29.2 PROBLEMSTELLUNG

Da beim Bremsen und Wegfahren von Straßenbahnen sogenannter Bremssand verwendet wird, um die Haftreibung zwischen Schiene und Rad im erforderlichen Maß zu gewährleisten und damit das Rutschen der Räder auf den Schienen zu vermeiden, wird dieser Bremssand beim Bremsen und Beschleunigen sowie bei raschen Kurvenfahrten entweder zu Feinstaub zermahlen oder in großen Mengen verstreut. Dieser verstreute Bremssand verteilt sich neben den Schienen, auf den Gehsteigen und in den angrenzenden Liegenschaften, wird dort von anderen Fahrzeugen, aber auch von nachfolgenden Straßenbahnen zerkleinert, wieder aufgewirbelt und in weiterer Folge zu einem großen Prozentsatz zu Feinstaub zermahlen.

Als Bremssand wird Quarzsand verwendet, da dieser in ausreichenden Mengen auf der Erdkruste vorhanden ist und die Härte dieses Minerals für den Zweck des Bremssandes ausreicht. Seit Jahrzehnten ist allerdings auch bekannt, dass lungengängige Quarzstäube schwer gesundheitsschädigend sind.

Diese Quarzfeinstäube haben in den mittleren und tiefen Atemwegen eine kanzerogene Wirkung und gelten als erbgutschädigend. Auch andere Krankheitsbilder wie zum Beispiel die Silikose sind bekannt.

Der zermahlene Bremssand tritt vom Sub-Mikronbereich über den 2,5-Mikronbereich bis zum 10-Mikronbereich verteilt auf, ist daher lungengängig und kann die physiologische Barriere der Blut-Hirn-Schranke durchbrechen. In der Fachliteratur kann man die große Bedeutung von Feinstaub, verursacht durch Straßenbahnen, nachlesen. *[Zit[a]: Feinstaub-Experte Hans Puxbaum vom Institut für Chemische Technologien und Analytik hält die Ergebnisse der Studie [c] „durchaus für schlüssig". Besonders alarmierend ist seiner Meinung nach die Tatsache, dass als Bremssand hochgiftiger Quarz zum Einsatz kommt. „Hier besteht absoluter Handlungsbedarf."...Zu Feinstaub zermahlener Quarzsand gilt als hochgradig krebserregend. Auf Österreichs Straßen ist seine Verwendung als Streugut für den Winterdienst längst verboten. Puxbaum: „Betreiber von Schienennetzen müssten sich ernsthaft überlegen, anstatt Quarz andere Sand-Typen zu verwenden."]*

Durch die besonderen Gegebenheiten in Graz wie zum Beispiel das Wetter, Schienenmaterial, Straßenbahnen usw. können in manchen Bereichen des Grazer Schienennetzes Bremssandausschüttungen beobachtet werden, die große Ausmaße annehmen und die eher einer Verwendung als Streugut als der der notwendigen Traktionsverbesserung entspricht.

In den beigefügten Fotos ein Eindruck davon:

*Abbildung 58: Bremssand am Abend*
*(Quelle: Einreichunterlagen)*

*Abbildung 57:  Bremssand am nächsten Tag, nach Schienenpflege und Kehren*
*(Quelle: Einreichunterlagen)*

Selbst nachdem ein Schienenpflegewagen oder der Kehrwagen gefahren ist und den Bremssand beseitigt hat, sieht es nach kurzer Zeit wieder so aus. Da das Intervall des Einsatzes der Kehrwägen oft viele Tage beträgt, dauert die Verbesserung der Situation nur kurz, und Feinstaub tritt über viele Stunden und Tage auf. Insbesondere an Tagen mit erhöhter Feinstaubbelastung werden Verkehrsteilnehmer gezwungen auf öffentliche Verkehrsmittel umzusteigen, wobei dann, verursacht durch die schwereren Wägen, um ein Vielfaches mehr „Bremssand" benötigt wird und die Feinstaubproduktion steigt.

Da durch die spezielle Situation in Graz (Inversionslage, Temperatursituation, Trockenheit im Winter) der Feinstaub eine hohe Verweildauer in der Luft hat, muss die durch die Straßenbahnen verursachte Feinstaubbelastung, insbesondere die kanzerogenen und erbgutschädigenden $PM_{10}$-Immissionen, daher dringend zum Schutze der Bevölkerung und insbesondere unserer Kinder reduziert werden.

## 29.3  LÖSUNGSANSATZ

Der im Folgenden beschriebene Lösungsansatz geht von zwei schnell und einfach umsetzbaren Ideen aus:

**1.  Entwicklung einer Sandbremse mit integrierter Staubabsaugung**

Eine unmittelbar an der Quelle der Staubemission, knapp hinter den Rädern angeordnete Staubabsaugung verhindert das Austreten des überschüssigen und des betrieblich bedingten Bremssandes. Es können nur geringe Anteile des Bremssandes in die Umwelt entweichen.

In einer Wiederaufbereitungsstation (z.B. durch Luft-Sichter oder Nassaufbereitung rekonditioniert) wird Feinstaub abgeschieden und der Grobanteil zur Wiederverwendung aufbereitet.

*Vorteile:*

- Verringerung des Feinstaubaufkommens verursacht durch Straßenbahnen um 80 %.
- Wiederverwendungsmöglichkeit des Bremssandes und damit Kosteneinsparungen.
- Geringerer Reinigungsaufwand durch Kehr-, Schienenreinigungs-, Schienensaug- und Spritzwagen und damit wesentliche Kosteneinsparungen.

*Nachteile:*

- Wartungs- und Reinigungsaufwand.
- Entwicklungskosten, Umbaukosten.
- Energieaufwand für das Saugwerk.

Eine Kosten-/Nutzenabschätzung zeigt eindeutig auf entscheidende Vorteile hin, insbesondere deshalb, da eine sofort wirksame Maßnahme mit geringem Aufwand umgesetzt werden kann und die Zahl der durch den Feinstaub in Graz verursachten Erkrankungen und Todesfälle um 35 % gesenkt werden kann.

**2. Schulung der Straßenbahnfahrer zu einer ökologisch verträglichen Fahrweise**

- Um weniger Bremssand beim Bremsvorgang verwenden zu müssen, muss vorausblickend die Geschwindigkeit angepasst werden und starke Brems- und Beschleunigungsvorgänge vermieden werden. Der zu erwartende Zeitverlust kann durch eine vergrößerte Zahl von Straßenbahnen kompensiert werden und betrieblich bedingte „Not"-Bremsungen fallen nicht ins Gewicht.

- Da wir als Straßenbahnanwohner seit dem Beginn des Einsatzes der neuen Variobahnen im April 2010 in Graz eine vermehrte Bremssandausschüttung in der Nähe der Haltestellen beobachten, ist von einer erhöhten Feinstaubbelastung auszugehen, verbunden mit einer Erhöhung der bremssandbedingten Krankheits- und Todesfälle. Als Beispiel kann die exponierte Stelle Haltestelle Robert Stolzgasse dienen: Nach einer langen Geraden, an der die Straßenbahn mit höchster Geschwindigkeit von Norden kommend auf die Haltestelle zufährt, wird mit viel Sand und Getöse gebremst. Nach der besonders starken Beschleunigungsphase kommt eine starke Bremsung aufgrund einer Kurve, die wiederum von Bremssand und Feinstaubproduktion begleitet wird, nach einer weiteren kurzen Beschleunigungsphase wird die nächste Haltestelle angebremst. Der Zeitgewinn dieser unökologischen Fahrweise beträgt nur einige wenige Sekunden. Durch die aktuelle, vor einigen Monaten fertiggestellte, Streckenbauweise der Holding Graz (siehe Streckensanierung in der Theodor- Körner-Straße) zeigt sich, dass das Mehr an Bremssand nicht nur ein Mehr an Feinstaub bedeutet, sondern dass auch der Lärm und die von den Straßenbahnen verursachten Erschütterungen seitdem ansteigen. Leider sind die neu angeschafften Variobahnen der Stadt Graz schwerer als der Altbestand und scheinen deutlich mehr Bremssand zu verbrauchen als der Altbestand. Auch aus diesem Grunde ist eine vorausschauende ökologische Fahrweise unabdingbar.

*Vorteile:*

- Verringerung des Feinstaubaufkommens verursacht durch Straßenbahnen um ca. 4 %.
- Reduktion des benötigten Bremssandes um ca. 10 %.
- Reduktion von Lärm und Erschütterungen.
- Geringerer Reinigungsaufwand durch Kehr-, Schienenreinigungs- und Spritzwagen und damit wesentliche Kosteneinsparungen.

*Nachteile:*

- geringfügiger Zeitverlust.
- Schulungskosten, Nachschulungen, Energiemanagement.

## 29.4   KOSTENEFFIZIENZ

***Idee 1*: Feinstaubabsaugung**

Kosten für das Forschungsprojekt (Literatursuche, Analyse, Planung und Prototyp) ca. € 367.000. Da ca. 35 % der Feinstauberkrankungen und Todesfälle vermieden werden könnten, ist mit hohen Kosten-/Nutzeneffekten zu rechnen. Eine Bezifferung der volkswirtschaftlichen Kosten kann aus ethischen Gründen nur die Versicherungswirtschaft treffen.

Vermiedene Strafzahlungen an die EU lassen eine Amortisation unter einem Jahr erwarten.

Die betriebswirtschaftlichen Kosten der Feinstaubreduktion betragen einmalig ca. 0,1… 1 €/kg Feinstaubreduktion, Betriebskosten verglichen mit den Strafzahlungen sind vernachlässigbar.

Die volkswirtschaftlichen Kosteneinsparungen und Wertschöpfungseffekte erscheinen groß, im Rahmen des Projekts sollten die Kosten-/Nutzeneffekte wissenschaftlich analysiert werden.

***Idee 2: Ökologische Fahrweise***

Kosten für das Forschungsprojekt (Literatursuche, Analyse, Planung und Prototyp) ca. € 45.000.

Da ca. 35 % der Feinstauberkrankungen und Todesfälle vermieden werden könnten, ist mit hohen Kosten-/Nutzeneffekten zu rechnen. Eine Bezifferung der volkswirtschaftlichen Kosten kann aus ethischen Gründen nur die Versicherungswirtschaft treffen. Vermiedene Strafzahlungen an die EU lassen eine Amortisation unter einem Monat erwarten.

Die betriebswirtschaftlichen Kosten der Feinstaubreduktion betragen einmalig ca. 0,05 €/kg Feinstaubreduktion.

## 29.5   ENERGIEEFFIZIENZ

Da von Beginn an weniger Bremssand ausgeschüttet wird, verringert sich auch die Notwendigkeit des Reinigens der Schienen, des Gleiskörpers, der Straßen, der Gehsteige und weiterer Umgebungen.

Die Zahl der bremssandbedingten Reinigungsfahrten reduziert sich um ca. 75 %. Da der Energieverbrauch der Reinigungswägen nicht bekannt ist, soll die Energieeinsparung im Rahmen des Projekts qualifiziert erhoben werden. Es wird zumindest von einer Energieneutralität ausgegangen.

## 29.6   ÖKOLOGISCHE UNBEDENKLICHKEIT UND SICHERHEIT

Da bei diesem Projektvorschlag die ökologische Unbedenklichkeit das Hauptziel ist und negative Effekte außer einem geringen Projektaufwand nicht befürchtet werden müssen, werden im Folgenden kurz die Punkte der ökologischen Unbedenklichkeit und der Sicherheit zusammengefasst:

1. Reduktion bzw. Ersatz des karzinogenen und erbgutschädigenden Quarzbremssands und des im Zusammenhang stehenden Feinstaubs.
2. Recycling des nicht gebrauchten Bremssands.
3. Lärmreduktion.
4. Reduktion der Erschütterungen.
5. Verbesserung der Schienenlebensdauer.
6. Verlängerung der Lebensdauer der Straßenbahnen.
7. Reduktion von feinstaubbedingten Erkrankungen.
8. Reduktion von feinstaubbedingten Todesfällen.

Damit beeinträchtigt der systemische Lösungsansatz keinesfalls die Anrainerinteressen und es geht keine Gefahr vom Lösungsansatz aus, solange die ausreichende Bremswirkung der Straßenbahnen gewährleistet ist. Gerade wegen des Anrainerschutzes sind die einreichenden Personen die StraßenbahnanwohnerInnen.

## 29.7  LITERATUR

[a] Die Presse (2007): Schienenverkehr ist Feinstaub-Mühle, Onlineartikel vom 19.7.2007 (Autor: Wetz, A.): http://diepresse.com/home/panorama/welt/317909/Schienenverkehr-ist-FeinstaubMuehle.

[b] ORF Wien (2007): Bim und U-Bahn als Feinstaubschleudern, Onlinebeitrag vom 19.7.2007: http://wiev1.orf.at/stories/208568.

[c] Hiebner, X. (2007): Feinstaub PM10 aus dem Schienenverkehr, Diplomarbeit am Institut für Verbrennungskraftmaschinen und Kraftfahrzeugbau der Technischen Universität Wien, Fakultät für Maschinenbau, unter der Leitung von Prof. H.P. Lenz, Wien im Juni 2007.

[d] http://www.graz.at/cms/beitrag/10186608/4428067/5. Absatz, Gemeinderat, Anfrage, Jänner 2012, und Antwort von Bürgermeister-Stellvertreterin zu den Bremssandmengen in Graz.

[e] Universität Rostock (2002): Lungenkrebs durch die Einwirkung von kristallinem Siliziumdioxid ($SiO_2$) bei nachgewiesener Quarzstaublungenerkrankung (Silikose oder Siliko-Tuberkulose), Medizinische Fakultät, Institut für Präventivmedizin, Bundesarbeitsblatt 11/2002, S. 64: http://arbmed.med.uni-rostock.de/bkvo/m4112.htm.

# 30.   Das Grazer Mobilitäts-KONTO

*Cornel Gmeiner*

*PRÄAMBEL*

Das Verkehrsgeschehen ist kein Schicksal – es wird von jeder und jedem mitgestaltet. Das Grazer Mobilitäts-Konto ist ein Bonus-Modell, das die Leute in ihrem Verkehrsverhalten anspricht und alle Formen der sanften Mobilität zählbar belohnt. Alle „sanften Wege" bringen Aeros, „Luft-Punkte", die sich beim Einkauf in Graz als bare Münze erweisen. In einer kybernetischen Kooperation werden die Grazer Bürgerschaft, die Stadtpolitik und die Grazer Wirtschaft mit der Klimaoptimierung verbunden. Das Aero-Kapital fließt direkt mit der Kaufkraft der Einzelnen in die Grazer Wirtschaft, die Stadt Graz verhandelt dazu mögliche Preisvorteile und bietet die Basisfinanzierung.

Aus singulären Motiven und individuellen Mobilitätsveränderungen entsteht der kollektive Nutzen und als Ziel: generelles Aufatmen in der Stadt. Wenn man zusätzlich zu den notwendigen Verkehrsmaßnahmen in individuelle Anreize investiert, kommt das Kapital in der klimatischen Metamorphose mehrfach retour – und dann werden die Smogsymbole, die Grenzwertüberschreitungen – und der Ruf von Graz als Smoghauptstadt Österreichs ein für alle Mal Geschichte sein.

## 30.1   KURZBESCHREIBUNG

Das Verkehrsdilemma im Ballungsraum Graz ist sehr komplex, da praktisch alle Menschen, die in diesem Gebiet leben, tagtäglich daran mitwirken und entscheiden, wie lebenswert dieses Graz sich präsentiert.

Idealistisches Vorangehen, politische Konzepte und Maßnahmen scheinen die große Lösung nicht zu bringen, das Aufatmen, nach dem sich viele sehnen, aber keiner mehr so recht weiß, wie das zu schaffen sein sollte – es kommt nicht. Winter für Winter schlagen die Messstellen bedenklich aus….

Die Problemstellung ist polyvalent – denn wir alle sind die Verkehrsexpertinnen und Verkehrsexperten des Alltags, also muss auch die Methodik dort ansetzen, um eine größere, allgemeine Wirkung zu erzielen – jedoch diesmal nicht mit Appellen oder Regelungen, sondern in einem neuen partizipativen Anreizmodell.

**Gibt es einen erfolgversprechenden Weg?**

Ja, wenn man bedenkt, dass es alle braucht. Wenn man ernsthaft einlädt mit einem attraktiven Beteiligungsmodell, in dem jeder auf seinen Wegen für sich selbst und für das Leben in Graz etwas bewirken kann bzw. wobei auch dokumentiert wird, was derzeit von den Leuten schon getan wird – dann lassen sich deutliche Verbesserungseffekte erzielen. Voraussetzung dazu ist die kommunale Bereitschaft zu einem definierten Bonusmodell – konsequent über eine längere Zeit, damit die wachsende Anzahl an Leuten, die mittun wollen, auch ein berechenbares System vorfindet und gut nutzen kann.

Die Bewältigung des modernen Verkehrsbedarfs im „geballten Raum" lässt sich nur „lösen", wenn die Bürgerinnen und Bürger dabei sind und „mitgehen" – und eines zeigt die Soziologie schon lange: „Wenn mehr Leute ein bisserl was ändern, bringt in Summe mehr, als wenn einzelne viel ändern…" (Werner Brög, SOCIALDATA, Graz 1991)

**Das Grazer Mobilitäts-KONTO**

- Alle Grazer Bürgerinnen und Bürger ab 18 Jahren sind eingeladen.
- Jede/r Grazer/in kann ein MOBILITÄTS-KONTO eröffnen.

- Alle Wege der sanften Mobilität an Werktagen, zu Fuß, mit öffentlichem Verkehr, Rad, Minimierung des Privatautos – bringen Punkte auf das eigene Mobilitäts-Konto.

- Die Punkte heißen Aero bzw. Aeros. Die volle Aero-Zuteilung beginnt mit Stufe 2*, wenn die Werte der Wegeanteile aus dem Jahre 2008 überschritten werden.

- Jeder Aero bedeutet bares Geld, 1 Aero = 1 Cent.

- Beim Einkauf in der Grazer Wirtschaft kann man jederzeit den Mobilitäts-Kontostand an Aeros abrufen und den gewünschten Betrag vom Kaufpreis abziehen.

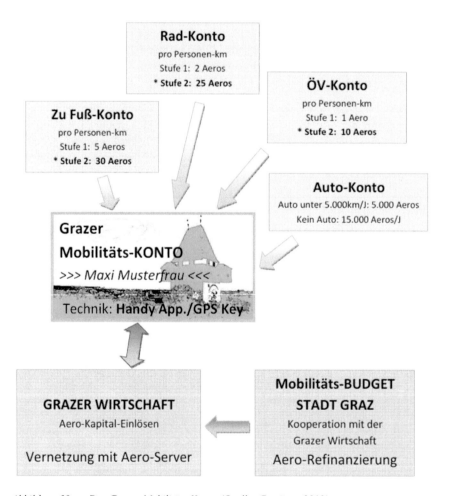

Abbildung 59:    Das Grazer Mobilitäts-Konto (Quelle: Gmeiner, 2012)

*Abbildung 60:   Verkehrsmittelanteile in Graz, (Quelle: Mobilitätsstrategie der Stadt Graz 2020)*

**Statistische Grunddaten:**

- 2008: 252.852 Grazerinnen und Grazer rund 900.000 Wege pro Werktag.
- ca. 6 Mio. Personenkilometer pro Tag in Graz.
- 123.348 Privat-PKWs in Graz.
- ca. 176.000 Fahrräder/145.000 Wege pro Tag.
- Graz Linien mit 280.000 Passagieren täglich.
- ca. 3.000 km pro Person/Jahr mit ÖPNV.
- ca. 55 Prozent aller Wege mit Rad, ÖV oder zu Fuß.
- fast jede zweite Autofahrt ist in Österreich kürzer als fünf Kilometer.
- 2011: 2,2 Milliarden Kilometer per Rad/Tag in Österreich.
- ca. 264 Kilometer per Rad pro Person/Jahr.
- rund 180 Mio. Liter Spritersparnis oder € 230 Millionen.
- Einsparung von 440.000 Tonnen $CO_2$.
- 2.910 Kilometer mit ÖPNV in Österreich pro Person und Jahr, Vermeidung 3 Mio. Tonnen $CO_2$.

*(Quellen: Herry und Sammer 1999; Holding Graz Linien; Stadt Graz Verkehrsplanung)*

## 30.2   LÖSUNGSANSATZ

Der Schlüssel zur neuen Bürgermobilität in Graz wie allerorts liegt in der persönlichen Einstellung. Mobilität ist jedoch in der Umsetzung durch viele – für jeden Verkehrsteilnehmer persönlich gefärbte – Faktoren bedingt. Um positive Effekte zu erzielen, braucht es daher auch dynamische Rahmenbedingungen, die dem Einzelnen entgegenkommen – und durch Anreize sollen die gewohnten Pfade verlassen werden. Ideenkraft und technisches Know-how sind hier gefordert. Die technologischen Grundlagen für die Einrichtung eines solchen „mobilen Beteiligungsmodells" sind großteils vorhanden, die tatsächliche Ausstattung und Funktion des Grazer Mobilitäts-Kontos ist jedoch ein eigener Auftrag an Forschung und Technik und setzt die fachliche und politische Diskussion voraus.

**Vorteile für alle – Vorteile für die Grazer Luft**

Das Grazer Mobilitäts-Konto ist kein moralisierendes Modell, sondern ein Weg, der jedem Verkehrsteilnehmer direkte Vorteile bringen kann. Aus den singulären Motiven und Änderungen entstehen der kollektive Nutzen und generelles Aufatmen. Dabei wird auch die Grazer Wirtschaft mit der Klimaoptimierung verbunden. Sämtliches Aero-Kapital fließt direkt mit der Kaufkraft in die Grazer Wirtschaft. Insofern fungiert das städtische Budget über das Mobilitäts-Konto in diesem Modell gleichzeitig als Klimainvestment wie auch als Wirtschaftsförderung in Form direkter Boni an die Grazer Bevölkerung.

Wenn man zusätzlich zu den verkehrspolitischen Maßnahmen in den individuellen Ansatz investiert, kommt das Kapital in der klimatischen Metamorphose mehrfach retour – und dann werden die Smogsymbole, die Grenzwertüberschreitungen – der Ruf von Graz als Smoghauptstadt Österreichs ein für alle Mal Geschichte sein.

*Abbildung 61:    Grazer Mobilitäts-Konto als App für Smartphones (Quelle: Gmeiner, 2012)*

**Das Experiment – Ein Feldversuch**

Grundlage jeder Wissenschaft sowie seriösen Planung und Umsetzung ist die experimentelle Überprüfung einer Theorie hin auf die Funktion im Realitätsbezug. Deshalb soll die mögliche Wirkweise des Modells auch in einem Feldversuch mit Sammlung und Analyse von faktischen Mobilitätsdaten erfolgen.

Dazu werden fünftausend Grazerinnen und Grazer ab 18 Jahren in einem demoskopischen Mix ausgewählt und eingeladen, in einem Versuchszeitraum ihre Verkehrswege statistisch aufnehmen und auswerten zu lassen.

Aus dieser Basis können das Wirkungsspektrum, der Aktivierungsgrad hin zur sanften Mobilität sowie Kosten und Nutzen diesbezüglicher Trendverschiebungen mit Aktualität präzise dargestellt und prognostisch berechnet werden.

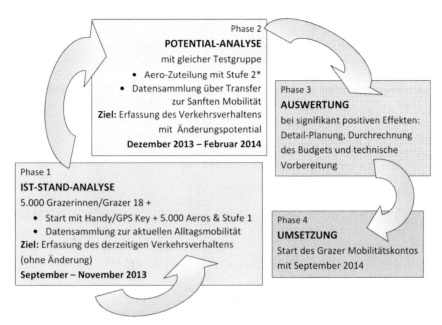

*Abbildung 62:    Ein Feldversuch (Quelle: Gmeiner, 2012)*

**Spezifische Fragen nach Nutzen und Aufwand**

Auf die Fragen gehe ich gerne ein, selbst wenn ich sie etwas anders beantworten muss. Ich bin kein Umweltwissenschaftler oder Experte in toxischen Klimata, mein Bestreben ist aber, eine aktivierende Idee zu liefern, an der freilich noch von verschiedener ExpertInnen-Seite zu feilen wäre. Meine Felder sind Humanpsychologie, soziokulturelle Kontexte von Einzelnem und Masse und Wirkweise von Beteiligungsvorgängen.

### 30.2.1 Kapazität

Zuallererst möchte ich meine Betrachtung nicht direkt mit dem Schadstoffansatz verbinden, sondern mit dem grundlegenderen Aspekt des Energieeinsatzes. Wenn der moderne Mensch erkennt, dass es oft besser ist, seinen Körper selbst zu Fuß oder mit dem Fahrrad zu transportieren, statt dafür 1.200 kg antreiben zu müssen, dann gewinnt auch die Lebenswelt in der Stadt. Die Diskussion um Schadstoffe bringt meines Erachtens, wenn es um nachhaltige Verhaltensänderungen gehen soll, keine entscheidenden Trendwenden. Hört ein Raucher auf zu rauchen, weil ihm die 6.000 verschiedenen Toxine pro Zug vorgehalten werden oder drastische Texte auf der Packung – oder eher, wenn er für sich einen Bonus verspürt, besseren Atem, mehr Luft bei Bewegung, mehr Geld für anderes übrig…? „Behaviour" – das ist die Themenstellung – und gerade eingefahrene Gewohnheiten ändern sich kaum durch Negativszenarien, nachhaltig am besten durch erfahrbare Belohnungseffekte. Die Natur hat in ihrer Entwicklung als Antrieb Belohnungseffekte eingebaut, Endorphine, Orgasmusreflex etc. Der Ansatz zum Grazer Mobilitäts-Konto operiert nicht mit dem „Feindbild Smog", sondern setzt als konkretes Angebot „mobile Anreize" für die einzelne Person. Als neues Bild steht positiv das „auto-mobil sein" – das Selbst-Beweglich sein. Das Problem ist nicht das Auto, sondern dass die Menschen ihre eigene Beweglichkeit zu sehr delegieren. Die verkehrspolitischen Maßnahmen, die technischen Weiterentwicklungen bei Motoren, Reifen, am Heizungssektor etc. sind auf dem Weg, in Graz ist die sanfte Mobilität schon im leichten Aufwind, nur um wirklich ein ehrgeiziges Ziel, wie 70 % Umweltverbund, 30 % Auto zu erreichen, müssen die Ressourcen für die alltägliche Selbst/Beweglichkeit der Menschen gewonnen werden. Für den Einzelnen sind es kleine Schritte, aber für alle mit großer Wirkung. Sollte dies gelingen, dann ist selbst die Einhaltung von 30 µg $PM_{10}/m^3$ in Graz 2020 kein unrealistisches Szenario.

## 30.3 KOSTENEFFIZIENZ

Um in dieser Frage ganze Klarheit zu bekommen, wird ein Feldversuch vorgeschlagen – wobei die einzelnen Parameter der Verkehrsmittelwahl, der Wegstrecken sowie die Änderungseffekte in Richtung mehr sanfte Mobilität und die Feinabstimmung der tatsächlichen Bonussätze für die Aeros passend zu berechnen sind. Wichtig ist der Umstand, dass es beim Mobilitäts-Konto zwei Stufen gibt. In der ersten Stufe geht es um einen Basisbonus, ab Erreichen der prozentuellen Grenze der Mobilitäts-Anteile Graz 2008 setzt in Stufe 2 der volle Bonus ein. Dies soll speziell das Erreichen und Überschreiten der Verkehrsmittelaufteilung aus 2008 mitbewirken. Dazu kann ich eine Kalkulation an Aeros und Modellkosten am Beispiel einer Person pro Tag vorlegen.

## 30.4 ENERGIEEFFIZIENZ

Durch das Partizipationsmodell und die implizierten Verhaltensänderungen zur sanften Mobilität ändert sich automatisch die „Energiebilanz" mit jedem Schritt.

## 30.5 ÖKOLOGISCHE UNBEDENKLICHKEIT UND SICHERHEIT

Sollte der Trend eintreten, dass die Leute gerne Aeros sammeln, also mehr zu Fuß, mit dem Rad und dem öffentlichen Verkehr unterwegs sind, würden sowohl für den Einzelnen wie auch für die gesamte Sozietät sehr positive Effekte entstehen. Wichtig dabei ist auch, dass die Grazer Wirtschaft im Aero-Währungssystem als positiver Faktor im Anreiz- und Belohnungssystem und im Einsatz für ein lebenswertes Graz eine wichtige Rolle spielen würde. Dies wäre auch eine Chance für ein ganz anderes Image als in den Verkehrsdiskussionen der vergangenen Jahre – und das in einer neuen Achse zwischen den Menschen – der Stadtpolitik und der Grazer Wirtschaft. Der Gedanke, dass die Menschen in Graz selbst wieder für mehr Frischluft sorgen und sich dabei einen Teil des Steuergeldes durch die eigene Mobilität wieder zurückholen können, das hat doch etwas. Vielleicht die Belebung eines Satzes – „Jetzt setze ich mich nicht ans Steuer, sondern ich hole sie mir!"

*Tabelle 8: Aeros – Bonusstufensystem (Quelle: Gmeiner, 2012)*

| Wege: 3,7 | 23 km/Tag | Daten 2008 | BonusStufe 1 | MobKonto-Budget |
|---|---|---|---|---|
| 1 Grazer/in | Zu Fuß | 4,324 km | 5 Aeros/km | + € 0,2162 |
| | Rad | 3,703 km | 2 Aeros/km | + € 0,0740 |
| | ÖV | 4,577 km | 1 Aero/km | + € 0,0458 |
| | Auto | | | |

**Sanfte Mobilität gesamt/Person/Tag: € 1,002**

| Wege: 3,7 | 23 km/Tag | Daten 2008 | Max. Ziele* 2020 | BonusStufe 2 | MobKonto-Budget |
|---|---|---|---|---|---|
| 1 Grazer/in | Zu Fuß | 4,324 km | + 0,506 km | 30 Aeros/km | + € 0,1518 |
| | Rad | 3,703 km | + 1,817 km | 25 Aeros/km | + € 0,4543 |
| | ÖV | 4,577 km | + 1,173 km | 10 Aeros/km | + € 0,1173 |
| | Auto | | (6,9 km) | | |

**Sanfte Mobilität Maximum – Bonus Stufe 1 und Stufe 2 gesamt: € 1,725 pro Person/Tag**

**ZIEL: Zu Fuß 21 % – Rad 24 % – ÖV 25 % – Auto 30 %**

Die Berechnung basiert auf einer Person, die durchschnittlich in Graz unterwegs ist:

- **in Stufe 1:**

  mit dem Mobilitätsverhalten nach der Verkehrsmittelaufteilung 2008,

- **in Stufe 2:**

  mit dem hohen Ziel von 70 % Umweltverbund und 30 % Autonutzung.

Eine verkehrsteilnehmende Person erhält bei Erreichen des Zieles von 70 % Umweltverbund, mit mehr zu Fuß, mit dem Rad, dem öffentlichen Verkehr – pro Tag 1.725 Aeros auf ihr Mobilitäts-Konto, das sind: € 1,725/Tag an persönlichem Kaufkraftzuwachs. Das bedeutet pro Jahr auf der Grundlage von 260 Werktagen einen Kontostand von: + € 448,50.

Ich bin kein Pessimist – ich glaube an das Leben in der Stadt und an die Kraft ihrer Bewohnerinnen und Bewohner. Ich habe dieses Konzept auf Graz konzentriert, weil ich der Überzeugung bin, dass exemplarisch für jeden kohärenten Lebensraum die Gestaltung von innen heraus erfolgen muss. Das Schielen auf andere, Schimpfen auf das Umland und grenzüberschreitenden Verkehr sind wenig konstruktiv und bringen nicht die Lösung. Die Stadtbürger haben in der Geschichte schon vieles erkämpft und selbstbewusst geleistet. Auch die konkreten Schritte heute liegen an den Menschen in dieser bewahrenswerten Stadt selber – Anreize dafür bietet das: Grazer Mobilitäts-KONTO.

# 31. FrauenMITFAHRTPunkt – Frauen nehmen Frauen mit

*Corinja A. Hein*

## 31.1 PROBLEMSTELLUNG

Aus meiner Sicht als Bürger ohne Auto ist das Angebot von öffentlichen Verkehrsmitteln im ländlichen Bereich (in meinem Fall Bezirkshauptstadt Weiz) mehr als unbefriedigend. Verursacher für das hohe Verkehrsaufkommen in Graz sind vor allem die Umlandgemeinden. Das unvollkommene Bus- und Bahnangebot zwingt somit Grazinteressierte vor allem jenseits von Schul- und Hauptverkehrszeiten ins Auto. Einzelfahrscheinpreise könnten von Menschen, die es mit dem Bus „einmal versuchen wollen" als Strafzahlung empfunden werden. Einfache Fahrt Weiz → Graz € 7,80  kurz gesagt „UMSTEIGEN" ist teuer und oft gar nicht möglich.

## 31.2 LÖSUNGSANSATZ

Was immer rollt: die Blechlawine (in meinem Fall auf der B72). „Autostoppen" war nie mein Fall, vom Wirkprinzip jedoch unübertroffen; spontan und unkompliziert.

*Abbildung 63:    FrauenMITFAHRTPunkt (Quelle: Einreichunterlagen)*

**Es gibt nur drei Regeln:**

1.  Die Fahrerin bietet die Mitfahrt kostenlos an.

2.  Die Mitfahrerin stellt keine besonderen Ansprüche.

3.  Jede Frau kann die Mitnahme oder Mitfahrt, freundlich! doch ohne Angabe von Gründen ablehnen. Intuitiv-halt.

### 31.2.1 Kapazität

Fangen wir klein an, wenn alleinfahrende Frauen jeweils eine andere Frau mitfahren ließen, wäre das Auto um 100 % mehr genutzt.

### 31.2.2 Methodik

Es braucht extrem viel Öffentlichkeitsarbeit, damit der orange Frauenmitfahrtpunkt überall bekannt ist.

*Abbildung 64:     OrangePunktTasche (Quelle: Einreichunterlagen)*

## 31.3   KOSTENEFFIZIENZ

Das freut die öffentliche Hand: Bezahlt wird von den Teilnehmerinnen.

- die Autofahrerin schenkt die Mitfahrt,
- die Mitfahrerin kauft eine OrangePunktTasche bei einem Solidaritätsbetrieb, der Frauen Arbeit geben kann (Vorzugsweise in von Landflucht betroffener Gegend = weiteres Grazer Umland),
- der Betrieb zahlt Steuern …

## 31.4   ENERGIEEFFIZIENZ

Weniger Autos auf der Straße, mehr transportierte Personen;

Weniger Autos – weniger Lärm;

Weniger Autos – weniger $CO_2$;

Weniger Autos – weniger Parkplatznot;

Weniger Autos – weniger Feinstaub;

## 31.5   ÖKOLOGISCHE UNBEDENKLICHKEIT UND SICHERHEIT

Langwierige Erlaubnis und Genehmigungsverfahren machen mich nervös. Entschlossenes Handeln ist gerade bei der Klimafrage längst fällig. Fangen die Frauen an spontan unbürokratisch – intuitiv.

# 32.  Fein, mach dich aus dem Staub!

*Christina Hornbacher und Maria Zobernig*

## 32.1  KURZBESCHREIBUNG

Menschen nicht nur zu informieren, sondern zum Handeln zu animieren, ist das Ziel des „Fein, mach dich aus dem Staub!"-Projektes. Nun stellt sich natürlich die Frage: Wie kann man jemanden zum aktiven Mitmachen im „Kampf gegen den Feinstaub" ermutigen? Eine Möglichkeit ist ein mobiler Werbebus, welcher mit einer Infotour quer durch Graz zieht. Bewusstseinsbildendes Marketing stellt das Fundament dieses Konzeptes dar, denn die Zeit der langweiligen Vorträge und uninteressanten Broschüren ist vorbei: Der Werbebus bietet neben Informationsgesprächen und Aufklärungsmaterial in puncto Feinstaub auch eine für Kinder angepasste Spiele-Landschaft, in der eben dieses Thema schon den Jüngsten näher gebracht wird, und bietet somit Platz für jede Altersgruppe. Um das Bewusstsein der Menschen zu erreichen, soll der Werbebus nicht nur durch ein effektives Konzept, sondern auch durch ein außergewöhnliches Design sowohl außen als auch innen zur Feinstaubreduktion beitragen. Der Lösungsansatz muss dort beginnen, wo das Problem entsteht: bei jedem Einzelnen von uns!

## 32.2  PROBLEMSTELLUNG

Das heutige Mobilitätsverhalten der Bevölkerung ist ein maßgeblicher Faktor für die zahlreichen ökologischen Probleme, zu denen auch die hohe Feinstaubkonzentration zählt. Informationen, welche Alternativen aufzeigen und aktiv zur nachhaltigen Bewusstseinsbildung beitragen, gehen häufig im „Mediensumpf" verloren. Dadurch werden diese Informationen von der breiten Öffentlichkeit vielfach nicht wahrgenommen und somit ein Umdenkprozess unterbunden. Bewusstseinsbildendes Marketing ist daher der erste Schritt zur nachhaltigen Mobilität von morgen.

## 32.3  LÖSUNGSANSATZ

### 32.3.1  Wirkprinzip

Der mobile Werbebus soll folgende Wirkungen auf die Zielgruppe erzielen:

1.  Durch die Aufmachung Aufmerksamkeit erregen.

2.  An dem Thema Interesse wecken, durch spezielle Ausstattung und spezielles Design des Infomaterials.

3.  Informieren.

4.  Auch Kinder für dieses Thema sensibilisieren.

5.  Einen bleibenden Eindruck hinterlassen.

6.  Menschen zum effektiven Handeln animieren.

•  zu 1.: Neben der Tatsache, dass ein Infobus eine außergewöhnliche Werbemaßnahme ist, soll dieser außen so gestaltet werden, dass gleich am ersten Blick erkennbar ist, dass es sich um den „Fein, mach dich aus dem Staub!"-Werbebus handelt. Er könnte z.B. auch von Schulkindern bemalt werden, was schon zu Beginn der Infotour Aufmerksamkeit auf die Aktion ziehen würde.

- zu 2.: Neben dem äußeren Design soll der Bus auch durch seine spezielle Innenausstattung Interesse wecken. Die innere Aufmachung sollte so gestaltet werden, dass die Zielgruppe in mehreren Sektoren (z.B. Feinstaubinformationen allgemein, öffentliche Verkehrsmittel, …) informiert werden kann. (siehe Anhang „Businnenausstattung")

- zu 3.: Die Zielgruppe zu informieren stellt – neben der Animation zum effektiven Handeln – eine der Hauptaufgaben des Busses dar. Im Bus sollen in den einzelnen Sektoren Mitarbeiter für die Feinstaubaufklärung beschäftigt sein. Außerdem sollen der Zielgruppe Folder zur Verfügung stehen, welche prägnant die wichtigsten Punkte in puncto Feinstaub enthalten.

- zu 4.: Durch den Kinderbereich soll auch diese Zielgruppe angesprochen werden, da diese eventuell auch Auswirkungen auf ihre Eltern haben und dies auch später an ihre Kinder weitergeben können.

- zu 5.: Die gesamte Aufmachung bzw. die Ausstattung des Werbebusses soll einen bleibenden Eindruck hinterlassen (z.B. Rätsel im Kinderbereich, gut verständliche Informationstexte an den dafür vorgesehenen Flächen,…).

- zu 6.: Außerdem sollen neben den Informationen die animierenden Präsente die Zielgruppe dazu anregen, effektiv gegen Feinstaub vorzugehen (z.B. „Feinstaub-O-Meter" siehe Anhang).

### 32.3.2 Kapazität

Die Kapazität zur Feinstaubreduktion kann aufgrund der Art des Projektes quantitativ nicht berechnet werden. Hervorzuheben sind bei diesem Projekt aber die zahlreichen Vorteile, welche im Folgenden anhand der „Drei Säulen der Nachhaltigkeit" veranschaulicht werden:

**Ökonomische Vorteile**

- Viele Kooperationspartner könnten an dem Projekt teilnehmen.
- Werbeplattform.
- Medienunabhängige Öffentlichkeitsarbeit.

**Ökologische Vorteile**

- Zukünftige Feinstaubreduktion durch die informierte Zielgruppe.
- Kaum Emissionen im Betrieb.

**Soziale Vorteile**

- Alle Altersgruppen werden angesprochen.
- Ortsunabhängig.

### 32.3.3 Methodik

Die Ergebnisse und Auswirkungen dieses Projektes können nicht durch messtechnische Verfahren ausgewertet werden. Der Erfolg des Konzeptes liegt vielmehr im Zugang zur breiten Öffentlichkeit und der Installation eines Kommunikationskanales, welcher in der Öffentlichkeit wahrgenommen wird. Dadurch ist es möglich, die Öffentlichkeit für dieses Themengebiet zu sensibilisieren, richtungsweisende Informationen bereitzustellen und darauf aufbauend die Personen zum aktiven Handeln zu animieren. Diese Informationen sind Teil eines Prozesses, der die Attraktivität der sanften Mobilität stärkt und vorhandene Mobilitätsroutinen aufbrechen lässt [Dalkmann et al., 2004].

Des Weiteren eröffnet der Werbebus den kooperierenden Organisationen/Unternehmen eine vielfältig einsetzbare Kommunikations- und Marketingplattform, die einen großen Teil der Ziel- und Altersgruppen abdeckt. Es ist realitätsfern, den Sprung zur nachhaltigen Mobilität von heute auf morgen zu erreichen, aber nicht, die Alternativen für die Zukunft zu präsentieren, um die Menschen Schritt für Schritt darauf zuzubewegen.

## 32.4 KOSTENEFFIZIENZ

Aufgrund der bereits im Kapitel „Kapazität" angeführten Gründe werden die Kosten nicht auf die Feinstaubreduktion bezogen. Diese Kalkulation bezieht sich auf die Instandsetzungskosten des Werbebusses. Um sämtliche Posten abzudecken, wurden die drei Kostenstellen Bus, Personal und Extern gewählt.

*Tabelle 9:*     *Kostenrechnung (Quelle: Eigene Berechnungen)*

|          | Kostenrechnung      |              |
|----------|---------------------|--------------|
| Bus      | Personalaufwand     | € 1.500,00   |
|          | Materialkosten      | € 2.500,00   |
|          | Summe Bus           | € 4.000,00   |
| Personal | Anz. der Personen   | 2,0          |
|          | Stunden gesamt [h]  | 100,00       |
|          | Stundensatz brutto  | € 12,00      |
|          | Summe Personal      | € 2.400,00   |
| Extern   | Druck und Werbung   | € 4.000,00   |
|          | Sonstige            | € 1.000,00   |
|          | Summe Extern        | € 5.000,00   |
|          | **Gesamtsumme**     | **€ 11.400,00** |

- Kostenstelle Bus
  Die angegeben Kosten sind Schätzungen der GVB und können je nach Zustand des Busses bis zu 10 % variieren.

- Kostenstelle Personal
  Für die Vorbereitung des Projektes wurden zwei Vollzeitkräfte mit der gesetzlichen Arbeitszeit von 40 Stunden in der Woche geplant. Sie erhalten einen Bruttostundenlohn von € 12 und arbeiten ca. 2 ½ Wochen.

- Kostenstelle Extern
  Diese Kosten umfassen die Druckkosten von Flyern, Ankauf von Werbematerialen usw. Zu berücksichtigen sind hierbei aber verschiedene Anbieter und Materialien, daher sollte eine Toleranz von 5 % bis 10 % einkalkuliert werden.

## 32.5 ENERGIEEFFIZIENZ

Auch hier wird – aufbauend auf den bereits in Subkapitel 32.3.2 angeführten Argumenten – der Energieaufwand nicht auf die Feinstaubreduktion bezogen. Der Energieaufwand für dieses Projekt beträgt 0 Joule. Sämtliche Energieaufwände sind sowohl bei der Instandsetzung als auch im Betrieb sehr gering. Aufgrund dessen ist es nicht notwendig, diese zu berechnen bzw. zu erheben.

## 32.6   ÖKOLOGISCHE UNBEDENKLICHKEIT UND SICHERHEIT

Durch den Werbebus können folgende Emissionen entstehen:

- übliche bekannte, durch Busse erzeugte Abgase
- eventuelle Lärmbelästigung
- Menschenansammlungen

Zusätzlich sollten nachstehende Überlegungen getroffen werden:

- kinderfreundliche Ausstattung, um Verletzungen zu vermeiden
- das Vorhandensein von vorgeschriebenen Sicherheitsmaßnahmen (z.B. Feuerlöscher, Erste Hilfe Koffer,…)
- Verwendung nachhaltiger Produkte
- Folder aus unbehandeltem Papier
- eventuell recyceltes Papier verwenden
- regionale Anbieter für die animierenden Präsente heranziehen
- usw.

## 32.7   ANHANG

### a)   Businnengestaltung (Muster)

Der Bus könnte im Inneren wie folgt gestaltet werden (Maßstab ca. 1:65):

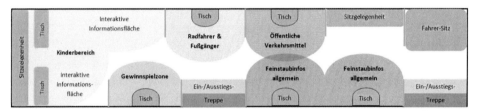

*Abbildung 65:    Muster Businnengestaltung (Quelle: Einreichunterlagen)*

Hier gilt es anzumerken, dass sich das Muster auf keine spezielle Bustype bezieht, sondern ein Bus mit ca. 12 m Länge und 2,5 m Breite herangezogen wurde. Die Innengestaltung kann später noch an den entsprechenden Bus angepasst werden, da dieser Plan nur eine Beispielvariante darstellt.

### b)   Informationen zu den einzelnen Bereichen

**Anmerkungen:**

- Die farbig markierten Bereiche stellen keine Hindernisse dar, sondern sollen nur zur Visualisierung der unterschiedlichen Bereiche dienen.
- Außerdem gilt es anzumerken, dass die Erwachsenenbereiche mit Stehtischen versehen sind.
- Die einzelnen Bereiche sollen nicht zu aufwendig gestaltet werden, was bedeutet, dass die Stationen so viele Infos wie nötig enthalten, aber trotzdem so prägnant wie möglich gehalten werden sollen.

**Allgemeine Feinstaubinformationen:**

Aufklärung über die Entstehung, die gesundheitlichen und umweltbezogenen Auswirkungen und Tipps und Tricks zur Reduktion von Feinstaub.

**Öffentliche Verkehrsmittel:**

Informationen über Fahrpläne, Fahrkartenpreise und Tarife,…

**Fußgänger und Radfahrer:**

Auskünfte über das richtige Verhalten im Verkehr, über die richtige Kleidung als Fußgänger und Radfahrer, über unterschiedliche Rad-Typen, Informationen über Radpreise, über regionale Radgeschäfte, über die richtige Radausstattung,…

**Gewinnspielzone mit Preisdrehscheibe:**

Neben animierenden Präsenten hat man auch die Möglichkeit, in der Gewinnzone Preise zu ergattern. Preise könnten z.B. sein: Fahrradlichter, Katzenaugen, Gutschein für Fahrkartenermäßigungen, Schweißbänder, Ermäßigungen für Fahrradeinkäufe oder Fahrradüberprüfungen, Einkaufstaschen, Erste-Hilfe-Täschchen für Fahrräder, Traubenzucker,…

**Kinderbereich:**

Im Kinderbereich gibt es sowohl eine Sitzgelegenheit, in der die Kinder z.B. Rätsel lösen können, Bilder ausmalen können,… Zusätzlich gibt es die „interaktiven Informationsflächen", in denen den Kindern durch unterschiedliche Geschicklichkeitsspiele etwas über das Thema Feinstaub beigebracht werden soll (z.B. Ein großes Holzmemory an der Wand,…) Das Prinzip der interaktiven Informationsflächen basiert auf dem Prinzip „Learning by Doing", was vor allem den Zweck des „Einprägens" erfüllen soll.

**Grüne Trennwände:**

Die Trennwände (in grün eingezeichnet) bieten Platz für Informationsflächen.

**Animierende Präsente:**

Die animierenden Präsente sollen die Zielgruppe anregen, aktiv zur Feinstaubminimierung vorzugehen. Einige dieser Geschenke wurde bereits oben („Gewinnspielzone") aufgezählt. Außerdem besteht die Idee, ein individuelles „Feinstaub-O-Meter" welche jeder zuhause selbstständig verwalten kann, um so zu erkennen, in wie weit man zur Feinstaubreduktion beiträgt. Außerdem soll das „Feinstaub-O-Meter" ermöglichen, sich pro festgelegten Zeitabschnitt zu verbessern. Die „Feinstaub-O-Meter" soll mit einem Punktesystem aufgebaut werden, welches jedem einfach und schnell ermöglicht, die persönlichen Feinstaubpunkte zu ermitteln (z.B. Unterschiedliche Punkte für Fahrrad fahren, Öffis verwenden, Autofahren in Fahrgemeinschaft, Autofahren alleine,…).

**c) Maskottchen**

Das Maskottchen Polly (abgeleitet von Pollution) sollte als „Aushängeschild" für die Werbetour herangezogen werden. Polly soll nicht nur speziell im Kinderbereich zum Einsatz kommen, sondern auch zur Wiedererkennung dienen.

**d) Sonstiges**

Um zu wissen, welche Stationen der Werbebus ansteuert, sollen über diverse Medien (Zeitung, Radio,…) im Vorhinein schon die „Tourdaten" bekannt gegeben werden. Der Infobus kann in weiterer Folge auch für andere, erweiterte Werbeaktionen herangezogen werden (z.B. Auch Stromeinsparungsmaßnahmen, Wassersparkampagnen,…). Personenbezogene Angaben beziehen sich sowohl auf das weibliche, als auch auf das männliche Geschlecht und wurden zum Zwecke der besseren Lesbarkeit. Nur in der männlichen Form angeführt.

## 32.8 LITERATURVERZEICHNIS

**Dalkmann et al., 2004**

Dalkmann, H., Herbertz, R., Schäfer-Sparenberg, C. (2004): Eventkultur und nachhaltige Mobilität – Widerspruch oder Potenzial?, Wuppertal Papers, Nr. 147, Wuppertal Institut für Klima, Umwelt und Energie GmbH Forschungsgruppe 2: Energie-, Verkehrs- und Klimapolitik (Hrsg.), Wuppertal, Seite 17 ff.

# 33. Gewusst-bewusst! Ich tu was gegen Feinstaub

*Michael Krobath (Umwelt-Bildungs-Zentrum Steiermark)*

## 33.1 KURZBESCHREIBUNG

Seit dem Schuljahr 2004/2005 führt das Umwelt-Bildungs-Zentrum Steiermark im Auftrag der Steiermärkischen Landesregierung Schulprojekte zum Thema Feinstaub in den Feinstaub-Sanierungsgebieten durch. Das Hauptaugenmerk wird dabei auf Volks- und Hauptschulen gelegt. Grund für die Konzentration auf diese Schultypen ist der, dass hier die Gemeinden selbst Schulerhalter sind und als betroffene Feinstaub-Sanierungsgebiete speziell unterstützt werden sollen. Mit den SchülerInnen wird handlungsorientiert erarbeitet, was Feinstaub ist, welche Gefahren er darstellt und welche Maßnahmen SchülerInnen und Eltern setzen können, um die $PM_{10}$-Belastung zu verringern. Schulen können aus diversen pädagogisch-didaktischen Modulen wählen, die ihnen angeboten werden. Diese Module werden im Subkapitel 33.3.3 „Methodik" näher erläutert. Jene Schulen, die sich intensiv mit dem Thema beschäftigen, erhalten das Prädikat „$PM_{10}$-Bonusschule", wobei „Bonus" für den durch die Arbeit der SchülerInnen eingesparten Feinstaub steht.

## 33.2 PROBLEMSTELLUNG

Ziel des Projekts ist es, über den Weg der Umweltbildung an dieses schwierige Thema heranzugehen und es schon früh bewusst zu machen. Das Motto lautet deshalb: Schützen kann man nämlich nur das, was man auch kennt! Gerade für die Luft ist das schwierig, denn sie ist auf den ersten Blick klar, durchsichtig und nicht greifbar. V.a. das Thema Feinstaub ist – obwohl über die Medien massiv kommuniziert – für SchülerInnen und auch Lehrende meist zu abstrakt. Die dadurch bedingte Scheu, sich im Unterricht damit zu beschäftigen, verstärkt das Entstehen von Halbwissen und Irrtümern. Hier greift das Projekt ein, um zu zeigen, wie das Thema trotzdem spannend vermittelt werden kann, ohne dass seriöse Informationen zu kurz kommen. Die SchülerInnen lernen im Rahmen dieses Projekts bzw. zeigen selbst auf, dass Luft mit einfachen Mitteln erlebbar und Feinstaub erkennbar gemacht werden kann bzw. was sie persönlich zur Feinstaubreduktion beitragen können. Hier zeigt sich eine weitere Problemstellung, da in den Elternhäusern oft verfestigte Klischees vorherrschen, die in der Projektarbeit kontraproduktiv auf die Kinder einwirken. Diese gilt es aufzuspüren und aufzuweichen. Ein weiteres Ziel liegt also darin, über die SchülerInnen dieses Thema auch in die Familien zu tragen, einerseits durch Erkennen des eigenen Betroffenseins eines jeden und andererseits durch Einbindung der Eltern selbst (z.B. durch Fragebogenaktionen).

*Abbildung 66:   Bisherige „$PM_{10}$-Bonusschulen" der Steiermark*
*(Quelle: Land Steiermark und Umwelt-Bildungs-Zentrum Steiermark )*

## 33.3   LÖSUNGSANSATZ

### 33.3.1  Wirkprinzip

Umweltbildung soll mit den Prinzipien und Hintergründen der Nachhaltigkeit vertraut machen, eine entsprechende Ethik fördern und Kriterien für ein verantwortungsvolles Umweltverhalten vermitteln. Im Rahmen des Projekts gelingt dies vorrangig durch das Prinzip der Partizipation: SchülerInnen werden in die Rolle der aktiv Handelnden und nicht passiv Zuhörenden versetzt (siehe Subkapitel 33.3.3) und werden zu einer zielorientierten, eigenverantwortlichen Arbeit motiviert.

### 33.3.2  Kapazität

Die quantitative Abschätzung von reduzierten Mikrogramm $PM_{10}$ ist bei Umweltbildungsprojekten nie seriös durchführbar. Da es sich um Bewusstseinsbildung als Ziel handelt, müsste für eine Berechnung möglicher $PM_{10}$-Reduktion jede zukünftig gesetzte Handlung der Zielgruppen auf ihre Motivation hin hinterfragt werden.

Aufgrund der großen Zahl erreichter Personen (SchülerInnen, Lehrende, weiteres Schulpersonal, Eltern) kann hier aber von einer beachtlichen Sensibilisierung ausgegangen werden.

### 33.3.3  Methodik

Umweltbildung ist in der Steiermark seit 30 Jahren Teil des schulischen Projektalltags. Themen wie z.B. Mülltrennung hätten nie so effizient den Weg ins kollektive Bewusstsein finden können, wenn sie nicht über Schulprojekte verstärkt an die Bevölkerung/Eltern herangetragen worden wären.

Umweltbildung in der Schule soll SchülerInnen die Auseinandersetzung mit der natürlichen, sozialen und gebauten Umwelt erschließen. Sie soll die Fähigkeit zum Problemlösen in komplexen Systemen fördern und dazu beitragen, SchülerInnen für die Beteiligung am politischen Leben zu befähigen.

Um die Projektziele zu erreichen, wurden folgende Module den Schulen angeboten:

**MODUL 1:**

Eine auf Ort bzw. Region adaptierte $PM_{10}$-Projektideenmappe, die im Rahmen des Pilotprojektes $PM_{10}$-Bonusschule Graz entwickelt wurde. Diese bietet den Lehrenden zahlreiche Vorschläge und Projektideen für alle Schulstufen, wie man das Thema Feinstaub ($PM_{10}$) erfahrbar machen und das eigene Feinstaub-Einsparungspotential (als Schule oder Einzelperson) nutzen kann. Jede Schule erhielt eine Mappe und eine CD-Rom mit der digitalen Version der Unterlagen, um schon im Vorfeld des Coachings ein Konzept für ihr Projekt erstellen bzw. Schwerpunkte festmachen zu können.

**MODUL 2:**

Praxisnahe Projekttage in der Schule über **Luft und Luftverschmutzung** zu folgenden Fragen:

   **1.  Was ist Feinstaub überhaupt?**

Dabei wurde dieser schwer fassbare Luftschadstoff „griffiger" gemacht. Die Größendimension von Feinstaub wurde mit unterschiedlichen Vergleichen erkennbar.

   **2.  Woher kommt Feinstaub?**

Die unterschiedlichen Feinstaubquellen und deren Anteil an der Gesamtbelastung wurden angesprochen und spielerisch kennengelernt. Sinn dieser Übung war das Erkennen der Komplexität der gesamten Feinstaubproblematik und der Unterscheidung natürlicher und anthropogener Staubproduzenten.

### 3. Was bewirkt Feinstaub?

Warum gerade kleine Teilchen eine Gefährdung darstellen können, wurde bei den Gesundheitsaspekten besprochen. Abstecher in die Raucherprävention ergaben sich dabei oft automatisch.

### 4. Was kann ich tun?

Was jede/r Einzelne (SchülerInnen, LehrerInnen und Eltern) durch Eigeninitiativen beitragen kann, wurde in Diskussionen und Rollenspielen verdeutlicht.

## MODUL 3:

Projekttage mit **chemisch-physikalischen Versuchen**: Dabei wurde mit einfachen und v.a. für jeden leicht reproduzierbaren Versuchen Feinstaub sichtbar gemacht. SchülerInnen und Lehrende wurden dabei auch eingeschult, um diese Methoden selbst weiterhin anwenden zu können. Diese Versuche wurden dann teils von den Schulen sogar im Regel-Unterricht noch verfeinert und perfektioniert.

### 1. Feinstaub unter dem Mikroskop

Mit Klebebändern wurde Staub im Freien und in Innenräumen gesammelt. Dieser wurde mit einem Lineal unter das Mikroskop gelegt. Dadurch sind Teilchen erkennbar, die mindestens 100-mal in einen Millimeter passen, also schon Feinstaub sind. Auch (Fein-)staub aus einem Autoauspuff wurde untersucht.

### 2. Bau eines Inversionsmodells

Mit einem Aquarium, Kühlakkus, Sand und Modellhäusern wurde eine Becken- oder Tallandschaft nachgebaut und mit einer Rauchquelle eine Inversion mit alle ihren negativen Folgen für die Luftgüte demonstriert.

### 3. Staubmessungen im Umfeld der Schulen

Eigenständiges „Feinstaub-Forschen" war beim Ermitteln der Staubniederschläge im Schulumfeld möglich. Mit Objektträgern und Glycerin wurden an unterschiedlichen Orten Proben gesammelt und ausgewertet. Die Ergebnisse finden sich in Karten und Berichten.

## MODUL 4:

Projekttage zum Thema **Mobilität und Schulweg**: Einer der Hauptverursacher für Feinstaub ist der Verkehr. Mit einfachen und spielerischen Methoden wurde Interessantes zum Thema Mobilität angeboten bzw. der eigene Schulweg unter die Lupe genommen.

### 1. Kennenlernen des Begriffs „Mobilität"

Um was es sich bei Mobilität genau handelt, wurde mit Beispielen aus der Erfahrungswelt der SchülerInnen erklärt. Die unterschiedlichsten Verkehrsmittel wurden in Diskussionen und Rollenspielen kennengelernt bzw. besprochen.

### 2. Fragebogen-Aktionen

Die Schul- und Arbeitswege der SchülerInnen, Eltern und Lehrenden wurden analysiert.

### 3. Der Schulweg

Da am Schulweg viel Feinstaub eingespart werden kann, wurde mithilfe von Karten aus dem „Schulatlas Steiermark" der eigene Schulweg im Luftbild eingezeichnet und versucht ihn zu optimieren. Ziel dabei war auch die Gründung von Fahr- und Gehgemeinschaften auf Basis der gewonnenen Erkenntnisse. In den beiden Grazer Schulen wurde das erlebnispädagogische Spiel *„Auf der Jagd nach dem goldenen Totmann"* durchgeführt, in dem SchülerInnen im Netz der Grazer Verkehrsbetriebe unterwegs sind, um dessen Möglichkeiten kennen zu lernen.

### 4. Verkehrszählungen

In Modul 2 wurde bereits präsentiert, wie viel Staub und Feinstaub ein Auto erzeugt. Deshalb interessierte es die SchülerInnen, wie viele Autos denn an ihrer Schule täglich vorbeifahren. Verkehrszählungen wurden deshalb im Umfeld der Schule durchgeführt.

### 5. Schulumfeldanalysen

Welche Kriterien soll das Schulumfeld erfüllen, um den Schulweg attraktiv und sicher zu machen? Dabei wurden mit den SchülerInnen Schulzufahrten, Gehsteige, Radwege, Parkplätze und Haltestellen genau unter die Lupe genommen und Verbesserungsvorschläge erarbeitet.

### 6. Mobilitätsspiele

Mit zahlreichen Spielen, Praxismaterial und Erlebnisheften zum Thema Mobilität konnten die SchülerInnen in Freiarbeit kreativ sein.

## MODUL 5:

**Flechtenuntersuchungen:** Auch ein Langzeit-Monitoring von Luftschadstoffen war über Bioindikatoren möglich. Im Blickpunkt standen dabei die Flechten im Schulumfeld, die Schadstoffbelastungen anzeigen können. Gemeinsam mit dem Institut OIKOS erlernten die SchülerInnen und Lehrenden diese Methodik. Nach einem ersten Kennenlernen des unbekannten Wesens „Flechte" wurden Bäume in der Gemeinde ausgewählt, um sie nach exakten wissenschaftlichen Kriterien (Flechtendiversitätswert) zu untersuchen. Je nach gewähltem Umfang entstanden dabei interessante Auswertungen, die in Kartenform vorliegen.

## MODUL 6:

Arbeit mit **Unterrichtsmaterialien und Spielen**, mit denen die SchülerInnen selbst handlungsorientiert arbeiten konnten bzw. spielerisch an das schwierige Thema Luft herangeführt wurden.

## MODUL 7:

Da auch Volksschulen am Projekt beteiligt waren, wurde ein zusätzliches Modul entwickelt, ein Luft-Stationenbetrieb, um in das Thema Luft einzuführen und die wichtigsten Eigenschaft dieses Elements erleben und selbst erforschen zu können. Dieser Zugang ist notwendig, um in Volksschulen vor der Beschäftigung mit Luftschadstoffen den persönlichen Bezug zum Lebensmittel Luft herzustellen. An 13 Stationen wurde mit Luft gespielt und geforscht:

**Nr. Stationsname**

1. Die Ballonwaage – hat Luft ein Gewicht?
2. Luft drückt.
3. Luft bremst – der Luftwiderstand.
4. Luft trägt – warum Flugzeuge fliegen.
5. Der Trichtertrick – Luft als Zauberer.
6. Der Luftballonstreit.
7. Gummibärchen auf Tauchstation.
8. Die Ballonrakete – Luft hat Kraft.
9. Kann Luft wachsen?
10. Auf Luft schwimmen?

11. Kerzen von Zauberhand gelöscht.

12. Tischtennisball aufblasen.

13. Luft kann Ballspielen.

## 33.4  KOSTENEFFIZIENZ

Gewusst-bewusst! wurde im Rahmen des Projekts „Umweltbildung Steiermark" finanziert. Aufgrund der oben erwähnten Unmöglichkeit der Abschätzung von $PM_{10}$-Reduktion in Folge von Umweltbildung, kann hier keine Angabe gemacht werden. Kosten für das Projekt entstanden jedoch vorranging nur für Personalkosten (Durchführung der Projekttage).

## 33.5  ENERGIEEFFIZIENZ

Aus denselben Gründen wie oben keine Abschätzung möglich. Energieaufwand für das Projekt beschränkt sich auf Fahrten in die Schulen.

# 34. Umweltzone light

*Herwig Leinfellner*

## 34.1 KURZBESCHREIBUNG

Leider ist die höchste Umweltbelastung durch den Verkehr am Ort ihrer Entstehung, also direkt auf den Straßen, besonders auf den Einfahrtsstraßen großer Städte zu finden. Damit sind aber auch die Autofahrer und alle anderen Straßenbenutzer wie Radfahrer und Fußgänger besonders gefährdet. Hohe Konzentrationen finden sich in den Innenräumen der Fahrzeuge und in Häusern, die an Straßen angrenzen.

Betrachtet man die Abgasgesetzgebung, ergibt sich eine reale gewaltige Verminderung der Umweltverschmutzung durch neue Fahrzeuge. Diese kommt jedoch nur durch die stete Erneuerung der Fahrzeugflotte zur Wirkung.

Eine spezielle Fahrzeug-Kennzeichnung nach dem EU-Wert an der Rückseite des Fahrzeuges soll die Gefährdung der Umwelt signalisieren und damit moralischen Druck auf den Besitzer ausüben, das Fahrzeug zu wechseln.

## 34.2 PROBLEMSTELLUNG

Offizielle Messungen erfolgen an bestimmten sicher sehr neuralgischen Punkten. In Graz speziell bei Don Bosco. Dieser Bereich ergibt einen guten Mix aus Verkehr, Industrie und Hausbrand.

Industrie und Hausbrand stoßen ihre Abgase in größerer Höhe aus und so gelangt schon eine Mischung von Abgasen verschiedener Verursacher verdünnt an die Messgeräte.

Der Verkehr gibt Abgase in Bodennähe frei, in einem Bereich, in dem sich viele Verkehrsteilnehmer wie Fußgänger, Radfahrer und in großer Zahl auch die Autofahrer selbst bewegen.

In Häuserschluchten mit starkem Verkehrsaufkommen kann durch die ungünstige geographische Lage mancher Städte wie Graz und Leibnitz das Verkehrsabgas kaum entweichen. Eine ähnliche Situation ist sicher zwischen den in Österreich beliebten Schallschutzwänden gegeben. Straßenbenutzer sind also die stärksten Leidtragenden dieser Emissionen.

Filter in Klimaanlagen sind nicht in der Lage, Feinstaub abzuscheiden, daher ist auch der Fahrer direkt vom Abgas der vor ihm fahrenden Fahrzeuge betroffen. Zudem sind auf Straßenniveau besonders die Anteile an ultrafeinem Feinstaub sehr hoch, welcher durch die Reduktion der Auspuffemission ebenfalls verringert werden kann.

Normalerweise wird ein Fahrer, der hinter einem z.B. stark rußenden Lastwagen fährt, den Abstand zum "Stinker" vergrößern. Er handelt aber aus Unkenntnis der Gefährdung durch ein vor ihm fahrendes Fahrzeug ohne Partikelfilter nicht auf gleiche Weise, obwohl die großen Rußpartikel durch seinen Klimafilter abgefangen werden, der Feinstaub und der ultrafeine Feinstaub des vor ihm fahrenden Fahrzeuges werden aber weitgehend nicht abgefangen.

Es ist daher notwendig, diese Gefährdung sichtbar zu machen!

## 34.3 LÖSUNGSANSATZ

Ein Verbot, mit einem alten Fahrzeug zu fahren ist politisch nicht durchsetzbar und würde auch die vielen Grenzfälle der extremen Wenig-Fahrer stark treffen. Ein Aufzeigen, wie stark seine Fahrt die Umwelt trifft, ist wohl das Maximum des Zumutbaren. Wenn dadurch aber einige Fahrten ausfallen und bewusst an Feinstaubtagen nicht gefahren wird, ist schon einiges erreicht.

Sichtbar wird schlechtes Abgasverhalten, wenn Fahrzeuge ohne Partikelfilter durch eine Plakette in ROT, ähnlich wie schon im Rahmen der Umweltzone vorgesehen, gekennzeichnet werden. Alle anderen erhalten GRÜN. Diese Plakette soll jedoch nicht an die Windschutzscheibe sondern an der Heckscheibe angebracht werden. Beim Pickup und LKW in der Nähe des Abgasrohres. So kann der unmittelbar Betroffene, dort befindliche Fahrer oder Fußgänger sich entsprechend verhalten. Die Verteilung der Plakette könnte durch die Werkstätten beim Service oder der wiederkehrenden Überprüfung erfolgen.

Ein zweifaches Ziel kann damit erreicht werden: Einmal, dass sich jeder in der Umgebung und jeder, der hinter einem Fahrzeug mit roter Plakette fährt, ein Bild über seine eventuelle Gefährdung machen kann, und außerdem ergibt sich dadurch auch auf den Besitzer ein moralischer Druck, nicht länger die Atemluft der anderen Verkehrsteilnehmer mehr zu verschmutzen als es dem Stand der Technik entspricht. Er gewinnt mit einem neuen Fahrzeug doppelt. Einmal schützt er die Umwelt und außerdem haben modernere Fahrzeuge einen wesentlich besseren Filter in ihrer Klimaanlage.

Eine Verminderung der Verkehrsemission kann nur durch die Stilllegung alter Fahrzeuge erfolgen!

Begleitet soll der Vorgang durch entsprechende Aufklärung werden. Es muss jedem Autofahrer bewusst gemacht werden, dass er selbst am meisten gefährdet ist und diese Maßnahme seiner Gesundheit zu Gute kommt.

Eine finanzielle Unterstützung zum Kauf eines neuen Fahrzeuges durch die öffentliche Hand könnte den Tauschvorgang beschleunigen. Ich stelle mir Beträge bis € 3.000 vor. Dies ist aber von der Budgetlage abhängig.

Die ständigen Aussagen, dass der Verkehr ja nur zu 17-20 % am Feinstaub beteiligt ist, müssen relativiert werden. Auf der Straße direkt ist der Anteil durch Abrieb, Aufwirbelung und Abgas wesentlich höher und sammelt sich im Innenraum der Fahrzeuge und in den an die Straße angrenzenden Wohnungen. Der Durchschnittswert der Abgasemissionen bringt also nichts, wenn ich mich dort bewege. Schulen, Kindergärten, Altersheime und ähnliche Institutionen und Orte mit Massenansammlungen gehören abseits der Hauptstraßen angesiedelt. Wenn sie schon ungünstig liegen, können Schutzmauern eine Besserung bringen. Auch Radwege direkt entlang verkehrsreicher Straßen sind zu vermeiden.

Zu diesen Aussagen liegt schon eine Reihe von Messungen vor. Ich finde aber, es wird die Situation der Straße gegenüber dem Durchschnittswert viel zu wenig betrachtet und ich sehe meinen Beitrag in erster Linie als Apell, diese spezielle Situation mehr zu beachten und die Forschung auf diesem Gebiet zu verstärken.

## 34.4   LITERATUR

Gesundheit.de (2012): Gesunde Umwelt - gesunde Kinder. URL: http://www.gesundheit.de/medizin/ gesundheit-und-umwelt/umweltmedizin/gesunde-umwelt-gesunde-kinder.

Illni, B. (2013): Neue Autos helfen der Umwelt, ÖVK-Reihe, 2. aktualisierte Auflage, Wien.

Kurz, C. (2011): Immissionskataster Wien – Entwicklung und Umsetzung eines Immissionsprognosemodells. Erstellt im Auftrag der Wiener Umweltschutzabteilung MA22, Magistrat der Stadt Wien. Bericht Nr. I-20-Rev1/2011/Ku/V&U/05/2009 vom 28.11.2011; Technische Universität Graz. Institut für Verbennungskraftmaschinen und Thermodynamik.

Diverse DEKRA – Berichte (siehe: www.dekra-austria.at)

# 35. Feinstaubreduktion durch Veränderung der psychosozialen Faktoren im Mobilitätsverhalten der VerkehrsteilnehmerInnen

*Mehrdad Madjdi*

## 35.1 KURZBESCHREIBUNG

Folgende Maßnahmen werden vorgeschlagen:

1. den Arbeitsbeginn/Schulbeginn an Montagen in Graz um eine Stunde nach hinten verschieben,

2. in den Stoßzeiten an Werktagen die maximal zulässige Geschwindigkeit auf den innerstädtischen Hauptverkehrsrouten sowie auf Autobahnen und Schnellstraßen im Grazer Einzugsgebiet um 10 km/h reduzieren,

3. für die Tarifgestaltung aller öffentlichen Parkhäuser das Prinzip von „Angebot und Nachfrage" einführen (also Tarife abhängig von der Auslastung),

Die genannten Maßnahmen sollen folgende Beiträge leisten:

• den öffentlichen und den Individualverkehr durch Vermeidung von stressgeladenem Wochenbeginn sowie durch die Reduktion von zeit- und nervenraubenden Staus und Unfällen flüssiger gestalten, ohne dabei den Individualverkehr zu beschleunigen,

• den Umstieg auf öffentliche Verkehrsmittel zu fördern, ohne die Autofahrer in ihrem Gefühl zu bestärken, sie seien die „Melkkühe der Nation", egal wie ihr persönliches Verhalten ausfällt,

• und durch die damit verbundene Veränderung der psychosozialen Faktoren im Mobilitätsverhalten der Verkehrsteilnehmer eine spürbare Feinstaubreduktion zu erzielen.

## 35.2 PROBLEMSTELLUNG

a. Aus diversen Statistiken /1/ ist bekannt, dass der frühmorgendliche (und teilweise auch der abendliche) Berufsverkehr an Montagen besonderes stark ist. Damit einher geht auch eine signifikant größere Anzahl an Stauminuten und Verkehrsunfällen, die die Verkehrssituation an diesen Tagen zusätzlich verschlimmert. Dies mit der Folge, dass nicht nur der Kraftstoffverbrauch und damit verbunden die Abgasmenge und Partikelemission der im Stau oder Kriechverkehr stehenden Kraftfahrzeuge um einiges höher sind als sonst /2/, sondern dass die so gestressten Autofahrer nach dem Verlassen des Staubereiches teilweise zu schnell unterwegs sind (um die verlorene Zeit wieder gutzumachen) und gezwungenermaßen auch schneller runterbremsen. Beides führt zur stärkeren Verwirbelung der am Boden liegenden Staubpartikel.

b. Ein weiteres Phänomen, das jedem von uns aus seinem privaten Umfeld bekannt ist, betrifft das allgemeine Verhalten an Sonntagen. Man will „seinen Sonntag" genießen und will nicht zeitig ins Bett gehen, nur weil man in der Früh wieder zur Arbeit fahren muss. Oft feiern die Menschen am Samstag bis spät in die Nacht und gehen infolgedessen sehr spät ins Bett, sodass am Sonntagabend der Gang ins Schlafzimmer immer wieder nach hinten verschoben wird. Manche, die das Wochenende am Land, weit weg von Graz, verbringen, fahren erst Montag Früh nach Graz zur Arbeit, weshalb sie zusätzlich zeitiger als sonst unter der Woche aufstehen müssen. So sind viele Berufstätige (mit und ohne Kinder) am Montag Früh erstens nicht ausgeruht genug und zweitens in sehr großem Stress, weil sie möglicherweise „zu spät" aufgestanden sind oder noch „zusammenpacken müssen" etc. pp. Der montägliche Stau und die stark erhöhte Anzahl an Verkehrsunfällen sind zumindest zum Teil vor diesem Hintergrund zu sehen. Diese montägliche

Müdigkeit setzt sich sogar an Dienstagen und gar mittwochs in reduzierter Form fort (s. /1/ Verkehrsunfallstatistiken zwischen 7 und 9 Uhr auf einzelne Wochentage aufgeschlüsselt), bis erst am Donnerstag ein „normaler" Tag – mit Vorfreude aufs Wochenende – beginnt.

c.  Von diesen Phänomenen unabhängig ist ein ganz anderer Umstand: Die Autofahrer benützen die Parkplätze in den öffentlichen Parkhäusern (vor allem in den Park & Ride Anlagen) kaum. Viele dieser Häuser haben eine sehr niedrige Auslastung. Hauptgrund dafür sind die hohen Parkgebühren verbunden mit dem Umstand, dass diejenigen, die diese Parkhäuser mit großem Leerstand doch benützen, als „Idealisten und Utopisten", „verschwenderisch" oder gar „faul" (weil sie nicht einige zig Meter weiter auf der Straße parken wollen) – jedenfalls als solche, die sich das Geld leicht aus der Tasche ziehen lassen, angesehen werden. In Summe Attribute, die sich viele Menschen nicht gerne nachsagen lassen wollen. So wird der Umstieg auf den öffentlichen Verkehr nicht nur aus rein finanziellen Überlegungen heraus erschwert, sondern massiv durch solche psychosozialen Aspekte. Dies wird zusätzlich vom folgenden Umstand flankiert: Autofahrer, die sich als „Melkkühe" der Nation sehen, sehen in die Verweigerung der Benützung von in ihren Augen hochpreisigen, öffentlichen Parkhäusern einen der wenigen Fälle, wo sie durch ihre freie Entscheidung den Verkehrspolitikern einen Strich durch die Rechnung machen können.

## 35.3  LÖSUNGSANSATZ

Sowohl aus diversen Studien als auch aus der politischen Erfahrung in Graz ist bekannt, dass in den letzten Jahren nicht nur Autofahrer, sondern gleichsam alle Bürger eine sehr große Skepsis gegenüber umweltpolitischen Maximallösungen entwickelt haben /3/. Dies ist zum Teil darin begründet, dass verschiedene Ideen und Ansätze – wie die Einführung von Biokraftstoffen – im Verruf stehen, wie ein „Bumerang" noch größere Probleme heraufzubeschwören, weil sie „zu einfach gedacht" wären, sprich auf „einfachen Ursache-Wirkungsmechanismen" beruhen würden. Viele in den Medien präsentierte Studien z.B. zu Klimaveränderungen und deren Folgen widersprechen sich zudem in den Augen vieler Menschen. Dies alles erzeugt in den Köpfen vieler eine starke Ablehnung gegenüber Lösungskonzepten, die nicht in einem Gesamtkontext eingebettet sind.

Der hier beschriebene Lösungsansatz wurde in Anlehnung an das „Technology Acceptance Model" /4/ entwickelt, um den obengenannten Umständen Rechnung zu tragen.

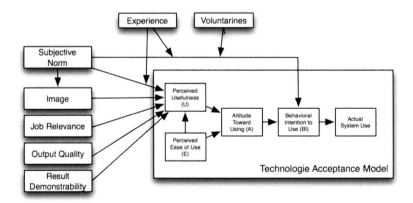

*Abbildung 67:  Technology Acceptance Model (Quelle: deutschsprachige Seite von Wikipedia – Suchbegriff: Technology Acceptance Model)*

Demnach wären die allgemeine Akzeptanz und der Umsetzungsgrad eines Ansatzes u.a. von den folgenden Faktoren abhängig:

- die wahrgenommene Nützlichkeit (*Perceived Usefulness*),

- die wahrgenommene Benutzerfreundlichkeit (*Perceived Ease of Use*),

- die subjektive Norm und das Image (d.h. der Grad des Einflusses der Nutzung eines Ansatzes auf den Status der Person),

- der Faktor „Erfahrung" (in dem Fall die dämpfende Wirkung der negativen Erfahrung wie oben beschrieben),

- *Job Relevance*, d.h. die Wahrnehmung einer Person über die Eignung der Nutzung eines Ansatzes für seine Arbeit, also ob die Funktionen eines Lösungsansatzes ihm bei der Erfüllung seiner Aufgaben helfen kann,

- *Result Demonstrability*, d.h. ein Ansatz, dessen „negative" Aspekte seine positiven Leistungen nicht überschattet.

Unter diesen Prämissen wurde versucht, Lösungsansätze für die unter Subkapitel 35.2 beschriebenen Problemstellungen zu erarbeiten:

a. Die Spitzen im Verkehr sind u.a. Konsequenz von starren Korsetts in den Tagesabläufen, beispielsweise was die Arbeitszeiten angeht /5/. Durch die Verschiebung des Arbeitsbeginns/Schulbeginns an Montagen in Graz (und im Umland) um eine Stunde nach hinten wird dem oben geschilderten Problem des übermäßig starken Verkehrs an Montagen und den dahinter stehenden Lebensgewohnheiten der Menschen am Wochenende Rechnung getragen. Hier sollen die öffentlichen Institutionen (Schulen, Kindergärten, Kinderkrippen, Universitäten, Fachhochschulen, Ämter, Ambulanzen etc.) in verordneter Form ihre Öffnungszeiten/Betriebszeiten anpassen (ausgenommen öffentliche Verkehrsmittel). Der private Sektor – vor allem Banken und Geschäftslokale – sollen auf freiwilliger Basis – mitziehen. Die verlorene Arbeitsstunde soll durch z.B. 10-12 minutige Verlängerung der Arbeitszeit an den Werktagen oder Anhängen von einer Stunde an einem anderen Tag, wie Donnerstag, wieder eingearbeitet werden. Hier sollen branchen- und sektorspezifische Lösungen gemeinsam mit den Betroffenen gefunden werden.

Der spätere Arbeitsbeginn an Montagen eröffnet zudem einem Teil der Pendler und Stadtbewohner (die nicht unbedingt länger schlafen wollen) die praktische Möglichkeit, zumindest an einem Tag der Woche das Auto stehen zu lassen und öffentlich zur Arbeit zu fahren, auch wenn die Fahrt mit den öffentlichen Verkehrsmitteln z.B. eine Viertelstunde länger dauern würde als die Autofahrt.

b. Die zweite Maßnahme besteht darin, dass in den Stoßzeiten (7-9 Uhr früh und 16-18 Uhr nachmittags) an Werktagen (außer Samstag) die maximal zulässige Geschwindigkeit auf den innerstädtischen Hauptverkehrsrouten in Graz sowie auf den Autobahnen und Schnellstraßen im Grazer Einzugsgebiet um 10 km/h reduziert wird. Diese Maßnahme soll generell (am besten durch das ganze Jahr hindurch) eingeführt und durch eine fixe Beschilderung kundgetan werden. An besonders stauträchtigen Verkehrsadern kann die Reduktion sogar 20 km/h betragen. Die reduzierten Geschwindigkeitslimits sollen verstärkt überwacht werden. Hier ist allerdings bei kleinen Überschreitungen (unter 10 km/h) eher auf Bewusstseinsbildung zu achten, als Bestrafung. Z.B. mittels Abmahnung durch Verkehrspolizisten bzw. bei Radarboxen durch ein juristisch korrektes, aber auch politisch fein formuliertes Schreiben des Bürgermeisters oder des Bezirkshauptmannes – als Beilage zum eigentlichen Strafzettel bzw. eine Art „Abmahnungsschreiben" – mit dem Hinweis auf den Zweck und die Sinnhaftigkeit der Geschwindigkeitslimits.

Durch Reduktion der maximal zulässigen Geschwindigkeiten in den Stoßzeiten wird es möglicherweise eine noch größere Gruppe der Berufstätigen als bisher geben, die Stoßzeiten meiden würde (wenn es sich für sie beruflich und familiär vereinbaren ließe). Würde dies eintreten, würde es dem beabsichtigten Zweck der Maßnahme keineswegs schaden, sondern im Gegenteil: Eine noch bessere Verteilung des Verkehrs zu verschiedenen Tageszeiten verstärkt den gewünschten Effekt, nicht nur den Individualverkehr sondern auch den öffentlichen Verkehr generell und insgesamt stau- und stressfreier zu gestalten, ohne dass sich dadurch eine Beschleunigung des Individualverkehrs ergibt.

c. Die dritte Maßnahme ist die Einführung des Prinzips von „Angebot und Nachfrage" bei der Tarifgestaltung aller öffentlichen Parkhäuser (Park & Ride Anlagen etc.). Die Tarife sollen abhängig von der Auslastung z.B. in den vergangenen zwei Kalendermonaten hinauf- bzw. hinuntergesetzt werden. Ein Zahlenbeispiel: Der angestrebte Sollzustand ist z.B. > 95 %. Bei einer Auslastung von < 85 % wird der Tarif um 10 % für den Folgemonat reduziert. Entweder steigt dadurch die Auslastung in den Folgemonaten oder sie bleibt unter 85 %. Ist sie weiterhin unter 85 %, wird der Tarif um weitere 10 % für den Zweitfolgemonat reduziert, bis die Auslastung wieder zu steigen beginnt. Ist eine Auslastung von 95 % in den letzten drei Monaten überschritten, wird der Tarif vice versa sukzessive hinaufgesetzt. Bei einer Auslastung zwischen 85 % und 95 % bleibt der Tarif gleich. Dieses Modell sollte auf freiwilliger Basis auch auf privat-vermieteten Parkplätzen (auch in den Hausgemeinschaften) ausgedehnt werden. Anmerkung: Der vorgeschlagene Durchrechnungszeitraum ist so gewählt, dass die Tarifveränderungen noch überschaubar bleiben, und im Hinblick auf die verkehrsschwachen Sommermonate, sich eventuell eine (zeitbegrenzte, nicht willkürlich von oben verordnete) Tarifreduktion mit Schulbeginn im September ergibt, womit für die Autofahrer durch einen von ihnen selbst beeinflussten Automatismus der Anreiz geschaffen wird, gerade den Schulbeginn als Anlass zu nehmen, auf das Auto zu verzichten. Eine detailliertere Modellsimulation und -anpassung wäre hier jedenfalls sinnvoll/notwendig.

Mit dieser Maßnahme werden die Autofahrer zum Umstieg auf die öffentlichen Verkehrsmittel motiviert, ohne dass sie eine „schlechte Nachrede" erfahren. Sie haben es nun selbst in der Hand, durch ihr eigenes Parkverhalten die Tarife zu beeinflussen. Ein weiterer angenehmer Effekt dieser Maßnahme (vor allem wenn auch im privaten Sektor umgesetzt) wäre, dass die Parkstreifen an den Straßenrändern häufiger leer stehen würden, womit diese sukzessive als Busspuren (bzw. Rad- und Fußwege) umgewidmet werden können, und somit mittelfristig die Attraktivität des öffentlichen Verkehrs weiter erhöht werden kann, ohne dass es auf großen Widerstand der Autofahrer stößt.

Die Feinstaubreduktionseffekte dieser Maßnahmen können wie folgt zusammengefasst werden:

1. Durch den insgesamt stau- und stressfreieren Verkehr auf der Straße werden der faktische Verbrauch und die Partikelemissionen der Kraftfahrzeuge reduziert. Hierbei sind Reduktionspotentiale zwischen 10 % und 20 % durchaus realistisch /2/.

2. Durch die Reduktion der höchstzulässigen Geschwindigkeit in den Stoßzeiten wird der naheliegende negative Nebeneffekt der obigen Maßnahme, sprich: die erhöhte Attraktivität des Individualverkehrs gegenüber dem öffentlichen Verkehr, vermieden, da die Gesamtfahrzeit im Individualverkehr mehr oder weniger gleich bleibt. Der positive Haupteffekt wird jedoch verstärkt, weil durch weniger Staus und Verkehrsunfälle die Straßen und Schienen auch zu kritischen Zeiten wieder Kapazität haben werden: Der öffentliche Bus- und Straßenbahnverkehr wird schneller und effizienter und somit als sofort sichtbare Folge: pünktlicher. In späterer Folge wären sogar mit gleichem Fuhrpark mehr Umläufe möglich, was die Intervalle etwas verkürzen ließe. Allesamt Faktoren, die die Attraktivität des öffentlichen Verkehrs steigern.

3. Auch wenn nur 5 % der Pendler an Montagen auf die öffentlichen Verkehrsmittel umsteigen, wäre ein 2 bis 3 %-iges Potential zur Feinstaubreduktion zumindest an diesen Tagen denkbar.

4.  Dieses Umstiegsangebot wird zusätzlich durch einen Selbstregulierungsmechanismus auch an anderen Wochentagen über einen langen Zeitraum aufrechterhalten, indem die Tarife der Parkhäuser bei niedriger Auslastung (sprich weniger Umstiegswilligen) reduziert werden. Somit lässt sich die vorhandene Infrastruktur optimal und dauerhaft nutzen, um die Feinstaubbelastung zu reduzieren und dabei sogar die festgefahrenen Fronten zwischen den Autofahrern und Gegnern des Individualverkehrs aufzubrechen. Dies würde mittel- und langfristig helfen, zusätzliche, weiterreichende Maßnahmen in breiterem Konsens einzuführen.

### 35.3.1 Kapazität

Mit den Eingangsdaten:

- dass der Tagesmittelwert der $PM_{10}$-Belastung in Wintermonaten im Raum Graz etwa 50 µg $PM_{10}/m^3$ beträgt /6/

- sowie der durch den Verkehr verursachte Anteil daran ca. 45 % ausmacht /7/,

ergeben die oben beschriebenen Effekte folgende konkrete Zahlenwerte bei der Feinstaubreduktion:

1.  Reduzierung der absoluten Spitzenwerte (30-Minuten-Werte), die derzeit bei ca. 100 µg und darüber liegen, um ca. 10 µg $PM_{10}/m^3$ durch Verteilung des Verkehrs auf größere Zeiträume (Verflachung der Kurve) besonderes an Montagen,

2.  sowie eine reelle Reduktion der verkehrsverursachten Tagesdurchschnittswerte um ca. 15 % (an Montagen sogar um ca. 20 %) oder in absoluten Zahlen ausgedrückt um ca. 3-4 µg $PM_{10}/m^3$ (50 x 0,45 x 0,15) und an Montagen um ca. 5-6 µg $PM_{10}/m^3$,

Mit anderen Worten würde sich nach der Umsetzung der hier beschriebenen Maßnahmen die Anzahl der Tage mit leichter Überschreitung des 50 µg $PM_{10}/m^3$ Grenzwertes halbieren (Anm.: als leichte Überschreitung wurde < 60 µg angenommen). Da jedoch die Tage mit leichter Überschreitung des 50 µg $PM_{10}/m^3$ Grenzwertes ca. 30 bis 40 % aller Tage mit Grenzwert-Überschreitung ausmachen /6/, ergibt sich daraus eine ca. 15 %-ige Reduktion der jährlichen Gesamtzahl der Tage mit Grenzwertüberschreitung, d.h. von derzeit ca. 60-70 Tage auf etwa 50-60 Tage nach der Umsetzung der hier beschriebenen Maßnahmen.

## 35.4   KOSTENEFFIZIENZ

Die Umsetzungskosten der oben geschilderten Maßnahmen sind naturgemäß nicht hoch. Es entstehen folgende Kosten:

a.  Einmalkosten für die Anbringung von zusätzlichen Verkehrstafeln.

b.  Einmalkosten für die Umstellung der Hinweistafel für Öffnungszeiten an den Eingängen der Ämter etc.

c.  Einmalkosten für die Neuparametrierung von Normalarbeitszeiten in den Zeiterfassungsgeräten.

d.  Einmalkosten für die Neuparametrierung von Radarboxen bzw. deren Aufrüstung für Uhrzeit- und Wochentag abhängige Erfassung plus entsprechende Adaptierungen in den zentralen Verwaltungstools.

e.  Kosten für die verstärkte Kontrolle der Geschwindigkeitslimits.

f.  Zeitweiliger Einnahmenverlust bei den öffentlichen Parkhäusern.

Demgegenüber stehen folgende Einnahmequellen und Kostenreduktionspotentiale:

a.  Einsparung von Strom- und Spritkosten im Bus- und Straßenbahnverkehr (ca. 5 %).

b.  Zusätzliche Einnahmen der Verkehrsbetriebe durch gesteigerte Passagierzahlen (ca. 5 %).

c. Besonders die Raser sollen stärker zur Kasse gebeten werden.

d. Gesamtwirtschaftliche Kosteneinsparungen durch reduzierte Anzahl der Verkehrsunfälle und Stauminuten.

e. Kosteneinsparungen beim Reinigen der Straßen und Entsorgung des Kehrguts.

## 35.5 ENERGIEEFFIZIENZ

Im Allgemeinen tragen die oben vorgeschlagenen Maßnahmen insgesamt zu einer Erhöhung der Energieeffizienz des Gesamtsystems Verkehr bei.

## 35.6 ÖKOLOGISCHE UNBEDENKLICHKEIT UND SICHERHEIT

Die oben vorgeschlagenen Maßnahmen tragen zusätzlich zur Feinstaubreduktion als Hauptzweck zur Reduktion von anderen Beeinträchtigungen der Umwelt und Anrainerinteressen durch das Gesamtsystem Verkehr bei. Der Alltag und das Wochenende eines Großteils der Menschen (Automobilisten genauso wie Teilnehmer des öffentlichen Verkehrs) werden stressfreier und lebenswerter.

**Schlusswort**

Es ist empfehlenswert, die hier vorgeschlagenen Maßnahmen, auch wenn sie als sehr moderat und behutsam zu bezeichnen sind, zunächst für einen begrenzten Zeitraum von maximal fünf Jahren mit zwei Evaluierungen im Abstand von max. zwei Jahren einzuführen und sukzessive durch weitere Maßnahmen zu ergänzen.

## 35.7 REFERENZEN

/1/ Deutsches Statistisches Bundesamt (2011): Verkehrsunfälle 2011, Fachserie 8, Reihe 7, Wiesbaden: https://www.destatis.de/DE/Publikationen/Thematisch/TransportVerkehr/Verkehrsunfaelle/VerkehrsunfaelleJ 2080700117004.pdf?__blob=publicationFile.

/2/ Umweltbundesamt (2008): Emissionsverhalten von SUV – SPORT UTILITY VEHICLES; REP-0155, Wien: http://www.umweltbundesamt.at/fileadmin/site/publikationen/REP0155.pdf.

/3/ Neue Zürcher Zeitung (2012b): Verkehrsteilnehmer wollen Fünfer und Weggli, Onlineartikel vom 15.8.2012 (Autor: Schneeberger, P.): http://www.nzz.ch/aktuell/schweiz/verkehrsteilnehmer-wollen-den-fuenfer-und-das-weggli-1.17478673.

/4/ Wikipedia – Technology Acceptance Model: http://de.wikipedia.org/wiki/Technology_Acceptance_Model.

/5/ Neue Zürcher Zeitung (2012a): Spitzen im Verkehr brechen, Onlineartikel vom 22.7.2012 (Autor: Schneeberger, P.): http://www.nzz.ch/meinung/kommentare/kosten-der-mobilitaet-spitzen-im-verkehr-brechen-1.17389359.

/6/ Umweltbundesamt (2011): Luftgütemesswerte, PM10 Konzentration im Raum Graz, Zeitraum Nov-Dez 2011: http://luft.umweltbundesamt.at/pub/gmap/start.html.

/7/ Amt der Steiermärkischen Landesregierung – Homepage, Umweltinformation Steiermark/Luft/Feinstaub: http://www.umwelt.steiermark.at/cms/beitrag/10469589/12682810/.

# 36. Organisation des Stadtverkehrs

*Friedrich Mayer*

## 36.1 PROBLEMSTELLUNG

Das eigene Auto wird, da die Fixkosten ohnehin und zu einem anderen Zeitpunkt als jenem der Benutzung anfallen, als preiswert angesehen. Die Fahrkarte für den öffentlichen Verkehr wird, obwohl mit ihr alle und insgesamt betrachtet wesentlich geringere Kosten anfallen, als teuer empfunden. Daher fahren viele, die die Möglichkeit hätten, öffentlich zu fahren, trotzdem mit dem eigenen Auto.

## 36.2 LÖSUNGSANSATZ

Bei Entrichtung der Parkgebühr für das eigene Auto erhält man ab einer bestimmten Parkdauer einen kostenlosen Einzelfahrschein für die Grazer Linien. Dies macht die öffentlichen Verkehrsmittel bei der nächsten Fahrt wesentlich billiger, die Verlockung, sie zu benützen, steigt an. Hat man das Fahren mit den öffentlichen Verkehrsmitteln ein- oder mehrmals geübt, fällt es leichter, sie zu benützen, bzw. ist die alternative Möglichkeit präsenter.

## 36.3 KOSTENEFFIZIENZ

Die Kosten für die Fahrscheine sind durch entsprechende Erhöhung der Parkgebühren im Zentrum von Graz leicht wieder einbringbar.

## 36.4 ENERGIEEFFIZIENZ

Da die Grazer und die Bewohner der Umlandgemeinden sehr preisbewusst handeln, was am Umsatz „billiger" Einkaufszentren am Stadtrand leicht abzulesen ist, werden bestimmt viele von der neuen Möglichkeit Gebrauch machen.

Zusätzlich einzusetzende Energie fällt keine an. Selbst der neue Aufdruck auf den Parkscheinen müsste bei entsprechender Gestaltung zu keinem Mehrverbrauch an Parkschein-Papier führen. Hingegen würden im besten (und natürlich theoretischen) Fall 50 % der privaten Autofahrten zugunsten von Fahrten mit öffentlichen Verkehrsmitteln entfallen.

## 36.5 ÖKOLOGISCHE UNBEDENKLICHKEIT UND SICHERHEIT

Da man mit öffentlichen Verkehrsmitteln sicherer unterwegs ist als mit den privaten, liegt die insgesamte Erhöhung der Sicherheit für alle Verkehrsteilnehmer auf der Hand.

# 37.   Feinstaubvignette Graz

*Robert Neuhold*

## 37.1   KURZBESCHREIBUNG

**Das innovative Mobilitätskonzept zur Reduktion der Feinstaubbelastung in Graz**

Der Sektor Verkehr nimmt mit rund 50 % den größten Anteil an der schlechten Feinstaubsituation in Graz ein. In Form des umfangreichen Mobilitätskonzeptes „Feinstaubvignette Graz", in das sowohl Ortsansässige als auch PendlerInnen integriert sind, soll die Feinstaubbelastung drastisch gesenkt werden. Diese Feinstaubvignette erlaubt die Fahrt mit einem Kraftfahrzeug im öffentlichen Verkehrsnetz der Stadt Graz und soll für die Zeitbereiche Jahr, Halbjahr, Monat, Woche und Tag käuflich erwerbbar sein. Die Preise der jeweiligen Vignetten sollten sich an stark reduzierten Preisen für Tickets im öffentlichen Verkehr (ÖV) orientieren (€ 250 sowohl für die Jahresfeinstaubvignette als auch für das Jahresticket ÖV für die Zone Graz). Parallel dazu werden umfassende verkehrsplanerische Lösungen vorgeschlagen, um den sich dadurch ändernden Modal Split in der Verkehrsmittelwahl für die Stadt Graz zu bewältigen. Während Bewohner der Stadt Graz über einen begünstigten Erwerb eines Fahrrades bedient werden, sollen für Pendler attraktive Park&Ride Anlagen an allen relevanten Stadteinfahrten geschaffen werden.

## 37.2   PROBLEMSTELLUNG

Die Bevölkerung der Stadt Graz hat vor allem in den Wintermonaten mit einer erheblichen gesundheitsgefährdenden Feinstaubbelastung zu kämpfen. Die maximal zulässige Anzahl an jährlichen Überschreitungstagen des Tageshöchstwertes für den Schadstoff $PM_{10}$ konnte in den letzten Jahren bei weitem nicht eingehalten werden. Der Sektor Verkehr ist mit rund 50 % der größte Verursacher des Feinstaubs ($PM_{10}$). Der künftigen automatischen Modernisierung des Kraftfahrzeugkollektives mit geringeren Emissionswerten für Feinstaub steht jedoch ein prognostizierter Bevölkerungszuwachs für Graz und Umgebung mit damit verbundener erhöhter Verkehrsnachfrage gegenüber. Daher sind umfassende Maßnahmen zur Änderung des Mobilitätsverhaltens der Region Graz notwendig, um den verkehrsbedingten Anteil des Feinstaubs drastisch zu reduzieren.

## 37.3   LÖSUNGSANSATZ

Ziel ist es, eine grobe Verlagerung im Modal Split der Verkehrsmittelwahl für Graz zugunsten der sanften Mobilitätsformen (öffentlicher Verkehr, Fahrrad, Fußgänger) herbeizuführen.

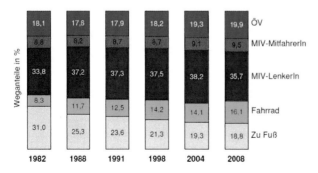

*Abbildung 68:    Modal Split der Verkehrsmittelwahl für Graz (Quelle: Stadt Graz)*

Abbildung *68* zeigt die Entwicklung des Modal Split für Graz in der Vergangenheit. Die Grafik beinhaltet jedoch nicht die 145.000 Personen, die täglich mit 120.000 Autos nach Graz pendeln. Aus der Grazer Mobilitätsbefragung 2008 ging hervor, dass 21 % aller Wege des motorisierten Individualverkehrs gleich lang sind wie die durchschnittliche Weglänge des Fahrradverkehrs (2,9 km) sowie 53 % so lang sind wie die durchschnittliche Weglänge des öffentlichen Verkehrs (5,3 km).

Die mittlere Reisegeschwindigkeit des Individualverkehrs ist daher mit 9 km/h sogar niedriger als die des Fahrrades mit 11 km/h. Aus diesen Eckpunkten geht hervor, dass hier noch großes Potential in der Erhöhung des Anteils für den Radverkehr als auch des öffentliche Verkehr im Modal Split für Graz besteht.

Grobe Verlagerungen zugunsten sanfter Mobilität im Raum Graz sind nur durch starke Restriktionen im Individualverkehr bei gleichzeitiger Schaffung von Anreizen zum Umstieg auf andere Verkehrsmittel möglich. Die Feinstaubvignette Graz verursacht höhere Kosten für den Individualverkehr und bietet parallel dazu stark vergünstigte Tickets im öffentlichen Verkehr an. BewohnerInnen von Graz wird weiters die Möglichkeit geboten, sich ein eigenes „Graz-Rad" zu günstigen Konditionen zu erwerben. Durch die Maßnahmen soll eine Verlagerung des Modal Splits in Graz in Richtung 27 % MIV-Lenker, 25 % ÖV, 20 % Fahrrad, 19 % Fuß und 9 % MIV-Mitfahrer erzielt werden.

**Rahmenbedingungen für die Feinstaubvignette Graz**

Die Feinstaubvignette Graz gilt für das gesamt Stadtgebiet an allen Tagen eines Jahres und kann durch Zusatztafeln an allen Grazer Ortstafeln gekennzeichnet werden. Somit sind nur zugelassene Kraftfahrzeuge mit gültiger Feinstaubvignette berechtigt sich im Grazer Ortsgebiet aufzuhalten. Kontrolliert werden kann diese einerseits für den ruhenden Verkehr durch die Organe der Parkraumüberwachung und andererseits für den fließenden Verkehr durch verstärkte Kontrollen der Exekutive bzw. alternativ oder unterstützend durch Verkehrskameras an stark frequentierten Stadtstraßen. Als Strafmaß bei ungültiger bzw. nicht vorhandener Feinstaubvignette wird € 50 vorgeschlagen. Für sozial schwächere Gruppen (Arbeitslose, Personen mit niedrigem Einkommen bzw. Rente, Personen mit Behinderung etc.) sollen vergünstigte Feinstaubvignetten angeboten werden.

Die Feinstaubvignette Graz kann an Trafiken und Tankstellen im Raum Graz und Umgebung für die Zeiträume Jahr, Halbjahr, Monat, Woche und Tag käuflich erworben werden. Die Preise für die jeweilige Feinstaubvignette sollten sich an den Preisen für Tickets im öffentlichen Verkehr (ÖV) orientieren, wobei hier generell die Preise für die Tickets im ÖV (vor allem für lange Zeiträume) stark reduziert werden sollten. Es wird empfohlen, mit einem Teil der Erlöse aus dem Verkauf der Feinstaubvignetten den ÖV direkt zu subventionieren. Einen Vorschlag einer möglichen Preisgestaltung liefert Tabelle 10.

*Tabelle 10:* *Vorschlag der Preisgestaltung für Feinstaubvignette und ÖV-Tickets (Quelle: Einreichunterlagen)*

| Zeitraum | Feinstaubvignette (Ortsgebiet Graz) | ÖV-Tickets künftig (Zone Graz Vollpreis) | ÖV-Tickets derzeit (Zone Graz Vollpreis) | Preisreduktion bei ÖV-Tickets |
|---|---|---|---|---|
| Tag | € 4,00 | € 4,00 | € 4,50 | -11,1 % |
| Woche | € 10,00 | € 10,00 | € 11,90 | -16,0 % |
| Monat | € 32,00 | € 32,00 | € 40,20 | -20,4 % |
| Halbjahr | € 150,00 | € 150,00 | € 205,00 | -26,8 % |
| Jahr | € 250,00 | € 250,00 | € 365,00 | -31,5 % |

**Mobilitätsangebot für Bewohner der Stadt Graz**

Für BewohnerInnen der Stadt Graz soll neben vergünstigten ÖV-Tickets auch die Möglichkeit geboten werden, spezielle Fahrräder der Stadt Graz zu einem günstigen Preis von € 150 zu erwerben, um dadurch die Grazer Bevölkerung verstärkt zu animieren, kürzere Wege (geringer als 5 km) vermehrt mit dem Fahrrad durchzuführen. Als Vorbild kann die erfolgreiche Aktion der Technischen Universität Graz herangezogen werden, bei der MitarbeiterInnen für € 150 ein TU Graz Fahrrad erwerben können. Die anfallenden Kosten für die Stadt Graz können mit Marketingeinnahmen durch angebrachte Werbeaufschriften auf den Fahrrädern und den Erlös aus der Feinstaubvignette abgedeckt werden.

**Mobilitätsangebot für PendlerInnen und BesucherInnen der Stadt Graz**

Für PendlerInnen und BesucherInnen der Stadt Graz, die die Feinstaubvignette nicht erwerben möchten, sollen attraktive Park&Ride Anlagen (P&R Anlagen) an allen relevanten Grazer Stadteinfahrten geschaffen werden. Wichtig ist dabei eine gute Anbindung an den öffentlichen Verkehr von Stadt und Region. Die P&R Anlagen müssen außerhalb des Grazer Ortsgebietes, gekennzeichnet durch die Ortstafel „Graz", angeordnet werden (entspricht nicht der Gemeindegrenze der Stadt Graz). Das Parken in den P&R Anlagen sollte bei Besitz eines ÖV-Tickets kostenfrei oder zu einem sehr günstigen Tarif (z.B. € 2,00 pro Tag) angeboten werden, um die Akzeptanz und Auslastung der Anlagen zu gewährleisten und andererseits eine gewünschte Verschiebung des Modal Splits in Richtung Erhöhung des ÖV-Anteils zu erreichen. Abbildung 69 liefert einen Vorschlag für bestehende und neue P&R Anlagen an sämtlichen Einfahrtsstraßen am Grazer Stadtrand.

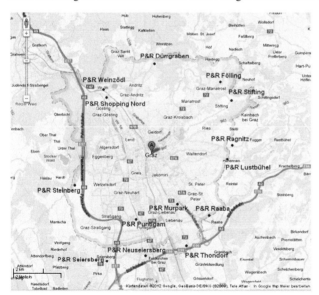

*Abbildung 69:     Überblick für bestehende und neue Park&Ride Anlagen in Graz (Quelle: Google Maps)*

Im Folgenden wird die Situierung und Anbindung der 14 P&R Anlagen näher beschrieben:

**P&R Shopping Nord**

Ähnlich dem bestehenden Konzept der P&R Anlage Murpark sollte im Bereich Shopping Nord eine attraktive P&R Anlage (Parkhaus) mit rund 800-1.000 Stellplätzen entstehen. Die Anbindung an den öffentlichen Verkehr erfolgt mit der Linie 52, die durch den Einsatz von Gelenkbussen oder einem verdichteten Taktfahrplan die steigende Nachfrage abdecken soll, sowie einer neuen Linie vom Shopping Nord über Weinzödl (P&R Weinzödl), Maut Andritz (Umstiegsmöglichkeit zu den Straßenbahnlinien 4 und 5) und Geidorfplatz direkt zum Jakominiplatz. Empfehlenswert wäre auch die Anbindung an die S-Bahn durch die Schaffung einer eigenen Haltestelle an der nahe gelegenen Eisenbahntrasse der Südbahn.

**P&R Steinberg**

Zur Aufnahme des Pendlerverkehrs in der Steinbergstraße sollte Nähe Gasthof Dorrer eine neue P&R Anlage mit rund 500 Stellplätzen entstehen. Die Anbindung erfolgt mittels einer neuen Buslinie über Wetzelsdorf (Umsteigemöglichkeit, Straßenbahnlinie 7), Reininghausstraße, Eggenbergerstraße bis zur Endstation am Grazer Hauptbahnhof.

**P&R Weinzödl**

Der bestehende P&R Parkplatz mit 140 Stellplätzen sollte auf zumindest 400 Stellplätze erweitert werden. Die dafür notwendige Parkfläche könnte auf der anderen Straßenseite, östlich der bestehenden Anlage, geschaffen werden. Die Anbindung erfolgt mit der Linie 52, die durch den Einsatz von Gelenkbussen oder einen verdichteten Taktfahrplan die steigende Nachfrage abdecken soll, sowie einer neuen Linie vom Shopping Nord über Weinzödl, Maut Andritz (Umstiegsmöglichkeit zu den Straßenbahnlinien 4 und 5) und Geidorfplatz direkt zum Jakominiplatz.

**P&R Dürrgraben**

An bzw. in der Nähe der Endstation der Linie 41 (Dürrgrabenweg) sollte eine neue P&R Anlage mit rund 200 Stellplätzen entstehen, die für den Pendlerverkehr der Radegunderstraße bestimmt ist.

**P&R Fölling**

Die bestehende P&R Anlage Fölling sollte aufgrund der sich ändernden Rahmenbedingungen von derzeit 200 auf rund 400 Stellplätze erweitert werden. Die Anbindung erfolgt wie bisher über die Linie 211 ins Grazer Stadtzentrum sowie die dort verkehrenden Regionalbusse.

**P&R Stifting**

An bzw. in der Nähe der Endstation der Linie 82 (Stifting) sollte eine neue P&R Anlage mit rund 200 Stellplätzen entstehen, die für den Pendlerverkehr der Stiftingtalstraße und der Riesstraße bestimmt ist.

**P&R Ragnitz**

An bzw. in der Nähe der Endstation der Linie 77 (Ragnitz) sollte eine neue P&R Anlage mit rund 200 Stellplätzen entstehen, die für den Pendlerverkehr der Ragnitzstraße und der Riesstraße bestimmt ist.

**P&R Lustbühel**

An bzw. in der Nähe der Endstation der Linien 60 und 68 (Lustbühel) sollte eine neue P&R Anlage mit rund 100 Stellplätzen entstehen, die für den Pendlerverkehr der Waltendorferstraße bestimmt ist.

**P&R Raaba**

An bzw. in der Nähe der Haltestelle Raaba Kreisverkehr (Linie 72 und 76 U) sollte eine neue P&R Anlage mit rund 300 Stellplätzen entstehen, die für den Pendlerverkehr der St. Peter Hauptstraße bestimmt ist.

**P&R Murpark**

Die bestehende P&R Anlage mit 480 Stellplätzen sollte langfristig auf rund 800 Stellplätze ausgedehnt werden, um die steigende Nachfrage durch die Feinstaubvignette zu decken. Durch die schon geplante Anbindung mit einer S-Bahn-Haltestelle sollte sich die Attraktivität noch erhöhen.

**P&R Neuseiersberg**

In der Nähe der S-Bahn-Haltestelle Feldkirchen-Seiersberg sollte eine P&R-Anlage mit rund 400 Stellplätzen errichtet werden, die für den Pendlerverkehr der Triesterstraße bestimmt ist. Weiters wären eine Anbindung der Anlage an die Linie 78 oder eine Verlängerung der Linie 80 wünschenswert.

**P&R Seiersberg**

An bzw. in der Nähe der Endstation der Linie 32 (Seiersberg) sollte eine neue P&R Anlage mit rund 200 Stellplätzen entstehen, die für den Personenverkehr der Kärntnerstraße bestimmt ist.

**P&R Thondorf**

Die bestehende Anlage mit 1.200 Stellplätzen muss aufgrund der Größe nicht erweitert werden.

**P&R Puntigam**

Flächenmäßig besteht hier großes Potential, um eine große P&R Anlage mit rund 800 Stellplätzen in der Nähe des Nahverkehrsknotens Puntigam zu errichten, die den Pendlerverkehr von Südwesten kommend (Weblinger Kreis) aufnehmen soll.

## 37.4 KOSTENEFFIZIENZ UND ERWARTETE ERGEBNISSE

Bezüglich der Erhöhung des Radverkehrsanteils wird folgende Abschätzung getroffen: Geht man von einer durchschnittlichen Wegeanzahl von 3,5 an einem Werktag aus, so ergeben sich dadurch ca. 910.000 Wege pro Werktag für die Grazer Wohnbevölkerung. Bei einem Anteil des IV, der in etwa der durchschnittlichen Wegelänge des Radverkehrs entspricht, ergeben sich daraus ca. 68.000 potentielle zusätzliche Fahrten mit dem Fahrrad. Pauschal kann davon ausgegangen werden, dass in etwa die Hälfte dieses Potentials ausgeschöpft wird und sich daher ca. 34.000 zusätzliche Fahrradfahrten in Graz ergeben. Rückgerechnet mit der durchschnittlichen Wegeanzahl kann damit in etwa mit einer Nachfrage von 10.000 Stück für die Graz-Räder ausgegangen werden. Somit fallen Kosten von ca. 1,5 Mio. € an.

Bezüglich Erhöhung des ÖV-Anteils wird folgende Abschätzung getroffen: Von den täglich nach Graz fahrenden 110.000 PKWs wird ca. ein Drittel den Umstieg auf den ÖV bzw. P&R bevorzugen. Dies ergibt ca. 37.000 zusätzliche ÖV-Fahrten bei den PendlerInnen. Von den Bewohnern können rund 45.000 zusätzliche Fahrten pro Tag erwartet werden aufgrund der Erhöhung des Modal Splits um 5 % für den ÖV. Bei einer Wegeanzahl von 3,5 Fahrten pro Tag ergeben sich daraus ca. 23.000 Neukunden im ÖV. Die verringerten Einnahmen durch vergünstigte Tickets, werden mit rund 2 Mio. € abgeschätzt (10.000 Halbjahrestickets zu je 55 € Vergünstigung plus 13.000 Jahreskarten zu je 115 € Vergünstigung). Werden Verluste aus Tagestickets und Wochentickets hinzugezählt, kann eine jährliche Subventionssumme von 2,5 Mio. € erwartet werden. Aufgrund zusätzlicher Infrastrukturkosten (neue bzw. erweiterte Buslinien, Fuhrparkerweiterung) werden einmalig Kosten von rund 20 Mio. € angenommen.

Bezüglich der P&R Anlagen sind in Summe rund 5.000 neue Stellplätze geplant. Bei durchschnittlichen Kosten von € 6000 je Parkplatz ergibt sich daraus eine einmalige Investitionssumme von 30 Mio. €. Die Betriebskosten der P&R Anlagen werden mit rund 1 Mio. € pro Jahr abgeschätzt.

Zusammenfassend werden als grobe Abschätzung in Summe rund 51,5 Mio. € einmalige Kosten und 3,5 Mio. € jährliche Kosten erwartet.

Bezüglich der Einnahmen aus der Feinstaubvignette wird folgende Abschätzung getroffen: 70.000 PKWs erwerben eine Feinstaubvignette (Jahres- oder Halbjahresvignette). Dies ergibt jährliche Einnahmen von 14 Mio. € pro Jahr. Die Einnahmen aus Strafzahlungen sollten in etwa die verringerten Einnahmen aus der Parkraumbewirtschaftung kompensieren.

Der volkswirtschaftliche Nutzen wird mit weniger KFZ-Verkehr in der Stadt mit dadurch weniger Unfällen definiert. Überlagert mit einem flüssigen Verkehrsfluss werden dadurch deutlich geringere verkehrsbedingte Luft- und Schallemissionen erzielt, die zu einer erhöhten Lebensqualität in Graz führen.

Da der IV-Anteil in Graz von 35,7 % auf ca. 27 % sinkt, ist davon auszugehen, dass die verkehrsbedingte Feinstaubreduktion um 30 % sinkt und somit die Feinstaubbelastung in Summe über alle Sektoren um 15 % gesenkt werden kann.

Abschließend ist zu sagen, dass es sich bei den hier getroffenen Annahmen bezüglich der Änderung des Mobilitätsverhaltens um grobe Abschätzungen handelt. Eine genauere Beurteilung der sich durch die Feinstaubvignette ändernden Mobilität der Bevölkerung im Grazer Raum kann nur durch detaillierte Analysen (Befragungen, Verkehrsmodelle) erzielt werden.

# 38. Öffi-Tickets für Autos

*Richard Parncutt und Helga Mühlbacher*

## 38.1 KURZBESCHREIBUNG

Unsere Idee: Wer in einer Hauptstadt wie Graz allein in einem $CO_2$-erzeugenden Fahrzeug fährt, wird aufgefordert, eine gültige Öffi-Fahrkarte dabei zu haben (z.B. eine Stunden- oder Jahreskarte). Das löst eine Kettenreaktion aus: Die Anzahl der verkauften Fahrkarten explodiert. Die Öffis nehmen jährlich viel mehr Geld ein – auch wenn die Fahrkarten etwas billiger werden. Mit den zusätzlichen Mitteln werden Öffi-Strecken verlängert und Fahrpläne verdichtet. Für den Verkauf und die Kontrolle von Öffi-Fahrkarten ist wenig neue Infrastruktur nötig: Fahrkarten können elektronisch oder auf Papier verkauft werden, Autos werden bei Ampeln oder elektronisch kontrolliert. Insgesamt wird privater Verkehr teurer und öffentlicher Verkehr billiger. Viele AutofahrerInnen steigen auf Bus, Bahn und Bim um, wofür sie schon eine Fahrkarte gekauft haben. Fahrgemeinschaften werden häufiger. Drei verwandte Probleme – Feinstaub, $CO_2$, Stau – werden gleichzeitig in Angriff genommen.

### Über den Tellerrand schauen

Technische Lösungen zum Feinstaubausstoß sind willkommen und nötig. Gleichzeitig muss man aber auch nach $CO_2$ und Stau vorgehen. Was den Stau betrifft, müsste der PKW-Verkehr gleichzeitig und nachhaltig reduziert werden. Das Stauproblem ist nicht unerheblich, wenn man bedenkt, wie der Stau die Mobilität einschränkt bzw. wie viele produktive Arbeitsstunden täglich im Stau verloren gehen. Auch eine technische Lösung, die den Feinstaub-, aber nicht gleichzeitig den $CO_2$-Ausstoß drastisch reduziert, wird bald veraltet sein. Für die nächste Generation wird das Problem Klimawandel doch wichtiger als das Problem Feinstaub sein, denn zu den Folgen des Klimawandels gehören „steigende Meeresspiegel, schmelzende Gletscher, Verschiebung von Klimazonen, Vegetationszonen und Lebensräumen, verändertes Auftreten von Niederschlägen, stärkere oder häufigere Wetterextreme wie Überschwemmungen und Dürren, Ausbreitung von Parasiten und tropischen Krankheiten sowie mehr Umweltflüchtlinge" (Wikipedia). Wir werden früher oder später unseren Beitrag zum Klimawandel drastisch reduzieren müssen.

## 38.2 LÖSUNGSANSATZ

### Öffi-Tickets für Autos

Aus diesem Grund schlagen wir ein Konzept in der Kategorie „MEchanism Design for Adaptive Behavior" vor, das gleichzeitig gegen drei verwandte Probleme vorgeht – Feinstaub, Stau und $CO_2$. Wir stellen uns eine systemische Änderung vor, die das Verkehrsverhalten grundsätzlich und nachhaltig – aber auch im eigenen Interesse der AutofahrerInnen – ändert. Wir schlagen vor, eine gültige Öffi-Fahrkarte zu einer Vorbedingung für das Alleinfahren in der Stadt zu machen.

Das dahinterstehende Prinzip: *The polluter pays.* Effektiver, nachhaltiger Klimaschutz ist generell teuer. Daran führt leider kein Weg vorbei. Zu den möglichen Finanzquellen gehören neue Vermögens- oder Transaktionssteuern, was den Rahmen dieses Beitrages sprengen würde. Abgesehen davon kennen wir nur eine zumutbare Alternative: Wer in erster Linie zur Luftverschmutzung beiträgt, wird auch in erster Linie zur Kasse gebeten. So gesehen wird die Öffi-Karte für Autos zu einer Art Öko-Steuer. Im Gegensatz zu anderen Öko-Steuern bekommt man etwas dafür: die Möglichkeit, ohne weitere Kosten auf die Öffis umzusteigen.

Fahren ja – allein aber nur mit gültiger Bim-Karte. Diese Idee ist so einfach, dass eine Erklärung kaum nötig ist. Circa die Hälfte des Grazer Feinstaubs wird durch den Verkehr verursacht. Wer allein in der Stadt herumfährt, darf sich nicht wundern, wenn er/sie extra dafür zahlen muss.

- Warum nur EinzelfahrerInnen? Erstens ist der ökologische Fußabdruck von EinzelfahrerInnen erheblich größer. Zweitens braucht man für die Kontrolle ein einfaches Kriterium.

- Warum eine Bim-Karte kaufen? Die Karte soll die AutofahrerInnen zum Umsteigen motivieren. Sie sollen nicht nur Geld zahlen (wie etwa bei einer City-Maut), sondern auch für ihr Geld etwas bekommen.

In dieser Situation hätten die AutofahrerInnen eine Wahl. Sie könnten entweder eine Öffi-Karte kaufen oder eine andere Person mitnehmen (oder eine Fahrgemeinschaft bilden). In beiden Fällen hätten wir weniger Feinstaub, Stau und $CO_2$ – und zwar alle drei auf einmal. Der Sinn der Aktion wäre somit klar. Für die meisten Leute wäre es am einfachsten, eine Öffi-Jahreskarte zu kaufen. Aufgrund der vielen verkauften Jahreskarten könnte der Preis erheblich reduziert werden (auch für treue Öffi-KundInnen). Eine Vignette für die Autobahnen gibt es schon. Sie wird generell als nötig und berechtigt akzeptiert. In unserem Vorschlag wird die Öffi-Jahreskarte zu einer „Vignette für die Stadt". Wir gehen davon aus, dass die Mehrheit der Bevölkerung diese Maßnahme für nötig und berechtigt halten würde.

**Der eigentliche Marktwert des privaten Verkehrs**

Die Idee, den öffentlichen Verkehr billiger und gleichzeitig den privaten Verkehr teurer zu machen, klingt nach Sozialismus, kann aber auch als marktwirtschaftliches Experiment betrachtet werden. Der/die durchschnittliche Bürger/in schätzt den privaten Verkehr aus folgenden Gründen:

- Man kann (fast) jederzeit allein und ohne Vorplanung fahren.

- Im Vergleich zu den Öffis bzw. zum Fahrrad kommt man oft schneller ans Ziel.

- Man muss nicht zusammen mit fremden Menschen fahren.

- Das Auto schütz vor Regen und Kälte.

- Im Auto kann man Musik oder Nachrichten hören und es sich gemütlich machen.

Für diese Vorteile geben wir viel Geld für Autokauf, Wartung, Benzin und Steuern aus. Wir sitzen im Stau, suchen lange nach einem Parkplatz und gehen dann trotzdem zu Fuß. Wie viel ist uns das Privileg Auto wert?

In den letzten Jahren ist der Benzinpreis massiv gestiegen, was offenbar nur Wenige zum Umsteigen auf Öffis bewegt hat. *Der eigentliche Marktwert des privaten Verkehrs muss also noch höher sein als die aktuellen Gesamtkosten.* Wir werden nur auf Öffis umsteigen, wenn die Gesamtkosten des privaten Verkehrs dem tatsächlichen Marktwert angeglichen werden UND die Öffis allgegenwärtig, schnell, bequem, verlässlich und billig werden. Unser Vorschlag würde es ermöglichen, beide Bedingungen gleichzeitig zu erfüllen.

Freilich gilt diese Argumentation in erster Linie für den Mittelstand. Reiche werden vermutlich immer mit dem Auto fahren, egal wie viel es kostet. Ärmere werden früher auf Öffis umsteigen, wenn der Preis des privaten Verkehrs noch höher wird. Beginnen wir also beim Mittelstand.

**Perspektiven**

Von diesem Vorschlag ist eine positive Spirale zu erwarten – eine klassische „Win-Win-Situation". AutofahrerInnen werden die Öffis häufiger benutzen, weil (i) sie den Fahrpreis schon bezahlt haben (sie brauchen nur einzusteigen) und (ii) die Öffis selbst aufgrund ihres neuen Einkommensschubs immer ausgebaut werden (mehr Verbindungen, kürzere Wartezeiten). Fahren mehr Menschen mit den Öffis, steigt auch der politische Druck, das System zu verbessern und so weiter. Sogar das Radfahren würde attraktiver werden, wenn wenige Autos auf der Straße fahren würden.

**Zur Situation auf dem Land**

Eine Gesamtlösung müsste auch ländliche Gebiete berücksichtigen. Erstens wird viel Stau, $CO_2$ und Feinstaub in den Städten durch den Verkehr aus der ländlichen Umgebung verursacht. Zweitens müssen Verkehrsverbindungen auf dem Land ohnehin verbessert werden. In der Stadt ist es möglich und nötig, den Individualverkehr nachhaltig zu reduzieren. Während auf dem Land der Individualverkehr immer eine wichtige Rolle spielen wird, müssen wir auch an diejenigen denken, die kein (E-)Auto kaufen können. Für sie werden Öffis voraussichtlich immer nötig sein. Aus diesem Grund schlagen wir auch verbilligte Öffi-Jahreskarten für ganze Bundesländer vor, die es den BesitzerInnen auch ermöglichen, allein in der jeweiligen Hauptstadt zu fahren. Die Logik ist die gleiche: wenn mehr Leute solche Karten kaufen, weil sie die Karte zum Fahren in der Stadt brauchen, werden diese Karten auch billiger. Wer schon eine Öffi-Jahreskarte für ein Bundesland gekauft hat, sollte für ein weiteres Bundesland eine Jahreskarte zu einem reduzierten Preis kaufen können. Auch möglich wäre eine verbilligte Jahreskarte für Öffis in ganz Österreich, die das Autofahren in allen Hauptstädten ermöglicht. Somit könnte man nicht nur die Öffis in den Städten, sondern auch das Angebot der ÖBB nachhaltig ausbauen.

## 38.3   FINANZPLAN

Bei der finanziellen Umsetzung unserer Idee schlagen wir folgende allgemeine Prinzipien vor:

1.   Je mehr Menschen die Öffis benutzen, desto weniger Autos fahren auf der Straße, d.h. desto schneller kommen die AutofahrerInnen ans Ziel. Daher sollten AutofahrerInnen einen Beitrag zu den Gesamtkosten des öffentlichen Verkehrs leisten.

2.   Wenn EinzelfahrerInnen ein Öffi-Ticket kaufen müssen, sollten die Karten auch etwas billiger werden – sowohl für AutofahrerInnen als auch für alte Öffi-KundInnen. Gleichzeitig sollten aber auch die Gesamteinnahmen der Öffis aufgrund der zahlreichen neuen KundInnen erheblich wachsen. Mit diesen zusätzlichen Mitteln könnte man den öffentlichen Verkehr massiv ausbauen.

Die Holding Graz Linien befördern mehr als 100 Millionen Menschen pro Jahr. Wenn jede Person im Schnitt einen Euro zahlt, sind die Einnahmen durch den Verkauf von Fahrkarten ca. € 100 Millionen. Ein mögliches Szenario: Die effektive Anzahl der beförderten Menschen erhöht sich schlagartig auf ca. 300 Millionen Menschen pro Jahr, wenn alle (Einzel-) FahrerInnen inkludiert sind. Wenn diese FahrerInnen auch Fahrkarten kaufen müssen und wenn diese Fahrkarten ca. 33 % billiger werden, verdoppeln sich die Gesamteinnahmen der Holding Graz Linien.

# 39.  www.feinstaubreduktion.at

*Martin Trinker*

## 39.1  KURZBESCHREIBUNG

Dieses Projekt ermöglicht es jedem einzelnen Bürger, aktiv an der Feinstaubreduktion mitzuwirken. Durch den Aufbau einer interaktiven Website wird bei jedem User zuerst der persönliche Ist-Zustand in verschiedenen Bereichen wie Fortbewegung, Heizung etc. ermittelt, um dann individuell zugeschnittene Möglichkeiten aufzuzeigen, das eigene Feinstaubaufkommen zu reduzieren. Der Erfolg dieser Maßnahmen wird auf einem eigenen Konto festgehalten und fördert so die Motivation. Diese kann, ebenso wie die Teilnehmerzahl, durch verschiedene Aktionen wie z.B. Schulwettbewerbe, Gewinnspiele etc. weiter erhöht werden. Durch die Motivation, den eigenen „Feinstaubabdruck" zu reduzieren, wird die Website öfters besucht und dadurch der Informationsstand über Feinstaub beständig erweitert. Dies führt in weiterer Folge zu psychologischen Effekten wie einer höheren Akzeptanz von Maßnahmen gegen Feinstaub sowie zu einer größeren Bereitschaft zur Mitwirkung daran.

## 39.2  PROBLEMSTELLUNG

Die Ursachen des Feinstaubs (vom Verkehr über Industrie und Hausbrand bis hin zur Landwirtschaft oder zum Sahara-Staub) sind so vielfältig wie die Verursacher[11]. Doch obwohl die Feinstaubbelastung seit Jahren rückläufig ist[12] und das Land Steiermark eine Vielzahl von Maßnahmen beschlossen hat, um die Feinstaubbelastung weiter zu reduzieren[13], bleibt das für den einzelnen Bürger kaum sichtbar. Durch Diskussionen wie jene zur Grazer „Umweltzone" war das Thema Feinstaub wieder in aller Munde, doch beschränkte sich der Beitrag des einzelnen auf die Abgabe einer Pro-/Contra Stimme im Falle eines Grazer Hauptwohnsitzes oder auf angeregte Diskussionen mit Bekannten. Dieses bis jetzt ungenutzte Potential könnte besser genutzt werden, einen wichtigen Beitrag zur Feinstaubreduktion leisten. Der entscheidende Punkt dabei ist, jeden einzelnen aktiv zur Mitarbeit zu bewegen. War es bis jetzt nur „Aufgabe der Politik", sich der Feinstaubproblematik anzunehmen, kann dadurch die eigene Verantwortung angesprochen werden und Möglichkeiten gefunden werden, selbst aktiv etwas gegen Feinstaub zu unternehmen. Dafür benötigt werden vor allem zwei Dinge:

  a)  Motivation (die Bereitschaft mitzuwirken).

  b)  Wissen (wie man am besten etwas dagegen unternimmt).

ad a) Die Motivation ist umso stärker ausgeprägt, je stärker bewusst wird, dass das eigene Handeln sowohl Ursache der Problematik ist als auch zur Lösung derselben beitragen kann. Dadurch wird die Verantwortung zur Lösung des Feinstaubproblems nicht mehr nur als Aufgabe der Politik, der Wissenschaft, des Landes Steiermark etc. gesehen, sondern als konkretes Problem, bei dem jeder einen Beitrag leisten kann. Der wohl wichtigste Punkt zur Motivation ist jedoch die gesundheitliche Belastung durch den Feinstaub, der die Reduktion desselben für jeden als wichtiges Ziel erscheinen lässt. Doch welche Möglichkeiten hat jeder Einzelne in seinem Einflussbereich, um dieses Ziel zu erreichen. Damit kommen wir zum Punkt b) Wissen…

ad b) Das Wissen, wie Feinstaub reduziert werden kann, ist in Grundzügen zwar vorhanden, erschöpft sich jedoch meist in Schlagworten. Sofern Lösungsvorschläge genannt werden, beziehen sich diese meist auf große gesellschaftliche Themen wie Umweltzone, Citymaut, Industrie usw., aber selten auf Bereiche, die vom

---

[11] Spangl et al. (2006)
[12] Prettenthaler et al. (2010)
[13] Semmelrock et al. (2011)

eigenen Handeln beeinflusst werden können. Obwohl das Wissen selbst (in Form von wissenschaftlichen Studien, Reporten, Broschüren und im Internet) vorhanden ist, so fehlt in letzter Instanz dann doch die eigene Motivation (siehe Punkt a), sich dieses Wissen auch anzueignen. Ohne eigene Motivation und ohne das nötige Wissen über die eigenen Möglichkeiten befragt, ergibt sich bei Umfragen oft ein seltsames Bild. Als Beispiel sei hier eine Umfrage von NEWS genannt, bei der folgendes Ergebnis erzielt wurde (Stand: 6. September 2012)[14]:

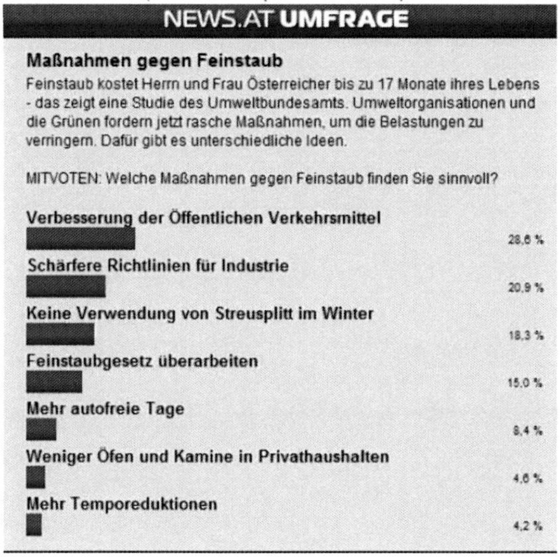

*Abbildung 70:    Maßnahmen gegen Feinstaub (Quelle: NEWS.at Umfrage, Stand: 6. September 2012)*

Wie unschwer zu erkennen, hat die überwältigende Mehrheit von ca. 83 % in dieser (zwar nicht repräsentativen, aber für illustrative Zwecke gut geeigneten) Umfrage für die ersten vier Maßnahmen gestimmt, die außerhalb ihres Wirkungsbereichs sind. Nur ca. 17 % haben Maßnahmen gewählt, bei denen sie selbst oder Bekannte betroffen sein könnten. Das Feinstaubproblem betrifft alle, die Lösung wird jedoch von einigen wenigen erwartet (meist von jemand anderem).

## 39.3   LÖSUNGSANSATZ

Aus oben genannten Gründen ist es unerlässlich, jeden einzelnen freiwillig zur Mitarbeit zu motivieren und ihm das geeignete Wissen dafür mitzugeben. Denn nur wenn jemand davon überzeugt ist, durch einen eigenen Beitrag selbst zu einer Verbesserung beizutragen, selbst einen Nutzen davon zu ziehen und zu wissen, wie all dies bewerkstelligt wird, ist mit dessen eigenständigem Handeln zu rechnen.

Die Idee dieses Projektes ist nun, die Motivation zu wecken und das nötige Wissen – ganz nebenbei – zu vermitteln. Möglich wird dies durch die Gestaltung einer interaktiven Website (Zugang über PC/Mac, Smartphones etc.), die jedem User ermöglicht, seinen persönlichen „Feinstaubfußabdruck" (in Anlehnung an den ökologischen Fußabdruck[15]) zu berechnen, und dann individuell zugeschnittene Möglichkeiten präsentiert, diesen zu verringern. Die dafür notwendigen Daten sind bereits (wie vorhin unter b) Wissen erwähnt) vorhanden und müssten nur mehr für diese Homepage aufbereitet werden.

Auf der Homepage www.feinstaubreduktion.at hat man die Möglichkeit, das eigene Feinstaubaufkommen in den verschiedenen Bereichen: Verkehr, Heizung, Haushalt,… zu berechnen. Dafür werden verschiedene

---

[14] NEWS.at Umfrage: http://www.news-networld.at/nw3/p2/poll.php?poll=296 (Stand: 6. September 2012).
[15] Wikipedia – Ökologischer Fußabdruck: http://de.wikipedia.org/wiki/%C3%96kologischer_Fu%C3%9Fabdruck.

Fragen gestellt, die dann am Ende eine Aussage über das eigene durchschnittliche Feinstaubaufkommen ermöglichen. Ich möchte die Funktionsweise gerne an Hand von Beispielen erläutern:

Beispielfragen für den Bereich Verkehr:

Besitzen Sie ein Auto? Ja/Nein

Wenn Ja: Wird das Fahrzeug mit Benzin oder Diesel betrieben?

Wenn Diesel: Wissen Sie, welche Euro-Norm Ihr Auto erfüllt: Euro 0/1/2/3/4/5/6 und ob Ihr Fahrzeug mit einem Partikelfilter ausgestattet ist? (mit Hinweis wo diese Information zu finden ist)

Wenn Nein: Es öffnet sich ein Fenster, in welchem man die Automarke z.B. VW, das Modell z.B. Touran und das Baujahr z.B. 2006 auswählen kann. Dabei wird der Auswahl automatisch eine Euro-Norm bzw. Partikelfilter zugewiesen (falls mehrere Euro-Normen möglich wären oder z.B. das Baujahr nicht bekannt ist, stehen die unterschiedlichen Möglichkeiten zur Auswahl – wieder mit dem Hinweis, wo man nachsehen kann um sicherzugehen).

Wenn die Euro-Norm ausgewählt wurde, kommt die Frage, wie viele Kilometer man durchschnittlich pro Jahr, pro Monat oder pro Tag (je nachdem was einfacher zu beantworten ist) fährt. Wenn die Kilometeranzahl bestätigt wurde, wird nach dem durchschnittlichen Treibstoffverbrauch auf 100 km gefragt (der neben dem Auto selbst auch vom Fahrstil, der Fahrstrecke, Beladung etc. abhängt).

Mit diesen Angaben wird die erste Auswertung erstellt: „Ihr persönliches Feinstaubaufkommen im Bereich Verkehr beträgt xxx Gramm/Jahr". Dann kann man entweder zum nächsten Bereich weitergehen oder sich Hinweise anzeigen lassen, wie viel Feinstaub im Durchschnitt durch verschiedene Verhaltensweisen eingespart werden können (in Abhängigkeit von den vorher gewählten Antworten). Es leuchten verschiedene Felder zu verschiedenen Bereichen auf: Zum Beispiel das Feld „Fahrzeug". Klickt man es an, so kann z.B. bei einem Auto der Euro-Norm 2 gezeigt werden, wie viel Gramm Feinstaub pro Jahr eingespart wird, wenn man auf ein Fahrzeug der Euro-Norm 5 umsteigt, oder wie viel durch den Einbau eines Partikelfilters eingespart werden kann. Bei dem Feld „alternative Fortbewegungsmittel" kann gezeigt werden, wie viel Feinstaub eingespart werden kann, falls man bestimmte Wege (Frage z.B. nach dem Arbeitsweg in Kilometern) mit alternativen Verkehrsmitteln wie Fahrrad oder öffentlichen Verkehrsmitteln zurücklegt. Bei dem Feld „Fahrstil" kann man erwähnen, wie viel Feinstaub man spart, wenn man z.B. die Beladung des Autos reduziert, vorausschauend fährt, starke Beschleunigungsvorgänge vermeidet usw. (dafür ist es nicht einmal unbedingt notwendig immer 100 % exakte Werte anzugeben, es reicht auch aus Einsparungen auf Grundlage von bekannten Durchschnittswerten anzugeben) usw. Um den positiven Charakter zu unterstreichen, kann bei den Fortbewegungsmitteln nach dem Punkt über Autos weitergefragt werden.

Besitzen Sie ein Fahrrad, wie viel Kilometer fahren Sie durchschnittlich pro Jahr, Monat oder Tag bzw. welche Strecken legen Sie zu Fuß zurück etc., um dann am Ende ein positives Feedback zu geben im Sinn von „Gratuliere, durch Ihren Einsatz xxx km im Jahr mit dem Fahrrad zurückzulegen, zu Fuß zu gehen, öffentliche Verkehrsmittel zu benutzen etc. sparen Sie xxx Gramm Feinstaub pro Jahr (im Vergleich zu einem durchschnittlichen PKW) ein. Dieses positive Feedback motiviert und spornt an, sich darüber hinaus auch in anderen Bereichen zu verbessern. Wichtig bei so einer Seite ist meines Erachtens, dass sie nicht belehrend oder überwiegend negativ wahrgenommen wird, sondern auch eigene Verhaltensweisen (je nach Grundlage) positiv bewertet.

Die Beispielfragen für den Bereich Heizung laufen nach einem ähnlichen Muster ab, es wird danach gefragt welche Heizung vorhanden ist (oder mehrere): Holz, Kohle, Erdgas, Öl, Pellets, Fernwärme, Erdwärme, Strom usw. Dann wird nach dem jährlichen Heizmaterialverbrauch gefragt, um daraus das durchschnittliche persönliche jährliche Feinstaubaufkommen zu ermitteln. Wieder mit verschiedenen Feldern für mögliche Feinstaubreduktionen wie z.B. Wechsel des Heizsystems, Tipps zum effektiveren Heizen bzw. Tipps zur Wahl des Heizmaterials (z.B. bei Holzheizungen), bessere Isolierung von Wohnung/Haus, Einfluss der

Temperatur auf das Feinstaubaufkommen (z.B. Reduktion der Temperatur um 1 °C führt bei dem angegeben Heizsystem zu einer Einsparung von xxx Gramm Feinstaub pro Jahr) usw.

Im Bereich „Haushalt" kann auf Feinstaubquellen in den eigenen vier Wänden hingewiesen werden mit Fragen nach z.B. offenem Kamin, Zigarettenrauch, Kerzen, Staubsauger mit/ohne Feinstaubfilter, Laserdrucker/-kopierer, Koch-/Bratgewohnheiten usw. Wichtig ist bei all diesen Bereichen, dass (siehe weiter vorne) positive Verhaltensweisen vom System genauso hervorgekehrt werden wie negative und bei allen Punkten die Möglichkeit besteht, gut aufbereitete Informationen an den – nun wirklich interessierten – Anwender zu bringen. Allein dadurch eröffnet sich auf einfache und zeitsparende Art und Weise für jeden einzelnen die Möglichkeit in Erfahrung zu bringen, was SELBST getan werden kann, um den Feinstaub zu reduzieren, denn – und das sollte genauso betont werden wie die gesundheitlichen Gefahren des Feinstaubs – die höchste Feinstaubkonzentration ist doch schließlich immer beim Erzeuger selbst zu finden.

Um einen längerfristigen Effekt zu erzielen, sollte die Möglichkeit geboten werden sich beim System anzumelden, um die eigenen Daten (passwortgeschützt) zu speichern. So können über einen längeren Zeitraum hinweg Daten eingegeben werden und positive Effekte erzielt werden (z.B. seit dem ersten Besuch vor zwei Monaten konnte ich mein persönliches Feinstaubaufkommen um xxx Gramm/Monat reduzieren). Ein weiterer Bonus ist der Hinweis auf weitergehende positive Effekte (zum Beispiel spart man durch den Verzicht auf den PKW nicht nur Feinstaub, sondern auch Kosten, oder erhöht durch Fahrradfahren seine Fitness oder schont die Umwelt und das Budget durch eine effizientere Heizung usw.). Ein zusätzlicher Motivator könnte auch die Teilnahme an einem Gewinnspiel für alle Teilnehmer sein (ähnlich zu Aktionen, die das Radfahren fördern[16]). Dabei kann Unternehmen die Möglichkeit geboten werden, diese Aktion durch das Zur-Verfügung-Stellen von Preisen zu fördern (wobei diese Unternehmen dadurch einen Imagegewinn und Medienpräsenz erhalten) z.B. E-Bikes, GVB-Karten, Partikelfilter zum Nachrüsten etc. Zusätzlich kann Unternehmen die Möglichkeit geboten werden, zu Feinstaub-Themen Gutscheine zu platzieren z.B.: 5 oder 10 % auf thermische Isolierung, Aufrüstung mit Partikelfilter, Taxifahrten mit erdgasbetriebenen Fahrzeugen, usw. Möglich wären auch spezielle (Informations-)Veranstaltungen für Lehrer oder auch Schülerwettbewerbe, bei denen Schüler über Feinstaub informiert werden und diese Informationen dann auch gleich ihren Eltern weitergeben (Multiplikator).

Auf Grund der Art des Projektes ist es leider nicht möglich, seriöse Berechnungen über die Reduktion von Feinstaub anzustellen. Ich möchte aber darauf hinweisen, dass durch diese Maßnahme erstmals breite Bevölkerungsschichten für persönliche Maßnahmen zur Feinstaubreduzierung erreicht werden können. Weiters werden durch diese Bewusstseinsbildung psychologische Effekte erreicht, die das Verständnis und den Rückhalt in der Bevölkerung für andere Feinstaubmaßnahmen erhöhen, wodurch Synergieeffekte genutzt werden können. Als Beispiel für konkrete Feinstaubreduktionen seien hier aber dennoch beispielsweise angeführt:

- Der Austausch eines mehr als zehn Jahre alten Festbrennstoffheizkessels durch Fernwärme bringt eine errechnete Ersparnis von ca. 6.080 Gramm Feinstaub ($PM_{10}$) pro Jahr[7].
- Das Stilllegen eines in der Heizperiode täglich verwendeten Kamins als Zweitheizung bringt eine errechnete Ersparnis von ca. 740 g Feinstaub ($PM_{10}$) pro Jahr[17].
- Wenn die Hälfte der Wege anstatt mit einem PKW mit einem anderen Verkehrsmittel zurückgelegt werden: ca. 380 g Feinstaub-Einsparung ($PM_{10}$) pro PKW pro Jahr[7].
- Bei dem nachträglichen Einbau eines Partikelfilters in ein Fahrzeug der Euro-Norm 3 werden ca. 110 g Feinstaub ($PM_{10}$) pro Jahr eingespart[7].
- …

[16] Österreich radelt zur Arbeit : http://www.steiermark.radeltzurarbeit.at/.
[17] Prettenthaler et al. (2011)

## 39.4  KOSTENEFFIZIENZ

Im Gegensatz zu einigen bisherigen Maßnahmen, wie Förderungen für den Kauf neuer Autos „Verschrottungs- oder Umweltprämie", die Förderung von 5.000 „Frischlufttickets" oder ähnlichen Maßnahmen sind die Kosten dabei (für Errichtung der Homepage ca. 24.000 €, für die Hardware ca. 2.000 € und für Betrieb/Wartung ca. 5000 €/Jahr) abhängig von der Ausbaustufe äußerst gering, was sich stark zu Gunsten der Kosteneffizienz auswirkt. Durch das Bewerben des Projektes z.B. durch Flyer oder Postwurfsendungen würden sich zwar die Kosten erhöhen, jedoch hätte der dadurch größere Anwenderkreis einen positiven Einfluss auf die Feinstaubreduktion, was die Effizienz im Endeffekt vielleicht sogar erhöhen könnte. Hierbei bietet es sich natürlich auch an, durch Pressemitteilungen kostenfreie Berichterstattung in regionalen Printmedien wie „Die Grazer Woche", „Der Grazer", „Kleine Zeitung" etc. ins Laufen zu bringen.

## 39.5  ENERGIEEFFIZIENZ

Der Energieaufwand für das Betreiben des Servers für die Internetseite ist im Vergleich zu anderen Maßnahmen äußerst gering und kann (je nach genauer Ausführung) mit 2.000 kWh/Jahr angenommen werden.

## 39.6  ÖKOLOGISCHE UNBEDENKLICHKEIT UND SICHERHEIT

Der Einsatz dieser Technologie beeinträchtigt weder ein anderes Umweltmedium noch Anrainerinteressen, zudem geht keine Gefahr von der Nutzung dieser Technologie aus. Die zu erwartende Akzeptanz in der Öffentlichkeit wird als hoch eingeschätzt.

# VIII  KOSTEN-WIRKSAMKEITS-BETRACHTUNG DER SIEGERPROJEKTE UND AUSGEWÄHLTER PROJEKTE

*Franz Prettenthaler und Veronika Richter*

In der Folge möchten wir aufgrund der Vielzahl der Einreichungen einen besseren Überblick zu einem wesentlichen Aspekt von Interventionen im Umweltbereich geben: dem Verhältnis von Kosten und Wirksamkeit. Leider waren die dazu verlangten Aussagen nicht für alle Vorschläge vollständig. Dennoch wurden die fünf Siegerprojekte und weitere ausgewählte Projekte basierend auf den Angaben zu Feinstaubreduktionspotential und Kosteneffizienz, die den jeweiligen Einreichunterlagen zu entnehmen sind, sanft systematisiert und nach Möglichkeit auf gleiche Datenquellen bezogen, ohne freilich die Angaben im Einzelfall auf ihre Richtigkeit überprüfen zu können. Wir hoffen, dass wir mit dieser Zusammenstellung auf den kommenden Seiten die Auseinandersetzung mit der umweltpolitisch stets bedeutsamen Forderung nach Verhältnismäßigkeit von Kosten und Wirksamkeit anregen können.

## ELEKTROSTATISCHER FEINSTAUBFILTER ZUR VERMEIDUNG BZW. REDUZIERUNG VON FEINSTAUB VON HOLZFEUERUNGEN

### Wirkungspotential der Maßnahme

Basierend auf dem Evaluierungsbericht des Landes Steiermark „Programm zur Feinstaubreduktion Steiermark" (2008) wird ein Einsparungswert von 6,1 kg PM10 pro Jahr durch den Tausch eines veralteten Heizkessels angenommen. Laut Auskunft der Wirtschaftskammer Steiermark sind im Raum Graz 827 konventionelle Festbrennstoffheizungen in Betrieb, für die der Einbau eines elektrostatischen Feinstaubfilters in Frage käme (Prettenthaler et al. 2011). Bei einer Hochspannungsquelle mit bis zu 80 kV ist laut Dipl.-Ing. Dr. Heribert Summer mit einer Reduzierung des Feinstaubs von 80-90 % zu rechnen. Basierend auf diesen Angaben wurde ein maximales Einsparungspotential von ca. 820 kg PM10 pro Wintermonat bzw. 4.500 kg PM10 pro Jahr errechnet.

*Tabelle 11:  Maximales Reduktionspotential – Elektrostatischer Feinstaubfilter*

|  | **Maximales Einsparungspotential** |
| --- | --- |
| **pro Jahr (kg)** | 4.000 - 4.500 kg PM10 |
| **pro Wintermonat (kg)** | 730 - 820 kg PM10 |

### Kosten der Maßnahme

Die Anschaffungskosten für einen elektrostatischen Feinstaubfilter liegen laut Preisträger zwischen € 1.500 und € 2.000. Zur Berechnung der Kosten werden wie vom Preisträger angegeben 6,8 g/h Feinstaubabscheidung während des Heizbetriebs bei 90 % Abscheidegrad angenommen. Der Energieverbrauch für die Hochspannungsquelle wird in den Einreichunterlagen mit ca. 50 Watt pro Stunde beziffert, woraus sich ein Energieaufwand von 7,35 kWh pro kg Feinstaub, der im Filter abgeschieden wird, ableiten lässt.

Während einer Heizperiode von fünf Monaten fallen ca. 6,1 kg Feinstaub am Filter an. Daraus resultiert ein Stromverbrauch pro Heizperiode von 45 kWh. Unter der zusätzlichen Annahme, dass die Nutzungsdauer eines Feinstaubfilters fünf Jahre beträgt und der Bruttostrompreis in Österreich mit € 0,19 pro kWh (Österreichs Energie, 2013) angegeben werden kann, betragen die Kosten pro kg Feinstaubreduktion im Winter (fünf Monate) € 410.

*Tabelle 12:    Kosten – Elektrostatischer Feinstaubfilter*

|  | Kosten (€) |
|---|---|
| **je kg Reduktion im Winter (5 Monate)** | 410 |

## F.U.T.U.R. IN GRAZ – FROM DUST TILL 'URBAN REGENERATION'

**Wirkungspotential der Maßnahme**

Die Begrünung vertikaler Flächen mit Pflanzen wie Efeu und Moosen kann laut ProjekteinreicherInnen den bodennahen Feinstaub um bis zu 60 % reduzieren. Wird eine vertikale Fläche von 1 m² mit Moosen begrünt, können dadurch 20 g PM10 pro Jahr reduziert werden, womit eine Moosfläche von 50 m² notwendig wäre, um einen Kilogramm Feinstaub zu binden. Begrünt man eine vertikale Fläche von 1 m² mit Efeu, können 12 g PM10 jährlich abgebaut werden. Eine vertikale Begrünungsfläche von 83 m² mit Efeu wäre erforderlich, um ein Kilogramm PM10 zu reduzieren.

Die ProjekteinreicherInnen haben eine potentielle vertikale Begrünungsfläche in den zentralen Bezirken der Stadt Graz ermittelt. Dabei wurde berücksichtigt, dass es sich entweder um leerstehende Gebäudeflächen wie Feuermauern handelt oder um Fassaden, die keinen historischen Wert aufweisen. Durch diese Herangehensweise konnte eine potenziell begrünbare Fläche von 4.960 m² ermittelt werden. Von den PreisträgerInnen wird angegeben, dass eine Begrünung der ausgewiesenen Fläche zu je 50 % mit Moosen und zu 50 % mit Efeu erfolgen soll. Dies ergibt ein jährliches Feinstaubreduktionspotential von in etwa 80 kg pro Jahr bzw. von 7 kg pro Wintermonat.

*Tabelle 13:    Maximales Reduktionspotential – F.U.T.U.R. in Graz – From dUst Till ‚Urban Regeneration'*

|  | Max. Einsparungspotential Variante 1 |
|---|---|
| **pro Jahr (kg)** | 80 |
| **pro Wintermonat (kg)** | 7 |

**Kosten der Maßnahme**

Die Kosten für eine vertikale Moosbepflanzung auf einer Fläche von 50 m² werden von der Projekteinreicherin mit € 15.000 angegeben. Eine vertikale Begrünung von 83 m² mit Efeu ergibt Kosten in Höhe von € 24.900. Der Wasserverbrauch wird für eine 50 m² große vertikale Moosbepflanzung mit 9.000 l jährlich angegeben. Die jährlichen Wartungskosten belaufen sich auf € 1.100. Der Wasserverbrauch für 83 m² Begrünung mit Efeu beläuft sich pro Jahr hingegen auf ca. 15.000 l, während sich die Wartungskosten mit € 1.800 zu Buche schlagen. Zusätzlich wird die Annahme getroffen, dass die eingesetzten Pflanzen eine Nutzungsdauer von zehn Jahren aufweisen. Basierend auf diesen Angaben ergeben sich Kosten in Höhe von € 1.400 je kg Feinstaubreduktion im Winter.

*Tabelle 14:    Kosten – F.U.T.U.R. in Graz – From dUst Till ‚Urban Regeneration'*

|  | Kosten (€) |
|---|---|
| **je kg Reduktion im Winter (5 Monate)** | 1.400 |

## GREEN GRAZ

**Wirkungspotential der Maßnahme**

Laut Einreichunterlagen vermag ein begrüntes Haus jährlich die Feinstaubbelastung um ein Kilogramm zu reduzieren. Es wären damit rund viertausend Häuser mit begrünten Fassaden notwendig, um dieselbe Feinstaubreduktion zu erzielen, die durch den Einsatz von 827 elektrostatischen Feinstaubfiltern realisiert werden könnte. Unter der Annahme, dass 4.000 Häuserfassaden im Raum Graz begrünt werden, könnte ein Einsparungspotential von 330 kg PM10 pro Wintermonat bzw. 4.000 kg PM10 pro Jahr realisiert werden.

*Tabelle 15:    Maximales Reduktionspotential – Green Graz*

|  | **Maximales Einsparungspotential** |
|---|---|
| **pro Jahr (kg)** | 4.000 |
| **pro Wintermonat (kg)** | 330 |

**Kosten der Maßnahme**

Aufgrund fehlender Kostenangaben wird angenommen, dass zur Begrünung eines Hauses 50 m² Moosbepflanzung bzw. 83 m² Efeubepflanzung oder eine Mischform der beiden notwendig ist, um einen Kilogramm Feinstaub aus der mit Feinstaub belasteten Luft zu filtern (siehe Beitrag Redi et al.). Trifft man die Annahme, dass eine Mischvariante gewählt wird, d.h. eine Bepflanzung zur Hälfte mit Moos und zur anderen Hälfte mit Efeu, ergeben sich wie beim vorangehenden Beitrag Kosten je Kilogramm Feinstaubreduktion im Winter in Höhe von € 1.400.

*Tabelle 16:    Kosten – Green Graz*

|  | **Kosten (€)** |
|---|---|
| **je kg Reduktion im Winter (5 Monate)** | € 1.400 |

## MITFAHRNETZWERK FLINC.ORG

**Wirkungspotential der Maßnahme**

Als Basis für die Berechnung des Reduktionspotentials wird der Feinstaubreduktionswert von 0,08 g PM10 pro PKW-Kilometer angenommen (siehe Prettenthaler et al. 2011) und nicht der von flinc AG und Steirische Pendlerinitiative angenommene deutlich niedrigere Wert von 0,044 g PM10 pro PKW-Kilometer. Unter der Annahme, dass 3.500 Fahrgemeinschaften zehnmal monatlich stattfinden und dadurch pro Tag und Fahrgemeinschaft 30 km eingespart werden können, ergibt dies eine potentielle Gesamtreduktion von 1.050.000 PKW-Kilometern pro Monat. Zieht man den Feinstaubreduktionswert von 0,08g PM10 pro PKW-Kilometer heran, kann eine Gesamtfeinstaubreduktion pro Wintermonat im Ausmaß von 85 kg PM10 bzw. von 1.020 kg PM10 pro Jahr ermittelt werden.

*Tabelle 17:    Maximales Reduktionspotential – Mitfahrnetzwerk flinc.org*

|  | **Maximales Einsparungspotential** |
|---|---|
| **pro Jahr (kg)** | 1.020 |
| **pro Wintermonat (kg)** | 85 |

**Kosten der Maßnahme**

In den Einreichunterlagen wurden keine Angaben zu den Kosten der Maßnahme bekanntgegeben.

## AUTOFASTEN DAS GANZE JAHR – EIN AUTOFREIER TAG PRO WOCHE

**Wirkungspotential der Maßnahme**

Als Grundlage für die Berechnung des Wirkungspotentials der Aktion „Autofasten das ganze Jahr – Ein autofreier Tag pro Woche", wird ein Feinstaubreduktionswert von 0,08 g PM10 pro PKW-Kilometer angenommen (siehe Prettenthaler et al. 2011).

Infolge werden zwei Szenarien betrachtet. Szenario 1 basiert auf der Annahme, dass sich alle PKW-BesitzerInnen im Großraum Graz an der Aktion beteiligen und einmal pro Woche auf die Inbetriebnahme des PKWs verzichten. 408.774 Einwohner im Großraum Graz (Statistik Austria, 2012) besitzen 218.684 PKWs (Statistik Austria, 2012). Laut Ziegler et al. (2012) können pro PKW und Woche 15 Autokilometer eingespart werden. Insgesamt können durch die Aktion 170.580.000 Autokilometer vermieden und eine Feinstaubreduktion von 13.875 kg PM10/Jahr bzw. 1.156 kg PM10/Wintermonat realisiert werden.

Szenario 2 baut auf der Annahme auf, dass die Hälfte aller PKW-BesitzerInnen im Großraum Graz einmal pro Woche den PKW freiwillig stehen lassen. Unter der gleichen Feinstaureduktionsannahme wie in Szenario 1 wird eine Reduktion von 6.938 kg PM10/Jahr bzw. 576 kg PM10/Wintermonat erzielt.

*Tabelle 18:  Maximales Reduktionspotential – Autofasten das ganze Jahr – Ein autofreier Tag pro Woche*

|  | Max. Einsparungspotential Szenario 1 | Max. Einsparungspotential Szenario 2 |
|---|---|---|
| **pro Jahr (kg)** | 13.875 | 6.938 |
| **pro Wintermonat (kg)** | 1.156 | 576 |

**Kosten der Maßnahme**

Die Kosten der Maßnahme ergeben sich hauptsächlich aus der Organisation und Öffentlichkeitsarbeit der Aktion „Autofasten das ganze Jahr – ein freiwilliger autofreier Tag pro Woche". Das Team um die Aktion führt dabei basierend auf bisherigen Erfahrungen Kosten für Werbung in Höhe von € 25.000 an und Kosten für Adaptierung und Betreuung des Internetportals in Höhe von € 7000. Die Kosten pro Kilogramm Feinstaubreduktion in den fünf Wintermonaten belaufen sich damit für Szenario 1 auf € 5,54 und für Szenario 2 auf € 11,11.

*Tabelle 19:  Kosten – Autofasten das ganze Jahr – Ein autofreier Tag pro Woche*

|  | Kosten Szenario 1 (€) | Kosten Szenario 2 (€) |
|---|---|---|
| **je kg Reduktion im Winter (5 Monate)** | 5,54 | 11,11 |

## GREENBOX

**Wirkungspotential der Maßnahme**

Laut Better Air GmbH filtert ein erster getesteter GreenBox-Prototyp etwas mehr als 11.250 m³ Luft pro Stunde. Wäre unter dieser Voraussetzung ein „GreenBox-Fahrzeug" (z.B. montiert auf einem öffentlichen Busfahrzeug) über die gesamte Winterperiode (von Anfang November bis Ende März) hindurch täglich durchschnittlich 16 Stunden im Einsatz, könnten in diesen fünf Wintermonaten mit einer GreenBox über 27 Millionen Kubikmeter Umgebungsluft einer Feinstaubfilterung zugeführt werden. Trifft man die Annahme, dass die Umgebungsluft mit 50 µg PM10/m³ belastet ist, ergibt dies ein jährliches maximales Feinstaubreduktionspotential von 3 kg pro GreenBox bzw. 0,3 kg PM10 je Wintermonat.

*Tabelle 20:  Maximales Reduktionspotential – GreenBox*

|  | Maximales Einsparungspotential |
|---|---|
| **pro Jahr (kg)** | 3 |
| **pro Wintermonat (kg)** | 0,3 |

**Kosten der Maßnahme**

Als Grundlage für die Berechnung der Kosteneffizienz der GreenBox-Feinstaubfiltersystems wird von Better Air GmbH die Nutzungsdauer eines Fahrzeugs von neun Jahren herangezogen.

Berücksichtigt man die Anschaffungskosten sowie allfällige Wartungskosten und zusätzliche Kraftstoffkosten für den Einsatz der GreenBox an den Wintertagen mit Grenzwertüberschreitungen (Betrachtungszeitraum Winterperiode 2011/12), ergeben sich Kosten für ein mit einer GreenBox ausgestattetes Fahrzeug in der Höhe von ca. € 350 pro Jahr und Kilogramm Feinstaubreduktion bzw. € 145 je Winter. Jedoch muss laut Better Air GmbH berücksichtigt werden, dass die Feinstaubreduktionskosten je Kilogramm Feinstaub von der jeweiligen Feinstaubbelastung abhängen und daher nicht als fixer Wert angenommen werden können. Je höher die Feinstaubbelastung, desto größer ist die absolut gefilterte Feinstaubmenge und die damit verbundene Kosteneffizienz.

*Tabelle 21: Kosten – GreenBox*

|  | Kosten (€) |
|---|---|
| **je kg Reduktion im Winter (5 Monate)** | 145 |

## MÜLLAUTOS ALS STAUBMAGNET

Die Einreichung „Müllautos als Staubmagnet" basiert auf der Idee, dass die LKW-Flächen mit einer Größe von 6 m x 2,5 m zur Feinstaubreduktion genutzt werden können, indem ein elektrostatisches Feld von 1 m generiert wird. Unter der Annahme, dass 50 µg PM10/m³ vorhanden sind, könnten durch eine einzige Vorrichtung mit 45 m³ (auf einer Länge von 6 m) 2.250 µg PM10 reduziert werden. Auf einer zurückgelegten Strecke von 1 km könnten damit 2.250 µg PM10 x 167[18] = 375.750 µg, d.h. ca. 0,4 g PM10 reduziert werden. Laut Einreichunterlagen legt beispielsweise ein Entsorgungsfahrzeug jährlich bei 250 Einsatztagen 50.000 km zurück. Dies ergibt ein jährliches Feinstaubreduktionspotential pro Fahrzeug von etwa 19 kg bzw. 1,6 kg pro Wintermonat.

**Wirkungspotential der Maßnahme**

*Tabelle 22: Maximales Reduktionspotential – Müllautos als Staubmagnet*

|  | Maximales Einsparungspotential |
|---|---|
| **pro Jahr (kg)** | 19 |
| **pro Wintermonat (kg)** | 1,6 |

**Kosten der Maßnahme**

Die Berechnung zur Ermittlung der Kosteneffizienz basiert auf der Annahme, dass eine derartige Technologie € 5.000 kostet und die jährlichen Reinigungskosten mit € 500 beziffert werden können. Legt man eine Nutzungsdauer von fünf Jahren zu Grunde, belaufen sich die Feinstaubreduktionskosten je kg Feinstaub im Winter auf € 630.

*Tabelle 23: Kosten – Müllautos als Staubmagnet*

|  | Kosten (€) |
|---|---|
| **je kg Reduktion im Winter (5 Monate)** | 630 |

[18] 35 km = 5.833 Mal die Vorrichtung mit einer Länge von 6 m.

# IIX BIBLIOGRAFIE

Airparif (2007): Mesures dans le flux de circulations; Airparif, surveillance de la qualité de l'air en ile de France; rapport 1, Sept.2007.

Amt der Steiermärkischen Landesregierung – Homepage, Umweltinformation Steiermark/Luft/Feinstaub: http://www.umwelt.steiermark.at/cms/beitrag/10469589/12682810/.

APA OTS (2005): Greenpeace und VCÖ fordern ökologisch gestaffelte City-Maut: Maßnahmen-Kataloge der Länder gegen Feinstaub sind nicht ausreichend, Onlineartikel vom 8.4.2005: http://www.ots.at/presseaussendung/OTS_20050408_OTS0052/greenpeace-und-vcoe-fordern-oekologisch-gestaffelte-city-maut.

Bartfelder, F. und Köhler, M. (1987): Experimentelle Untersuchungen zur Funktion der Fassadenbegrünung. Technische Universität Berlin, Fachbereich Landschaftsentwicklung. 612 S.

Bauer, H., Marr, I., Kasper-Giebl, A., Limbeck, A., Caseiro, A., Handler, M., Jankowski, N., Klatzer, B., Kotianova, P., Pouresmaeil, P., Schmidl, Ch., Sageder, M., Puxbaum, H. (2006): AQUELLA" Wien Bestimmung von Immissionsbeiträgen in Feinstaubproben, Bericht UA/AQWien 2006r – 174 S, TU Wien. http://publik.tuwien.ac.at/files/PubDat_173988.pdf.

Bericht an den Gemeinderat, Immissionsschutzgesetz Luft, Feinstaubbelastung, 5. Maßnahmenkatalog, GR-Sitzung 22.9.2011. URL: http://www.umweltservice.graz.at/infos/luft/PM_10_GR_Bericht_5_ Massnahmenplan_22092011_sig.pdf.

Burtscher, H., Loretz, S., Keller, A., Mayer, A., Kasper, M., Czerwinsiki, R.J. (2008): Nanoparticle Filtration for Vehicle Cabins. SAE 2008-01-0827. In proceedings of: SAE World Congress & Exhibition, April 2008, At Detroit, MI, USA.

Dalkmann, H., Herbertz, R., Schäfer-Sparenberg, C. (2004): Eventkultur und nachhaltige Mobilität – Widerspruch oder Potenzial?, Wuppertal Papers, Nr. 147, Wuppertal Institut für Klima, Umwelt und Energie GmbH Forschungsgruppe 2: Energie-, Verkehrs- und Klimapolitik (Hrsg.), Wuppertal, Seite 17 ff.

DEKRA Austria Automotive GmbH: www.dekra-austria.at.

Deutsches Statistisches Bundesamt (2012): Verkehrsunfälle 2011, Fachserie 8, Reihe 7, Wiesbaden: https://www.destatis.de/DE/Publikationen/Thematisch/TransportVerkehr/Verkehrsunfaelle/Verkehrsunf aelleJ2080700117004.pdf?__blob=publicationFile.

Die Presse (2007): Schienenverkehr ist Feinstaub-Mühle, Onlineartikel vom 19.7.2007 (Autor: Wetz, A.): http://diepresse.com/home/panorama/welt/317909/Schienenverkehr-ist-FeinstaubMuehle.

Ebert, W., Weber, B., Burrows, S., Steinkamp, J., Büdel, B., Andreae, M., Pöschl, U. (2012): Contribution of cryptogamic covers to the global cycles of carbon and nitrogen, Nature Geoscience, 3. Juni 2012; DOI: 10.1038/NGEO1486.

Eputec Luftdrucktechnik, Kaufering (DE): www.eputec.de.

Flassak et al. (2011): Numerische Modellierung des photokatalytischen Stickoxidabbaus durch $TiO_2$-dotierte Gebäudefarben, Kolloquium Luftqualität an Straßen 2011, Tagungsbeiträge vom 30. und 31. März 2011, Bergisch Gladbach, Hrsg: Bundesanstalt für Straßenwesen.

Fonatsch, Lichtmaste mit Technik und Design, Melk (AT): www.fonatsch.at.

Frahm, J.P., Sabovljevic, M. (2007): Feinstaubreduzierung durch Moose. Immissionsschutz 4, 152-156.

Frahm, J.P. (2009): Schadstoffminderung auf dem Dach mit Moosen. 7. Internationales FBB Gründachsymposium 2009, Tagungsband, 28-31.

Fruin S. (2004): The Importance of In-Vehicle Exposures. California Air Resources Board meeting presentation, Sacramento, California, December 9, 2004: ftp.arb.ca.gov/carbis/research/seminars/fruin/fruin.pdf.

Gesundheit.de (2012): Gesunde Umwelt - gesunde Kinder. URL: http://www.gesundheit.de/medizin/gesundheit-und-umwelt/umweltmedizin/gesunde-umwelt-gesunde-kinder.

GIS Digitaler Atlas Steiermark: http://www.gis.steiermark.at/, Online-Zugriff am 11.10.2012.

Gobiet, A. (2012): Klimaszenarien für die Steiermark bis 2050 – eine Studie im Auftrag des Landes Steiermark, ReLoClim Research Group, Wegener Zentrum für Klima und Globalen Wandel, Universität Graz.

Hartl, M. J. (2009): Seasonal variation of particulate matter in Graz with emphasis on metal composition = Die jahreszeitliche Änderung von Feinstaub in Graz unter besonderer Berücksichtigung der Metallzusammensetzung. Diplomarbeit an der Karl-Franzens-Universität Graz, Institut für Chemie, Bereich analytische Chemie; Betreuung: Prof. W. Gössler.

Heiden, B., Henn, M., Hinterhofer, M., Schechtner, O., Zelle, K., (2008): Endbericht Emissionskataster Graz 2001, erstellt im Auftrag vom Amt der Steiermärkischen Landesregierung, Forschungsgesellschaft für Verbrennungskraftmaschinen und Thermodynamik mbH (FVT) und Arbeitsgemeinschaft für Dokumentations-, Informations- und Planungssysteme, Graz.

Hiebner, X. (2007): Feinstaub PM10 aus dem Schienenverkehr, Diplomarbeit am Institut für Verbrennungskraftmaschinen und Kraftfahrzeugbau der Technischen Universität Wien, Fakultät für Maschinenbau, unter der Leitung von Prof. H.P. Lenz, Wien im Juni 2007.

Holding Graz Linen: www.holding-graz.at/linien.html.

Illni, B. (2010): Wer verursacht den Feinstaub in der Wiener Luft?, ÖKV-Reihe, Wien: http://www.xn--vk-eka.at/aktuelles/2010/Feinstaub_Wiener_Luft.pdf.

Illni, B. (2013): Neue Autos helfen der Umwelt, ÖVK-Reihe, 2. aktualisierte Auflage, Wien.

Kleffmann, J., Kurtenbach, R., Wiesen, P. (2010): Untersuchung des Abbauverhaltens atmosphärischer Spurenstoffe insbesondere leichtflüchtiger organischer Verbindungen (VOCs), durch $TiO_2$-dotierte Gebäudefarben (Photosan), Physikalische Chemie/FBC, Bergische Universität Wuppertal, 2010.

Kleffmann et al. (2012): Einfluss von $TiO_2$-dotierten Gebäudefarben auf die Bildung von sekundären organischen Aerosolen (Feinstaub), Physikalische Chemie/FBC, Bergische Universität Wuppertal, 2012.

Köhler, M. und Schmidt, M. (1997): Hof-, Fassaden- und Dachbegrünung – Zentraler Baustein der Stadtökologie. Landschaftsentwicklung und Umweltforschung 105: 62 - 67.

Köhler, M. und Schmidt, M. (1999): Untersuchungen an extensiven Dachbegrünungen in Berlin. T. III Stoffrückhalt. Dach+Grün 4: 9 - 14.

Kurz, C. (2011): Immissionskataster Wien – Entwicklung und Umsetzung eines Immissionsprognosemodells. Erstellt im Auftrag der Wiener Umweltschutzabteilung MA22, Magistrat der Stadt Wien. Bericht Nr. I-20-Rev1/2011/Ku/V&U/05/2009 vom 28.11.2011; Technische Universität Graz. Institut für Verbennungskraftmaschinen und Thermodynamik.

Land Steiermark (2003): Statuserhebungen gemäß §8 Immissionsschutzgesetz Luft BGBl. I Nr. 115/1997 i.d.g.F. Lu 04-03, FA 17 C ,Graz. URL: http://www.umwelt.steiermark.at/cms/dokumente/ 10434851_12429602/0ba25a74/Statuserhebung_IGL.pdf.

Land Steiermark (2006): Statuserhebungen für den Schadstoff PM10. 2002, 2003, 2004 und 2005 gemäß § 8 Immissionsschutzgesetz Luft. FA 17 C, Graz. URL: http://www.umwelt.steiermark.at/cms/ dokumente/10434851_12429602/53490f44/Statuserhebung_2003-05.pdf.

Land Steiermark (2008): Programm zur Feinstaubreduktion Steiermark 2008 Evaluierungsbericht und Maßnahmenübersicht in Vorbereitung des § 9a IG-L Programmes. FA 13A Umwelt- und Anlagenrecht, Graz.

Laufs, S., Burgeth, G., Duttlinger, W., Kurtenbach, R., Maban, M., Thomas, C., P. Wiesen, C., Kleffmann, J. (2010): Conversion of nitrogen oxides on commercial photocatalytic dispersion paints. Atmospheric Environment, Vol. 44, Issue 19, p. 2341 – 2349.

Lazar, R. (1999): Stadtklima und Luftreinhaltung in Österreich anhand von Beispielen in Helbig, A., Baumüller, J., Kerschgens, M.J., Stadtklima und Luftreinhaltung, 2. überarb. Auflage, Berlin, S.389ff.

LUBW (2006): Überprüfung der photokatalytischen Wirksamkeit von speziellen Wandfarben der STO AG zur Reduktion von Stickoxiden, Hrsg.: Landesanstalt für Umwelt, Messungen und Naturschutz Baden-Württemberg. LUBW-Berichtsnr. 143-06/06.

LUBW (2007): Überprüfung der photokatalytischen Wirksamkeit von speziellen Dispersionsfarben der STO AG zur Reduktion von Stickoxiden (Feldversuch), LUBW-Berichtsnr. 143-05/07 mit Ergänzungsbericht 143-06/08.

LUBW (2007): Überprüfung der photokatalytischen Wirksamkeit von speziellen Dispersionsfarben der STO AG zur Reduktion von Ozon (Feldversuch), LUBW-Berichtsnr. 143-08.2.

Mayer, A. et al. (2012): Clean Air in Vehicle Cabins by retrofitting Nanocleaner; Ventilation-Conference, Paris, 18. Sept. 2012.

Metto, F.J. (2007): Urbane Vegetation – Eine sinnvolle Maßnahme zur Feinstaubreduktion? Begrünungen als Maßnahme zur Feinstaubreduktion in Luftreinhalte- und Aktionsplänen am Beispiel ausgewählter deutscher Städte. Bachelorarbeit, Mathematisch-Naturwissenschaftliche Fakultät. Humboldt Universität zu Berlin.

Neue Zürcher Zeitung (2012a): Spitzen im Verkehr brechen, Onlineartikel vom 22.7.2012 (Autor: Schneeberger, P.): http://www.nzz.ch/meinung/kommentare/kosten-der-mobilitaet-spitzen-im-verkehr-brechen-1.17389359.

Neue Zürcher Zeitung (2012b): Verkehrsteilnehmer wollen Fünfer und Weggli, Onlineartikel vom 15.8.2012 (Autor: Schneeberger, P.): http://www.nzz.ch/aktuell/schweiz/verkehrsteilnehmer-wollen-den-fuenfer-und-das-weggli-1.17478673.

NEWS.at Umfrage:
http://www.news-networld.at/nw3/p2/poll.php?poll=296 (Stand: 6. September 2012).

Oberfeld G., Riedler J., Eder W., Gamper A. (1997): ISAAC Studie Salzburg 1995 & 1996. Hrsg.: Amt der Salzburger Landesregierung, Nov. 1997.

ORF Science (2012): Grüne Wände gegen Luftverschmutzung (Autorin: Obermüller, E.): http://science.orf.at/stories/1701894/ (Abfrage am 7. September 2012).

ORF Wien (2007): Bim und U-Bahn als Feinstaubschleudern, Onlinebeitrag vom 19.7.2007: http://wiev1.orf.at/stories/208568.

Österreichs Energie (2013): http://oesterreichsenergie.at/EU-Vergleich_zeigt_g%C3%BCnstige_ Strompreise_in_Oesterreich.html (Abfrage am 28. Februar 2013).

Österreich radelt zur Arbeit: http://www.steiermark.radeltzurarbeit.at.

Prettenthaler, F., Habsburg-Lothringen, C., Richter, V. (2010): Feinstaub Graz, Diskussionsgrundlage zu Kosten und Wirksamkeit der Umweltzone Graz; POLICIES Research Report Nr. 105-2010; Joanneum Research Forschungsgesellschaft mbH, Graz.

Prettenthaler, F., Köberl, J., Rogler, N., Winkler, C. (2011): Feinstaub Graz II, Bewertung des „Luft- und Klimapakets" der Wirtschaftskammer Steiermark zur Reduktion der Feinstaubemissionen im Großraum Graz, POLICIES Research Report NR. 115-2011, Joanneum Research Forschungsgesellschaft mbH, Graz.

Puxbaum, H., Winiwarter, W. (Eds.) (2012): Advances of Atmospheric Aerosol Research in Austria. Interdisciplinary Perspectives, No. 2. Verlag der Österreichischen Akademie der Wissenschaften, ISBN 978-3-7001-7364-9. Vienna.

Rexeis, M., Röschel, G., Hausberger, S. (2009): Auswirkung der Umweltzone „Variante 3" auf Verkehrsaufkommen und KFZ-Emissionen im Sanierungsgebiet Großraum Graz. Technische Universität Graz – Institut für Verbrennungskraftmaschinen und Thermodynamik, Sammer und Partner ZT GmbH. Erstellt im Auftrag vom Amt der Steiermärkischen Landesregierung.

Rosenzweig, C., Solecki, W.D., Parshall, L., Gaffin, S., Lynn, B., Goldberg, R., Cox, J., Hodges, S. (2009): Mitigating New York City's heat island with urban forestry, living roofs and light surfaces, Bulletin for the American Meteorological Society, Nr. 90, pp.1297.

Rupp G. (2012): Luftreinhaltung Steiermark: „Der Weg zum Fahrverbot". Zielsetzung und Verfahren. Vortrag für Wirtschaftskammer Österreich. Abteilung 13, Umwelt und Raumordnung, Land Steiermark.

Herry Max, Sammer Gerd (1999), Mobilitätserhebung österreichischer Haushalte, Bundesverkehrswegeplan, Arbeitspaket A3-H2, Wien, im Auftrag des Bundesministeriums für Wissenschaft und Verkehr, Forschungsarbeiten aus dem Verkehrswesen, Band 87, Wien.

Semmelrock, G., Fischer, W., Lettmayer, G. (2011): „Luftreinhalteprogramm Steiermark 2011, Maßnahmenprogramm zur nachhaltigen Verbesserung der Luftgütesituation, Endbericht gemäß dem einstimmigen Beschluss der Steiermärkischen Landesregierung vom 29.9.2011, Graz. http://app.luis.steiermark.at/berichte/Download/Fachberichte/LRP2011_FINAL_i.pdf.

Ski-Führer Alta Badia: http://www.altabadiaski.info/pages/mp.php?getpage=kschnee&se=D.

Spangl, W., Nagl, C., Schneider, J., Kaiser, A. (2006): Herkunftsanalyse der PM10-Belastung in Österreich, Report Rep-0034, Wien. URL: http://www.umweltbundesamt.at/fileadmin/site/ publikationen/REP0034.pdf.

Stadt Graz – Quarzsandverbrauch: http://www.graz.at/cms/beitrag/10186608/4428067/.

Stadt Graz: http://www.graz.at/cms/beitrag/10186608/4428067/5. Absatz, Gemeinderat, Anfrage, Jänner 2012, und Antwort von Bürgermeister-Stellvertreterin zu den Bremssandmengen in Graz.

Stadt Graz Verkehrsplanung: http://www.graz.at/cms/beitrag/10021940/311432.

Stadt Graz Verkehrsplanung (o.J.): Mobilitätsstrategie der Stadt Graz 2020.

Statistik Austria (2012): http://www.statistik.at.

Thönnessen, M. (2002): Elementdynamik in fassadenbegrünendem Wilden Wein (Par-thenocissus tricuspidata). Nährelemente, anorganische Schadstoffe, Platin - Gruppen - Elemente, Filterleistung, immissionshistorische Aspekte, Methodische Neu- und Weiter-entwicklung. In: Kölner Geographische Arbeiten, Heft 78, 153 S.

Thönnessen, M. (2007): Staubfilterung durch Gehölzblätter. Beispiele aus Düsseldorf, Essen und Köln. Im Press.

Umweltbundesamt (2005): Schwebestaub in Österreich. Fachgrundlagen für eine kohärente österreichische Strategie zur Verminderung der Schwebestaubbelastung. BE-277. Umweltbundesamt, Wien. 409 S.

Umweltbundesamt (2008): Emissionsverhalten von SUV – SPORT UTILITY VEHICLES; REP-0155, Wien: http://www.umweltbundesamt.at/fileadmin/site/publikationen/REP0155.pdf.

Umweltbundesamt (2011): Luftgütemesswerte, PM10 Konzentration im Raum Graz, Zeitraum Nov-Dez 2011: http://luft.umweltbundesamt.at/pub/gmap/start.html.

Umweltbundesamt (2012) – PM10: http://www.umweltbundesamt.at/pm10 (Abfrage am 05.10.2012).

Umweltbundesamt (2012): Moos-Monitoring – Moose als ideale Zeiger atmosphärischer Schwermetall-Deposition: www.umweltbundesamt.at/umweltsituation/schadstoff/schadstoffe_einleitung/moose1/ (Abfrage am 5. September 2012).

Universität Rostock (2002): Lungenkrebs durch die Einwirkung von kristallinem Siliziumdioxid ($SiO_2$) bei nachgewiesener Quarzstaublungenerkrankung (Silikose oder Siliko-Tuberkulose), Medizinische Fakultät, Institut für Präventivmedizin, Bundesarbeitsblatt 11/2002, S. 64: http://arbmed.med.uni-rostock.de/bkvo/m4112.htm.

Verein zur Förderung agrar- und stadtökologischer Projekte e.V. (A.S.P.) (2007): Studie zum wissenschaftlichen Erkenntnisstand über das Feinstaubfilterungspotential (qualitativ und quantitativ) von Pflanzen. Forschungsprojekt Nr. 06HS021, Aktenzeichen: 514-33.40/06HS021. Laufzeit: 01.01.2007 - 31.08.2007. Institut für Agrar- und Stadtökologische Projekte an der Humboldt-Universität zu Berlin, (IASP), in Zusammenarbeit mit dem Geographischen Institut der Humboldt-Universität zu Berlin, Fachgebiet Klima- und Vegetationsgeographie. Berlin, August 2007.

Walz, A., Hwang, W.H. (2007): Large Trees as a barrier between solar radiation and sealed surfaces: their capacity to ameliorate urban heat if they are planted strategically to shade pavement, Extended abstract for the presentation at the Seventh Symposium on the Urban Environment, American Meteorological Society, San Diego, California, September 9-13, 2007.

Weber, M. (2011): Positive Wirkungen begrünter Dächer – Zusammenstellung von positiven Fakten aus aller Welt. Diplomarbeit, Studiengang Landschaftsarchitektur. Fachhochschule Erfurt.

Wikipedia – Graz: http://de.wikipedia.org/wiki/Graz (Abfrage am 04.10.2012).

Wikipedia – Holding Graz Linien: Anzahl der Straßenbahnen: http://de.wikipedia.org/wiki/ Holding_Graz_Linien#Literatur.

Wikipedia – Ökologischer Fußabdruck: http://de.wikipedia.org/wiki/%C3%96kologischer_Fu%C3% 9Fabdruck.

Wikipedia – Technology Acceptance Model: http://de.wikipedia.org/wiki/Technology_Acceptance_Model.

WKO (2005): Verkehr in Graz – Infrastrukturelle Maßnahmen für die Landeshauptstadt, Projektgruppe Verkehr der Wirtschaftskammer Steiermark: http://portal.wko.at/wk/dok_detail_file.wk?AngID= 1&DocID=319645&StID=167275.

World Health Organization (2004): Health aspects of air pollution; Results from the WHO project "Systematic review of health aspects of air pollution in Europe"; June 2004, S. 8.

World Health Organization (2012): IARC: DIESEL ENGINE EXHAUST CARCINOGENIC, Press Release N° 213: http://press.iarc.fr/pr213_E.pdf; http://www.who.int/en/.

Zechmeister, G., Tribsch, A. (2002): Die Moosflora in Linz. Naturkundliche Station Stadt Linz.

Ziegler, M., Opis-Pieber, H. (2012): Abschlussbericht 2012, Autofasten – Heilsam in Bewegung kommen, Graz.

Zuvela-Aloise, M., Früh, B., Matulla, Ch., Böhm, R. (2011): Urban climate of Vienna – modelling study of urban heat stress under climate change conditions, EGU General Assembly 2011, Vienna.